中核集团"十三五"规划专项资金资助出版

统 计 物 理 学

张锡珍　张焕乔　马海亮　**编著**

哈尔滨工程大学出版社
Harbin Engineering University Press

内 容 简 介

本书从量子力学出发建立统计力学,对量子系统作特定近似就可过渡到经典统计力学。本书共8章,首先介绍了热力学的基本概念和主要公式;然后引入系综理论,并讨论了如何由系综理论计算全部热力学量;在介绍了经典统计后,对热力学系统的相变理论作了论述,特别是对相变发生的机制作了较详细讨论;接着讨论了非平衡态统计;最后对于量子统计进行了简要介绍。

本书可作为大学高年级学生及研究生学习统计物理学的教材,也可作为相关领域研究人员的参考书。

图书在版编目(CIP)数据

统计物理学 / 张锡珍,张焕乔,马海亮编著. —哈尔滨:哈尔滨工程大学出版社,2019.8
ISBN 978 - 7 - 5661 - 2145 - 5

Ⅰ. ①统… Ⅱ. ①张… ②张… ③马… Ⅲ. ①统计物理学 Ⅳ. ①O414.2

中国版本图书馆 CIP 数据核字(2018)第 272256 号

选题策划	石 岭	
责任编辑	丁 伟	
封面设计	张 骏	

出版发行	哈尔滨工程大学出版社	
社 址	哈尔滨市南岗区南通大街 145 号	
邮政编码	150001	
发行电话	0451 - 82519328	
传 真	0451 - 82519699	
经 销	新华书店	
印 刷	哈尔滨市石桥印务有限公司	
开 本	787 mm × 1 092 mm 1/16	
印 张	10.25	
字 数	265 千字	
版 次	2019 年 8 月第 1 版	
印 次	2019 年 8 月第 1 次印刷	
定 价	36.00 元	

http://www.hrbeupress.com
E-mail:heupress@ hrbeu.edu.cn

前　　言

　　统计力学是理论物理中最完美的科目之一,它的基本假设非常简单,但应用却非常广泛。本书从量子力学出发建立统计力学,对量子系统作特定近似就可过渡到经典统计力学。这种处理的优点是量子系统的本征态是分立的和可数的,对于占据各个量子态的等概率假设的意义简单明确。经典统计力学的出发点是相空间,坐标和动量都是连续变数,因而可能给某些问题的讨论带来一些麻烦(例如系统的广义坐标的变数变换不一定保证雅可比行列式等于1)。因量子力学中全同粒子是不可分辨的,我们将会看到在特定条件下通过过渡得到的经典统计不存在吉布斯佯谬。

　　本书共 8 章内容。第 1 章介绍了统计物理学的基本思想和发展简史。第 2 章讨论了热力学的基本概念和主要公式。第 3 章介绍了系综理论,并讨论了如何由系综理论计算全部热力学量。第 4 章将巨正则系综理论应用到自由费米子和自由玻色子系统。系统讨论了低温高密度条件下简并自由费米气体的性质及在天体物理中的应用。对低温高密度条件下自由玻色系统的凝聚现象及相变机制进行了详细讨论。作为统计物理对原子核物理的重要应用,这一章还特别用系综理论较详细地讨论了原子核能级密度的计算。第 5 章介绍了经典统计,这里的经典统计是从量子力学出发,在系统中粒子的热波长比粒子之间的距离小很多的情况下得到的经典统计,它仍保持全同粒子不可分辨的性质。这一章对经典理想气体和非理想气体的处理方法及基本定理作了系统阐述。第 6 章对于热力学系统的相变理论作了论述,特别是对相变发生的机制作了较详细的讨论。这一章还详细讨论了一维和二维 Ising 模型的严格解,通过这些例子可以学到许多处理物理问题的数学技巧。第 7 章讨论了非平衡态统计。一个系统远离平稳态是不可逆过程,其熵是增加的。理解此不可逆性质的起源是非平衡态统计的最基本问题。在这一章中我们首先讲述了刘维定理,它的直接推论是存在彭加勒周期。它与熵增加原理似乎是矛盾的。我们借助讨论 Ehrenfest 模型阐明了两者并不矛盾。紧接着介绍了 H 定理,它给出了系统趋向平衡的条件。我们简述了简谐振子之间的非线性耦合项对于系统出现各态历经流的作用,这一领域仍然有许多问题正在研究之中。在此章的后一部分讨论了能描述由非平衡态趋向平衡态的唯象方程:主方程和福克－普朗克方程。第 8 章对于量子统计进行了简要叙述,并以硬球相互作用为例进行了简单讨论。

　　为便于学习者理解和掌握以上内容,本书对于所讨论题目首先给出物理图像,并尽可能给出数量级估计,再进行严格数学推导。对于重要基本公式都给出了详细的数学推导。

　　由于笔者水平有限,书中难免存在错误和不妥之处,恳请读者批评指正。

编著者
2019 年 3 月

目　　录

第1章 引 言

1.1 统计物理学基本思想

物质由大量的分子组成,分子的运动产生了热现象。热力学是描述热现象唯象的宏观方法。统计物理学则是从基本的统计假设和体系中微观粒子的微观特性出发,借助概率统计的方法来研究宏观体系的性质。热力学在研究物质的性质时,把物质作为连续体看待。但组成宏观物质的这些粒子,其运动速度和方向千差万别,同时这些粒子之间还会发生碰撞等相互作用,因此除了统计平均值外,还可能出现涨落现象,热力学缺乏对这种现象的描述和解释。

在经典力学里,如果已知体系中所有粒子的初始状态和粒子之间的相互作用,即可得到任意时刻粒子的状态。分子动力学即是采用这种方式进行模拟的。然而对于巨量的粒子,这种做法基本不可能实现,即使利用目前全球顶级的超算机,分子动力学能够模拟的粒子数目也只有 10^{14},时间尺度在 μs 量级。其实我们并不关心单个粒子的运动状态,也不想去求解微观的运动方程,只是想要解释物质的宏观性质。这就是统计物理学阐述的主要内容之一。

不仅宏观物质包含的粒子数目巨大,宏观性质测量时的时间尺度相对于微观运动来说也是相当长的,宏观量的观测数值是微观长时间内的平均值,而统计物理学所要解释的宏观性质是一定的宏观条件下大量观测数值的平均结果。在观测时,虽然宏观条件确定,但微观运动状态的可能性还是非常多的,因此对于每一微观运动状态,物理观察量的数值并不一定等于统计平均值,即在观测值上出现涨落现象。即便如此,由于微观状态仍然是由力学运动定律确定的,这种涨落也有一定的规律性,统计物理学能够很好地对其进行解释。

微观上来说,分子之间的频繁碰撞导致了输运过程,对于非平衡态的讨论,热力学只能给出不可逆过程有限的结果,而统计物理学则有更深刻的见解,指出虽然微观运动是可逆的,但是宏观运动的不可逆性来源于统计。

经典统计物理学中除了介绍关于平衡态性质的理论外,还讨论分子之间碰撞产生的输运过程及涨落现象。

上面提到宏观量的观测数值是一段时间内的平均值,而且会出现涨落现象,所以时间平均的办法很难对宏观量进行实际的计算。玻尔兹曼引入了另一种办法,将同一个问题从另一个角度来进行讨论,即在同一时刻观察大量体系组成的集合,集合中每一个体系都是实际体系的复制品,但各自独立,且每个复制品分别处于为宏观条件所允许的大量微观中的各个微观态上,这些体系的集合,称为统计系综,或简称系综。需强调的是,系综是体系的集合,不是状态的集合,系综的类型由确定体系的宏观条件决定,最常见到的是微正则、正则和巨正则等。

基于等概率或所谓的各态历经假设(ergodic hypothesis),统计平均值定义为一定的宏观条件下对一切可能的微观运动状态的平均值,即系综平均,而不再是时间平均值。

为了进一步阐明统计平均的思想,需要引入相空间的概念。

对于一个具有 s 个自由度的力学系统,其微观运动状态可用 s 个广义坐标和共轭的 s 个广义动量描述,将和作为直角坐标构成 $2s$ 维空间,这个空间就称为相空间或空间,而系统每种可能的运动状态就是相空间的一点,称为代表点。系统在相空间的运动轨道由正则运动方程确定,随着系统运动状态的改变,相点在相空间中相应地描绘出一条轨迹。由于物理问题中的哈密顿函数和微分均为单值函数,且由正则运动方程、相空间的轨道微分方程和初始条件确定,因此相空间中经过一点的轨道只能有一个,或者说不同的轨道互不相交。

在相空间中,任一点 (p,q) 所在的单位体积元内的相点数目称为密度函数,则力学量的统计平均值可以表示为

$$\bar{A} = \frac{\int A\rho(p,q,t)\,\mathrm{d}\Omega}{\int \rho(p,q,t)\,\mathrm{d}\Omega} \tag{1.1}$$

式中,$\mathrm{d}\Omega$ 表示相空间的体积元;$\rho(p,q,t)\,\mathrm{d}\Omega$ 表示微观状态在 $\mathrm{d}\Omega$ 内的概率。

在经典统计中,系统的微观状态由经典的哈密顿正则方程确定。对于孤立体系,能量守恒,则系统在相空间的运动限制在一个能量曲面上。如果系统的能量不守恒,则系统在哈密顿量所限制的能壳内运动。$\rho(p,q,t)$ 的具体形式与系统所处的宏观状态有关。

如果系统处于平衡态,则 $\rho(p,q,t)$ 不显含时间 t,在平衡态的系综理论中,由能量、体积和粒子数都固定的系统构成的统计系综称为微正则系综;由与温度恒定的大热源接触,具有确定粒子数和体积的系统构成的统计系综称为正则系综;由与温度恒定的大热源和化学势恒定的大粒子源接触,具有确定体积的系统构成的统计系综称为巨正则系综;由与温度恒定的大热源接触并通过无摩擦的活塞与恒压强源接触,具有确定粒子数的系统构成的统计系综称为等温等压系综。上述各种统计系综都有各自的概率密度函数。

在微正则系综中,基于各态历经假设,在足够长的时间内,系统的代表点在系统的能量曲面上各区域停留的时间相同,这意味着系统能量曲面各点的概率密度相同。

在各态历经假设成立的前提下,系统宏观量的时间平均值等于系综平均值,然而仅有一些简单的系统能够完成各态历经的证明,人们发现了一些不各态历经的系统。为了解决这个问题,厄任费斯脱夫妇提出了准各态历经假说:准各态历经系统的代表点可以无限接近于能量曲面上的任何点。后来人们证明准各态历经假说依然是不正确的,这类假说不能代替统计规律性而作为统计物理学的基础。然而,统计物理学得到的重要结果又能被大量的实验证实,因此吉布斯认为建立在等概率原理基础上的微正则系综才是统计物理学的基本统计假设,它不能从力学规律中推导出来。

经典统计物理学建立在经典力学的基础之上,因此经典力学适用的地方,经典统计物理学也是适用的。但当经典统计物理学应用到辐射和固体比热容时,出现了与实验结果不符合的现象,由此催生了量子力学,进一步的统计物理学也有了进一步的发展,即建立在量子力学基础上的量子统计物理学。

1.2　统计物理学发展简史

1738 年,物理学家和数学家伯努利(Daniel Bernoulli)在瑞士出版了一本关于流体力学的著作,基于弹球模型给出了气体的运动学理论,推导出了玻义耳定律(Boyle's law),这是第一次采用统计方法处理运动学现象。

1827 年,植物学家布朗(Brown)观察到水中的花粉或者其他细小的粒子在不停地做无规则的运动。

1857 年,克劳修斯(Rudolf Clausius)发表了一篇关于分子运动论的文章。

1859 年,麦克斯韦(James Clerk Maxwell)提出了速度分布律,但给出的证明不能说服其他物理学家,甚至文章中多处步骤还有错误。他还基于分子碰撞提出了体系趋向于平衡态的思想。

1868 年,玻尔兹曼(Boltzmann)将麦克斯韦分布律推广到有外力的情形,由于给出的概率函数中还有 $e^{-V/(kT)}$ 的项,而这个 V 既可以是作用于所有分子的势能函数,也可以是分子之间相互作用的势能,因此可以合理地给出任意分子状态的分布概率,该项现在也称为玻尔兹曼因子。玻尔兹曼继续发展统计力学,提出了玻尔兹曼输运方程,并证明了 H-定理,继而给出了细致平衡条件,用 H-定理证明了速度分布律。H-定理说明随着体系趋于热力学平衡,H 值逐渐降低,这个量最终可以与熵联系起来。

美国物理学家吉布斯(Josiah Willard Gibbs)第一个提出了"统计力学"这个名词。在他去世前不久发表的书中集中阐述了统计力学的基本原理,引入了热力学势,并创立了统计系综的方法,将统计力学方法运用于研究各种宏观或微观、气态或非气态系统中的问题。特别指出的是,吉布斯的方法虽然最初是基于经典力学的框架,但后来发现这一方法可以很容易拓展至量子力学的体系。

20 世纪初人们见证了量子力学的产生和飞速发展,这是现代物理最为璀璨和辉煌的时代,产生了普朗克(Planck)、爱因斯坦(Einstein)、玻尔(A. G. Bohr)、德布罗意(Louis Victor de Broglie)、玻恩(Born)、海森堡(Werner Karl Heisenberg)、薛定谔(Erwin Schrödinger)、狄拉克(Paul Dirac)等一大批物理大师。

1924 年,印度物理学家玻色(Satyendra Nath Bose)提出了玻色-爱因斯坦统计。当时玻色的文章被多家杂志社拒稿,这篇文章由玻色寄给爱因斯坦后,得到爱因斯坦的认可,并将其翻译成德文发表。1926 年费米(Enrico Fermi)和狄拉克提出了费米-狄拉克统计。

1927 年,冯·纽曼(John von Neumann)引入了密度矩阵,重新表述了量子统计力学。量子统计和经典统计的区别在于微观态的运动方程不同。经典统计以经典力学为基础,从而粒子的位置和速度等都是连续量,多粒子态遵循经典统计。而在量子力学中,粒子处于分立态,根据粒子的内禀属性,费米子的多粒子态遵循费米-狄拉克统计,玻色子遵循玻色-爱因斯坦统计,在某些条件下粒子的量子统计行为可以以宏观的方式显现,如超导现象、玻色-爱因斯坦凝聚现象等。

之后统计物理学继续深入发展,特别是对于相变现象和非平衡态统计物理学的研究。

在相变问题上,楞次(Wilhelm Lenz,而不是楞次定律的发现者 Emil Lenz)提出了利用 Ising

模型来描述铁磁性物质内部的原子自旋状态及其与宏观磁矩的关系。

1924 年,楞次的学生伊辛(Ernst Ising)求解了不包含相变的一维伊辛模型。但直到 1944 年,美国物理学家拉斯·昂萨格(Lars Onsager)才得到了二维 Ising 模型在没有外磁场时的解析解,即 Onsager 解。对于三维 Ising 模型,至今还没有被学术界公认的精确解。杨振宁和李政道在统计物理学上也有诸多贡献。1952 年,两人联合发表了一篇文章,计算了二维 Ising 模型的临界指数为 1/8。

1935 年,朗道(Landau)发表了相变的平均场理论;同年,伦敦(London)兄弟(Fritz London, Heinz London)在经典电磁场理论基础上发表了超导理论。

1956 年,巴丁(John Bardeen)、库柏(Leon Cooper)和施瑞弗(John Robert Schrieffer)发表了 BCS 理论,可以解释超导现象和迈斯纳(Meissner)效应,后来 BCS 理论被玻尔和莫特森(B. M. Mottelson)应用到原子核中,成功地解释了原子核中的对关联现象。

1971 年,威尔逊(Enneth Wilson)进一步发展了卡达诺夫(Leo Kadanoff)的工作,应用重整化群理论研究相变中的标度律。

非平衡态统计物理学的发展大体上沿着两条路线展开:一是玻尔兹曼式的框架;二是吉布斯系综理论在非平衡态的推广。

在玻尔兹曼式的框架中,早在 1916 年,查普曼(Sydney Chapman)和恩斯科格(David Enskog)开展了麦克斯韦 – 玻尔兹曼输运方程的求解。

1938 年,针对玻尔兹曼方程不适用于具有长程相互作用的粒子系统中的输运过程,弗拉索夫(Anatoly Vlasov)提出了 Vlasov 方程,可以描述具有长程相互作用的多粒子系综中的动力学输运过程。

1939 年,克雷洛夫(Nikolay Krylov)和玻格留波夫(Nikolay Bogolyubov)推导出了经典力学和量子力学中 Fokker – Planck 方程。

20 世纪 40 年代末,以伊万(Yvon)的研究工作为先导,柯克伍德(Kirkwood)、玻恩、格林(Green)和玻格留波夫从描述多粒子系统动力学过程的刘维方程出发,采用吉布斯系综统计假定(即用对系综的平均来代替对时间的平均),导出著名的 BBGKY 方程链。

20 世纪六七十年代,普里戈金(Ilya Prigogine)等人的工作开创了一系列不可逆现象的统一理论。

20 世纪 50 年代后,吉布斯系综理论在非平衡统计方面也有所扩展。这方面主要有基于最大信息熵的统计理论(20 世纪 50 年代)、非平衡统计算符方法(20 世纪 60 年代)和 SRB(Sinai – Ruelle – Bowen)测度理论(20 世纪 70 年代)等。

随着计算机技术的快速发展,应用计算机可以模拟一些难于解决的统计物理学问题或者复杂系统的演化。

在最近几十年,除了自然科学,统计物理学的思想在金融、社会科学、网络科学及人工智能和大数据等领域都有广泛的应用。

第 2 章 热力学简述

这一章我们简述热力学基本定律,并列出热力学的一些重要公式,以供后续章节讲述统计力学时引用。

2.1 热力学基本定律

对于热力学系统,首先给出以下几个定义。

孤立系统:与外界既无热交换又无物质交换的系统。

封闭系统:与外界有热交换但无物质交换的系统。

开放系统:与外界既有热交换又有物质交换的系统。

如果一个系统的热力学变量不随时间变化,也没有宏观流动,则该系统处于热力学平衡态。

一个热力学系统可以从一个平衡态变化到另一个平衡态。变化过程可以是可逆的,也可以是不可逆的。

可逆过程:变化过程的每一步都保持与系统的平衡态无限靠近,即过程是准静态的。系统可以按此过程回到初始平衡态而不引起外界任何变化。

不可逆过程:在此变化过程中,不是每一步都保持与系统的平衡态无限靠近,通常是发生得很迅速的变化过程,并引起流动和摩擦效应。经过不可逆过程后,系统不可能自动回到初始平衡态。自发过程是不可逆过程。

热力学有以下四个基本定律。

2.1.1 热力学第零定律

各自与第三个系统处于热力学平衡的两个系统彼此处于热力学平衡。此定律使得我们能够引入温度计的概念,并用温度计测量各种热力学系统的温度。因为两个与温度计分别处于热力学平衡的系统彼此处于热力学平衡。

2.1.2 热力学第一定律

热力学第一定律,即能量守恒定律。一个封闭系统能量的增加可以表示为

$$\mathrm{d}E = \mathrm{d}Q - \mathrm{d}W \tag{2.1}$$

式中,$\mathrm{d}Q$ 是外界通过热交换传递给系统的热能;$-\mathrm{d}W$ 是对系统所做的功。

$$\mathrm{d}W = p\mathrm{d}V - J\mathrm{d}L \tag{2.2}$$

式中,J 为广义力;$\mathrm{d}L$ 为广义位移。

因此对于一个封闭系统,有

$$dE = dQ - pdV + JdL \tag{2.3}$$

此式是热力学系统能量守恒定律的微分形式。

2.1.3 热力学第二定律

热力学第二定律可以有多种表述形式,最简单的表述为"热自发从高温流向低温"。

热力学第二定律还可以有如下几种不同的表述:

(1)系统的有序能(功)自发转变为无序能(热),系统朝趋向热力学平衡的状态发展,此过程是不可逆的;

(2)在一循环过程中,不可能从一个热源把热转变为功,而不同时把一部分热传递给冷源;

(3)任何系统与环境一起考虑,熵总是增加的,而对于任一接近可逆的过程,熵增加趋向于零。

下面借助以理想气体为工作物质的卡诺机的工作原理来讨论热力学第二定律。对于理想气体,我们有如下状态方程,即

$$pV = NkT = nRT \tag{2.4}$$

式中,p 为气体压强;V 为气体体积;n 为物质的量;R 为摩尔气体常数,且 $R = N_{A}k$,其中 N_{A} 为阿伏伽德罗常数;k 为玻尔兹曼常数。

理想气体的能量公式为

$$E = \frac{3}{2}nRT \tag{2.5}$$

图 2.1 表示以理想气体为工作物质的卡诺热机循环,它分为四步。

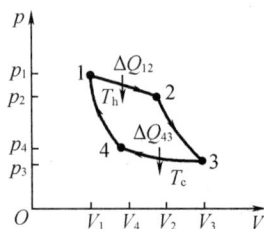

图 2.1 以理想气体为工作物质的卡诺热机循环

第一步是等温膨胀 1→2,它是固定温度 $T = T_{h}$ 的可逆过程,$dE = 0$。由式(2.3)我们有

$$dQ = pdV \tag{2.6}$$

所以

$$\Delta Q_{12} = \int_{V_{1}}^{V_{2}} nRT_{h} \frac{dV}{V} = nRT_{h}\ln\frac{V_{2}}{V_{1}} \tag{2.7}$$

第二步是绝热膨胀 2→3,由式(2.3)、式(2.4)和式(2.5)有

$$\frac{3}{2}\frac{dT}{T} = -\frac{dV}{V} \tag{2.8}$$

对式(2.8)积分,左边从 T_h 到 T_c,右边从 V_2 到 V_3,则可得到

$$T_c V_3^{\frac{2}{3}} = T_h V_2^{\frac{2}{3}} \tag{2.9}$$

第三步是等温压缩 $3 \rightarrow 4$,有

$$\Delta Q_{43} = nRT_c \ln \frac{V_3}{V_4} = -\Delta Q_{34} \tag{2.10}$$

第四步是绝热压缩 $4 \rightarrow 1$,有

$$T_c V_4^{\frac{2}{3}} = T_h V_1^{\frac{2}{3}} \tag{2.11}$$

$$\eta = 1 - \frac{\Delta Q_{43}}{\Delta Q_{12}} = 1 - \frac{T_c}{T_h} \tag{2.12}$$

因此对于一个由卡诺循环构成的可逆过程,有

$$\frac{\Delta Q_{12}}{T_h} + \frac{\Delta Q_{34}}{T_c} = 0 \tag{2.13}$$

如图 2.2 所示,一个任意的可逆热机是由许多无穷小的卡诺热机组成,曲线包围的面积等于热机所做的功。

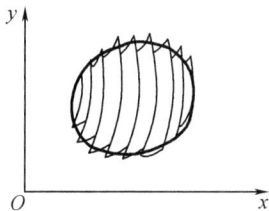

图 2.2　许多无穷小的卡诺热机组成的可逆热机

采用很多无穷小的卡诺循环构成的可逆过程,可以使系统回到初始状态,则有

$$\oint \frac{\mathrm{d}Q}{T} = 0 \tag{2.14}$$

由此可知

$$\mathrm{d}S = \frac{\mathrm{d}Q}{T} \tag{2.15}$$

是全微分,S 是系统的熵。它是一个态变量,因为绕闭合回路的积分为零。

没有热机的效率会高于卡诺热机,因此存在不可逆过程的热机的效率必然低于卡诺热机,因此

$$\frac{\Delta Q_{43}}{\Delta Q_{12}} > \frac{T_c}{T_h} \tag{2.16}$$

或者

$$\frac{\Delta Q_{12}}{T_h} - \frac{\Delta Q_{43}}{T_c} < 0 \tag{2.17}$$

由此对于任一包含不可逆部分的热机可得重要关系:

$$\oint \frac{\mathrm{d}Q}{T} < 0 \tag{2.18}$$

对于任何过程,无论其是可逆或者是不可逆的,均可计算熵的变化。方法是设想一条可逆

路径并沿着它计算 ΔS。由式(2.15)和式(2.18)可知,沿可逆路径的积分 $\oint \dfrac{\mathrm{d}Q}{T}$ 大于沿不可逆

路径的积分 $\oint \dfrac{\mathrm{d}Q}{T}$。因此,这通常表示为

$$T\mathrm{d}S \geqslant \mathrm{d}Q \tag{2.19}$$

式中,等号是对可逆过程;大于号是对不可逆过程。

对于孤立系统,$\mathrm{d}Q = 0$,但总有 $\mathrm{d}S \geqslant 0$,显然式(2.19)成立。

2.1.4 热力学第三定律

当系统的温度 $T \to 0$ K 的极限时,系统由可逆过程联系起来的两态之间的熵差 $S \to 0$。

它的直接推论是不可能通过有限个可逆过程达到绝对零度。这一结论易通过 $S - T$ 图(图2.3)来阐明。图2.3 中画出了系统的两个态 $y = 0$ 和 $y = y_1$ 的 $S - T$ 函数曲线,我们可以在两态之间交替使用绝热和等温的方法来冷却此系统,但由于两条曲线逐渐趋近于同一点,采用上述方式不可能在有限的步骤内达到 $T = 0$ K。

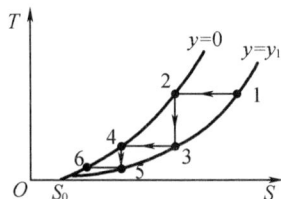

图2.3 绝热和等温冷却系统中的 T 与 S 的变化

2.2 热力学基本方程

热力学系统的熵是可加量,熵的可加性在数学上可表示为

$$S(\lambda E, \lambda V, \lambda N) = \lambda S(E, V, N) \tag{2.20}$$

也即熵是系统可加量的一次齐次函数。

把热力学第一定律和热力学第二定律相结合,可以将系统可加量的变化与熵的变化联系起来,即

$$T\mathrm{d}S \geqslant \mathrm{d}E + p\mathrm{d}V - \mu\mathrm{d}N \tag{2.21}$$

式中,等号对可逆过程成立;如果是自发或不可逆过程,大于号成立。取 λS 对 λ 的微分,即

$$\frac{\partial}{\partial\lambda}(\lambda S) = S = \left(\frac{\partial S}{\partial(\lambda E)}\right)_{V,N}\frac{\mathrm{d}(\lambda E)}{\mathrm{d}\lambda} + \left(\frac{\partial S}{\partial(\lambda V)}\right)_{E,N}\frac{\mathrm{d}(\lambda V)}{\mathrm{d}\lambda} + \left(\frac{\partial S}{\partial(\lambda N)}\right)_{E,V}\frac{\mathrm{d}(\lambda N)}{\mathrm{d}\lambda} \tag{2.22}$$

借助关系式(2.21)并取等号,则可得到

$$\left.\begin{array}{c} \left(\dfrac{\partial S}{\partial E}\right)_{V,N} = \dfrac{1}{T} \\[3mm] \left(\dfrac{\partial S}{\partial V}\right)_{E,N} = \dfrac{p}{T} \\[3mm] \left(\dfrac{\partial S}{\partial N}\right)_{E,V} = -\dfrac{\mu}{T} \end{array}\right\} \qquad (2.23)$$

我们得到热力学的基本方程为

$$S = \frac{E}{T} + \frac{pV}{T} - \frac{\mu N}{T} \qquad (2.24)$$

对式(2.24)取微分,然后减去式(2.21)(取等号),则可得到另一重要热力学关系式,即

$$SdT - Vdp + Nd\mu = 0 \qquad (2.25)$$

由式(2.25)我们有

$$d\mu = -\frac{S}{N}dT + \frac{V}{N}dp \qquad (2.26)$$

对式(2.26)进行积分可以得到化学势 μ。

2.3 热力学势

众所周知,在一个保守力学系统中,诸如弹簧或在重力场中被举起的物体质量,功可以借助势能的形式储存起来,然后再释放。在某些情况下,热力学系统也是一样的。可以通过可逆过程对系统做功来把能量储存在热力学系统中,最终再以功的形式释放。储存于系统中而后能够再以功的形式释放的那部分能量称为系统的自由能。不同的约束条件将给出不同形式的自由能。这里我们只讨论在统计物理中常用的形式:系统内能、焓、亥姆霍兹自由能、吉布斯自由能和巨势。

2.3.1 内能(E)

由热力学第一定律可知,一个系统内能增加可表示为

$$\Delta E = \Delta Q - \Delta W$$

式中,ΔQ 是外界通过热交换传递给系统的热能;ΔW 是由于系统体积的改变所做的功加上系统对外界所做的功。下面我们用 PTV 系统说明这一情况(图2.4)。

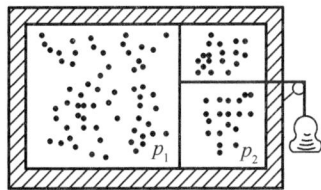

图 2.4 大小固定的封闭绝缘系统的可逆过程
(提高重物所做的功等于内能的变化)

气体被封闭在一个总体积固定的绝热箱中,并用一个可以移动的导热壁把绝热箱分成两部分,我们可通过滑轮和绝热线使重力场中质量为 m 的物体连接到导热的间壁上,并通过它对气体做功或令气体做功(图2.4)。为了使过程可逆,质量的加减可以做到任意小。令间壁的面积为 A,则当 $p_1 A + mg > p_2 A$ 时,物体对气体做功;当 $p_1 A + mg < p_2 A$ 时,气体对物体做功。有

$$\Delta W = \int p\mathrm{d}V + \Delta W_{\mathrm{fr}} \tag{2.27}$$

式中,ΔW_{fr}是系统提高重物所做的功。

因为气体封闭在绝热箱中,且间壁的移动是可逆过程,所以 $\Delta Q = \int T\mathrm{d}S = 0$,即在此过程中系统的熵不变,所以

$$(\Delta E)_{S,V,N} = -\Delta W_{\mathrm{fr}} \tag{2.28}$$

此式的意义:对 S,V,N 固定的可逆过程,功以内能的形式储存起来,并可完全复原。在这种情况下,系统的内能完全像力学中的势能。

对于可逆过程

$$\mathrm{d}Q = T\mathrm{d}S$$

式中,T 为系统的温度,而 S 为系统的熵。

对于自发的不可逆过程,联合热力学第一定律和热力学第二定律,有

$$\int \mathrm{d}E = \Delta E < \int T\mathrm{d}S - \int p\mathrm{d}V - \Delta W_{\mathrm{fr}} + \int \mu\mathrm{d}N \tag{2.29}$$

取积分路线沿可逆过程进行。例如,我们可以使重物迅速下降对气体做功,这时间壁的迅速运动将搅动气体而产生热量,要想保持过程中熵不变,必须允许容器壁漏出一部分热量,因为

$$\Delta Q < \int T\mathrm{d}S \tag{2.30}$$

所以对于自发过程

$$(\Delta E)_{S,V,N} < -\Delta W_{\mathrm{fr}} \tag{2.31}$$

若 $\Delta W_{\mathrm{fr}} = 0$,则可得到

$$(\Delta E)_{S,V,N} \leq 0 \tag{2.32}$$

即在 S,V 和 N 不变的条件下,对于可逆过程,系统内能不变;对于自发过程,系统内能减小。因为处于平衡态的系统不可能自发地改变它的状态,所以对于固定系统的 S,V 和 N,系统的平衡态是其内能最小的态。

借助关系式(2.21)并取等号,有

$$\mathrm{d}E = T\mathrm{d}S - p\mathrm{d}V + \mu\mathrm{d}N \tag{2.33}$$

由式(2.24)可以得到内能的表达式,即

$$E = ST - PV + \mu N$$

由式(2.33)可知,T,P,μ 是 S,V,N 的函数,因此

$$T = \left(\frac{\partial E}{\partial S}\right)_{V,N}$$

$$p = -\left(\frac{\partial E}{\partial V}\right)_{S,N} \right\} \tag{2.34}$$

$$\mu = \left(\frac{\partial E}{\partial N}\right)_{S,V}$$

由此可导出微分关系

$$\left(\frac{\partial T}{\partial V}\right)_{S,N} = \left[\frac{\partial}{\partial V}\left(\frac{\partial E}{\partial S}\right)_V\right]_S = \left[\frac{\partial}{\partial S}\left(\frac{\partial E}{\partial V}\right)_S\right]_V = -\left(\frac{\partial p}{\partial S}\right)_{V,N}$$

$$\left(\frac{\partial T}{\partial N}\right)_{V,S} = \left(\frac{\partial \mu}{\partial S}\right)_{V,N} \right\} \tag{2.35}$$

$$\left(\frac{\partial p}{\partial N}\right)_{V,S} = -\left(\frac{\partial \mu}{\partial V}\right)_{S,N}$$

2.3.2　焓(H)

焓相当于系统在 S, p, N 恒定的条件下可逆过程的热力学势,定义为

$$H = E + pV \tag{2.36}$$

利用式(2.33),有

$$\mathrm{d}H = \mathrm{d}E + p\mathrm{d}V + V\mathrm{d}p = T\mathrm{d}S + V\mathrm{d}p + \mu\mathrm{d}N \tag{2.37}$$

$$\Delta H \le \int T\mathrm{d}S + \int V\mathrm{d}p - \Delta W_{\mathrm{fr}} + \int \mu\mathrm{d}N \tag{2.38}$$

当系统的 S, p, N 恒定时

$$\Delta H \le \Delta W_{\mathrm{fr}} \tag{2.39}$$

关系式中的等号适用于可逆过程,小于号适用于不可逆过程。所以对于 S, p, N 恒定的可逆过程,功以焓的形式储存起来,并可完全复原。

对于力学上孤立的系统,我们得到

$$(\Delta H)_{S,p,N} \le 0 \tag{2.40}$$

由此我们得到结论:在 S, p, N 恒定的条件下,系统的平衡态是焓最小的态。

对于可逆过程,由式(2.37)可得

$$\mathrm{d}H = T\mathrm{d}S + V\mathrm{d}p + \mu\mathrm{d}N$$

由此可得

$$T = \left(\frac{\partial H}{\partial S}\right)_{p,N}$$

$$V = \left(\frac{\partial H}{\partial p}\right)_{S,N} \right\} \tag{2.41}$$

$$\mu = \left(\frac{\partial H}{\partial N}\right)_{S,p}$$

及微分关系

$$\left.\begin{array}{l} \left(\dfrac{\partial T}{\partial p}\right)_{S,N} = \left(\dfrac{\partial V}{\partial S}\right)_{p,N} \\[3mm] \left(\dfrac{\partial T}{\partial N}\right)_{S,p} = \left(\dfrac{\partial \mu}{\partial S}\right)_{p,N} \\[3mm] \left(\dfrac{\partial V}{\partial N}\right) = \left(\dfrac{\partial \mu}{\partial p}\right) \end{array}\right\} \tag{2.42}$$

2.3.3 亥姆霍兹自由能(F)

亥姆霍兹自由能相当于系统的 T,V,N 恒定的条件下,可逆过程的热力学势。对于一个与外界有热耦合而在力学上孤立的系统,这种热力学势是有用的。式(2.29)可以改写为

$$\int \mathrm{d}(E - TS) = \Delta(E - TS) = \Delta F \leqslant -\int S\mathrm{d}T - \int p\mathrm{d}V - \Delta W_{\mathrm{fr}} + \int \mu\mathrm{d}N \tag{2.43}$$

式中

$$F = E - TS \tag{2.44}$$

称为系统的亥姆霍兹自由能。式(2.43)中的等号适用于可逆过程,小于号适用于不可逆过程。

在 T,V,N 恒定的条件下

$$(\Delta F)_{T,V,N} \leqslant -\Delta W_{\mathrm{fr}} \tag{2.45}$$

所以对于 T,V,N 恒定的可逆过程,功以亥姆霍兹自由能的形式储存起来,并可完全复原。

对于力学上孤立的系统我们得到

$$(\Delta F)_{T,V,N} \leqslant 0 \tag{2.46}$$

由此我们得到结论:在 T,V,N 恒定的条件下,系统的平衡态是亥姆霍兹自由能最小的态。

对于 T,V,N 恒定的可逆过程,我们有

$$\mathrm{d}F = \mathrm{d}(E - TS) = -S\mathrm{d}T - p\mathrm{d}V + \mu\mathrm{d}N \tag{2.47}$$

所以有关系式

$$\left.\begin{array}{l} S = -\left(\dfrac{\partial F}{\partial T}\right)_{V,N} \\[3mm] p = -\left(\dfrac{\partial F}{\partial V}\right)_{T,N} \\[3mm] \mu = \left(\dfrac{\partial F}{\partial N}\right)_{T,V} \end{array}\right\} \tag{2.48}$$

及微分关系

$$\left.\begin{array}{l} \left(\dfrac{\partial S}{\partial V}\right)_{T,N} = \left(\dfrac{\partial p}{\partial T}\right)_{V,N} \\[3mm] \left(\dfrac{\partial S}{\partial N}\right)_{T,V} = -\left(\dfrac{\partial \mu}{\partial T}\right)_{V,N} \\[3mm] \left(\dfrac{\partial p}{\partial N}\right)_{T,V} = -\left(\dfrac{\partial \mu}{\partial V}\right)_{T,N} \end{array}\right\} \tag{2.49}$$

由此可得常用公式

$$E = F + TS = F - T\left(\frac{\partial F}{\partial T}\right)_V = -T^2\frac{\partial}{\partial T}\left(\frac{F}{T}\right)_V \tag{2.50}$$

2.3.4　吉布斯自由能(G)

吉布斯自由能相当于系统的 T,p,N 恒定的条件下,可逆过程的热力学势。对于一个与外界既有热耦合又有力学耦合的系统,这种热力学势是有用的。

由式(2.29)和式(2.43)可以得到

$$\Delta(E - TS + pV) = \Delta G \leqslant -\int S\mathrm{d}T + \int V\mathrm{d}p - \Delta W_{\mathrm{fr}} + \int \mu\mathrm{d}N \tag{2.51}$$

在 T,p,N 恒定条件下,有

$$(\Delta G)_{T,p,N} \leqslant -\Delta W_{\mathrm{fr}} \tag{2.52}$$

这里

$$G = E - TS + pV$$

称为系统的吉布斯自由能。

式(2.52)的意义在于,对于 T,p,N 恒定的可逆过程,功以吉布斯自由能的形式储存起来,并可完全复原。

对于力学上孤立的系统,我们得到

$$(\Delta G)_{T,p,N} \leqslant 0 \tag{2.53}$$

由此我们得到结论:在 T,p,N 恒定的条件下,系统的平衡态是吉布斯自由能最小的态。

借助热力学基本关系式(2.24)可得

$$E - TS + pV = N\mu$$

$$G = N\mu$$

则化学势

$$\mu = \frac{G}{N}$$

所以化学势是一个粒子的吉布斯自由能。

对于 T,p,N 恒定的可逆过程,我们有

$$\mathrm{d}G = -S\mathrm{d}T + V\mathrm{d}p + \mu\mathrm{d}N \tag{2.54}$$

所以有关系式

$$\left.\begin{array}{l} \mu = \left(\dfrac{\partial G}{\partial N}\right)_{T,p} \\[2mm] S = -\left(\dfrac{\partial G}{\partial T}\right)_{p,N} \\[2mm] V = \left(\dfrac{\partial G}{\partial p}\right)_{T,N} \end{array}\right\} \tag{2.55}$$

及微分关系

$$\left.\begin{array}{l}\left(\dfrac{\partial S}{\partial p}\right)_{T,N} = -\left(\dfrac{\partial V}{\partial T}\right)_{p,N} \\[3mm] \left(\dfrac{\partial S}{\partial N}\right)_{T,p} = -\left(\dfrac{\partial \mu}{\partial T}\right)_{p,N} \\[3mm] \left(\dfrac{\partial V}{\partial N}\right)_{T,p} = \left(\dfrac{\partial \mu}{\partial p}\right)_{T,N}\end{array}\right\} \tag{2.56}$$

显然,系统的内能 E、亥姆霍兹自由能 F 和吉布斯自由能 G 都是可加量,粒子数 N、熵 S 和体积 V 也是可加量,但温度 T 和压强 p 不是可加量,借助这种可加性的论证可以得到

$$E = Nf\left(\frac{V}{N}, \frac{S}{N}\right)$$

$$F = Nf\left(\frac{V}{N}, T\right)$$

$$G = Nf(p, T)$$

它表示化学势 $\mu = \dfrac{G}{N}$ 与 N 无关,只是 p 和 T 的函数,所以

$$\mathrm{d}\mu = -s\mathrm{d}T + v\mathrm{d}p \tag{2.57}$$

$$\left(\frac{\partial \mu}{\partial p}\right)_T = v \tag{2.58}$$

式中,s 为一个粒子的熵;v 为系统中每一个粒子占有的体积,$v = \dfrac{1}{V}$。

2.3.5 巨势(Ω)

巨势对于量子系统的研究极为有用,它是发生在开系统过程的热力学势。系统的粒子数可变,但 T, V, μ 保持固定。巨势可表示为

$$\Omega = E - TS - \mu N \tag{2.59}$$

借助热力学基本关系式(2.24),巨势也可表示为

$$\Omega = -pV \tag{2.60}$$

由此可以得到

$$\Delta\Omega \leqslant -\int S\mathrm{d}T - \int p\mathrm{d}V - \Delta W_{\mathrm{fr}} - \int N\mathrm{d}\mu \tag{2.61}$$

对于 T, V, μ 固定的系统,有

$$(\Delta\Omega)_{T,V,\mu} \leqslant -\Delta W_{\mathrm{fr}} \tag{2.62}$$

式中等号适用于可逆过程,小于号适用于不可逆过程。

式(2.62)的意义在于,对于 T, V, μ 恒定的可逆过程,功以巨势的形式储存起来,并可完全复原。

当 $\Delta W_{\mathrm{fr}} = 0$ 时,有

$$\Delta\Omega_{T,V,\mu} \leqslant 0 \tag{2.63}$$

由此我们得到结论:在 T, V, μ 恒定的条件下,系统的平衡态是巨势最小的态。

对于 T, V, μ 恒定的可逆过程,有

$$\mathrm{d}\Omega = -S\mathrm{d}T - p\mathrm{d}V - N\mathrm{d} \tag{2.64}$$

则可得到

$$\left.\begin{array}{l} S = -\left(\dfrac{\partial \Omega}{\partial T}\right)_{V,\mu} \\[3mm] p = -\left(\dfrac{\partial \Omega}{\partial V}\right)_{T,\mu} \\[3mm] N = -\left(\dfrac{\partial \Omega}{\partial \mu}\right)_{T,V} \end{array}\right\} \tag{2.65}$$

由此还可得到微分关系式

$$\left.\begin{array}{l} \left(\dfrac{\partial S}{\partial V}\right)_{T,\mu} = \left(\dfrac{\partial p}{\partial T}\right)_{V,\mu} \\[3mm] \left(\dfrac{\partial S}{\partial \mu}\right)_{T,V} = \left(\dfrac{\partial N}{\partial T}\right)_{V,\mu} \\[3mm] \left(\dfrac{\partial p}{\partial \mu}\right)_{T,\mu} = \left(\dfrac{\partial N}{\partial V}\right)_{V,T} \end{array}\right\} \tag{2.66}$$

2.4　响应函数

响应函数是与实验关系最紧密的热力学量,包括热响应函数和力学响应函数。

2.4.1　热容(C)

定容热容为

$$C_V = \left(\frac{\partial E}{\partial T}\right)_V \tag{2.67}$$

由 $\mathrm{d}E = T\mathrm{d}S - p\mathrm{d}V + \mu\mathrm{d}N$,定容热容也可以表示为

$$C_V = T\left(\frac{\partial S}{\partial T}\right)_V \tag{2.68}$$

此式也可看作定容热容的定义。定容热容 C_V 是系统粒子数和体积不变的条件下,温度升高 1 ℃ 系统内能的增加值。由于我们讨论的是粒子数 N 固定的系统,所以这里可以略去下标 N。

单位质量的热容称为比热容,或简称比热。定容比热容 c_V 定义为 $c_V - \dfrac{1}{m}C_V = \dfrac{1}{m}\left(\dfrac{\partial E}{\partial T}\right)_V$。热容是广延量,而比热容是强度量。

容易得到常用公式

$$\left(\frac{\partial C_V}{\partial V}\right)_T = \left[\frac{\partial}{\partial V}\left(\frac{\partial E}{\partial T}\right)_V\right]_T = T\left(\frac{\partial^2 S}{\partial V \partial T}\right) = -T\left(\frac{\partial^3 F}{\partial V \partial T^2}\right) = -T\left(\frac{\partial^2}{\partial T^2}\frac{\partial F}{\partial V}\right)_T = T\left(\frac{\partial^2 p}{\partial T^2}\right)_V \tag{2.69}$$

定压热容为

$$C_p = T\left(\frac{\partial S}{\partial T}\right)_p \tag{2.70}$$

为了理解定压热容的意义,由

$$\mathrm{d}H = T\mathrm{d}S + V\mathrm{d}p + \mu\mathrm{d}N$$

可得

$$C_p = \left(\frac{\partial H}{\partial T}\right)_p = \left(\frac{\partial H}{\partial T}\right)_p$$

所以定压热容是系统的温度增加 1 ℃ , 热力学势焓 H 的增加量。

类似地可以得到

$$\left(\frac{\partial C_p}{\partial p}\right)_T = -T\left(\frac{\partial^2 V}{\partial T^2}\right)_p \tag{2.71}$$

2.4.2 *PTV* 系统的力学响应函数

等温压缩率为

$$\kappa_T = -\frac{1}{V}\left(\frac{\partial V}{\partial p}\right)_T = -\frac{1}{V}\left(\frac{\partial V}{\partial p}\right)_T = \frac{1}{\rho}\left(\frac{\partial \rho}{\partial p}\right)_T$$

等熵压缩率为

$$\kappa_S = -\frac{1}{V}\left(\frac{\partial V}{\partial p}\right)_S = \frac{1}{\rho}\left(\frac{\partial \rho}{\partial p}\right)_S$$

热膨胀系数为

$$\alpha = \frac{1}{V}\left(\frac{\partial V}{\partial T}\right)_p$$

这些系数与热容满足下列三个关系式:

$$\kappa_T(C_p - C_V) = TV\alpha^2 \tag{2.72}$$

$$C_p(\kappa_T - \kappa_S) = TV\alpha^2 \tag{2.73}$$

$$\frac{C_p}{C_V} = \frac{\kappa_T}{\kappa_S} \tag{2.74}$$

为了证明这些关系式,我们先给出一些数学恒等式。后面将看到,借助这些数学恒等式可以方便证明上述关系式。

有态变量 x, y, z, w , 且 $F(x,y,z) = 0$, w 是变量 x, y, z 中任意两个变量的函数,则

$$dx = \left(\frac{\partial x}{\partial y}\right)_z dy + \left(\frac{\partial x}{\partial z}\right)_y dz$$

$$dy = \frac{1}{\left(\frac{\partial x}{\partial y}\right)_z}dx - \frac{\left(\frac{\partial x}{\partial z}\right)_y}{\left(\frac{\partial x}{\partial y}\right)_z}dz$$

$$dy = \left(\frac{\partial y}{\partial x}\right)_z dx + \left(\frac{\partial y}{\partial z}\right)_x dz$$

$$\frac{1}{\left(\frac{\partial x}{\partial y}\right)_z}dx - \frac{\left(\frac{\partial x}{\partial z}\right)_y}{\left(\frac{\partial x}{\partial y}\right)_z}dz = \left(\frac{\partial y}{\partial x}\right)_z dx + \left(\frac{\partial y}{\partial z}\right)_x dz$$

所以有

$$\left[\frac{1}{\left(\frac{\partial x}{\partial y}\right)_z} - \left(\frac{\partial y}{\partial x}\right)_z\right]dx = \left[\frac{\left(\frac{\partial x}{\partial z}\right)_y}{\left(\frac{\partial x}{\partial y}\right)_z} + \left(\frac{\partial y}{\partial z}\right)_x\right]dz = \frac{1}{\left(\frac{\partial x}{\partial y}\right)_z}\left[\left(\frac{\partial x}{\partial y}\right)_z + \left(\frac{\partial x}{\partial y}\right)_z\left(\frac{\partial y}{\partial z}\right)_x\right]dz$$

由于 dx, dz 独立变化,故存在如下关系式:

$$\left.\begin{array}{l}\left(\frac{\partial x}{\partial y}\right)_z = \frac{1}{\left(\frac{\partial y}{\partial x}\right)_z} \\[4mm] \left(\frac{\partial x}{\partial y}\right)_z\left(\frac{\partial y}{\partial z}\right)_x\left(\frac{\partial z}{\partial x}\right)_y = -1\end{array}\right\} \tag{2.75}$$

令 $x = x(y, z)$,则

$$dx = \left(\frac{\partial x}{\partial y}\right)_z dy + \left(\frac{\partial x}{\partial z}\right)_y dz$$

上式两边同时除以 dw,则有

$$\frac{dx}{dw} = \left(\frac{\partial x}{\partial y}\right)_z\frac{dy}{dw} + \left(\frac{\partial x}{\partial z}\right)_y\frac{dz}{dw}$$

由于 dy, dz 独立变化,导致

$$\left(\frac{\partial x}{\partial w}\right)_z = \left(\frac{\partial x}{\partial y}\right)_z\left(\frac{\partial y}{\partial w}\right)_z \tag{2.76}$$

令变数 z 固定,且 $x = x(y, w)$,则容易得到

$$\left(\frac{\partial x}{\partial y}\right)_z = \left(\frac{\partial x}{\partial y}\right)_w + \left(\frac{\partial x}{\partial w}\right)_y\left(\frac{\partial w}{\partial y}\right)_z \tag{2.77}$$

令 $u = u(x, y)$, $v = v(x, y)$,简记雅可比行列式为

$$\frac{\partial(u, v)}{\partial(x, y)} = \begin{vmatrix}\frac{\partial u}{\partial x} & \frac{\partial u}{\partial y}\\ \frac{\partial v}{\partial x} & \frac{\partial v}{\partial y}\end{vmatrix} = \frac{\partial u}{\partial x}\frac{\partial v}{\partial y} - \frac{\partial u}{\partial y}\frac{\partial v}{\partial x} \tag{2.78}$$

则借助上述数学恒等式容易证明如下性质:

$$\frac{\partial(u, v)}{\partial(x, y)} = -\frac{\partial(v, u)}{\partial(x, y)} \tag{2.79}$$

$$\frac{\partial(u, y)}{\partial(x, y)} = \left(\frac{\partial u}{\partial x}\right)_y \tag{2.80}$$

$$\frac{\partial(u, v)}{\partial(x, y)} = \frac{\partial(u, v)}{\partial(s, t)}\frac{\partial(s, t)}{\partial(x, y)} \tag{2.81}$$

$$\frac{d}{dt}\frac{\partial(u, v)}{\partial(x, y)} = \frac{\partial\left(\frac{d}{dt}, v\right)}{\partial(x, y)} + \frac{\partial\left(u, \frac{dv}{dt}\right)}{\partial(x, y)} \tag{2.82}$$

借助雅可比行列式的这些性质,应用不同变数之间的变换很容易计算偏导数 $\frac{\partial S}{\partial T}$。

$$C_V = T\left(\frac{\partial S}{\partial T}\right)_V = T\frac{\partial(S, V)}{\partial(T, V)} = T\frac{\frac{\partial(S, V)}{\partial(T, p)}}{\frac{\partial(T, V)}{\partial(T, p)}}$$

$$= T \frac{\left(\frac{\partial S}{\partial T}\right)_p \left(\frac{\partial V}{\partial p}\right)_T - \left(\frac{\partial S}{\partial p}\right)_T \left(\frac{\partial V}{\partial T}\right)_p}{\left(\frac{\partial V}{\partial p}\right)_T} = C_p - \frac{\left(\frac{\partial S}{\partial p}\right)_T \left(\frac{\partial V}{\partial T}\right)_p}{\left(\frac{\partial V}{\partial p}\right)_T}$$

借助微分关系式 $\left(\frac{\partial S}{\partial p}\right)_T = -\left(\frac{\partial V}{\partial T}\right)_p$（见式（2.56）），得到

$$C_p - C_V = -T \frac{\left[\left(\frac{\partial V}{\partial T}\right)_p\right]^2}{\left(\frac{\partial V}{\partial p}\right)_T} = T \frac{\left[\left(\frac{\partial V}{\partial T}\right)_p\right]^2}{V \kappa_T} \qquad (2.83)$$

即

$$V \kappa_T (C_p - C_V) = T \left[\left(\frac{\partial V}{\partial T}\right)_p\right]^2$$

此即关系式（2.72）。

$$\kappa_T (C_p - C_V) = TV \left[\frac{1}{V}\left(\frac{\partial V}{\partial T}\right)_p\right]^2 = TV \alpha^2$$

$$\kappa_S = -\frac{1}{V}\left(\frac{\partial V}{\partial p}\right)_S = -\frac{1}{V}\frac{\partial(V,S)}{\partial(p,S)} = -\frac{1}{V}\frac{\frac{\partial(V,S)}{\partial(p,T)}}{\frac{\partial(p,S)}{\partial(p,T)}}$$

$$= -\frac{1}{V}\frac{\left(\frac{\partial V}{\partial p}\right)_T \left(\frac{\partial S}{\partial T}\right)_p - \left(\frac{\partial V}{\partial T}\right)_p \left(\frac{\partial S}{\partial p}\right)_T}{\left(\frac{\partial S}{\partial T}\right)_p}$$

$$= -\frac{1}{V}\left(\frac{\partial V}{\partial p}\right)_T + \frac{1}{V}\frac{\left(\frac{\partial V}{\partial T}\right)_p \left(\frac{\partial S}{\partial p}\right)_T}{\left(\frac{\partial S}{\partial T}\right)_p} = \kappa_T + \frac{1}{V}\frac{\left(\frac{\partial V}{\partial T}\right)_p \left(\frac{\partial S}{\partial p}\right)_T}{\left(\frac{\partial S}{\partial T}\right)_p}$$

$$= \kappa_T + \frac{T}{V}\frac{\left(\frac{\partial V}{\partial T}\right)_p \left(\frac{\partial S}{\partial p}\right)_T}{C_p}$$

$$VC_p (\kappa_T - \kappa_p) = -T \left(\frac{\partial V}{\partial T}\right)_p \left(\frac{\partial S}{\partial p}\right)_T$$

借助微分关系 $\left(\frac{\partial S}{\partial p}\right)_T = -\left(\frac{\partial V}{\partial T}\right)_p$，则可以得到

$$VC_p (\kappa_T - \kappa_p) = T \left[\left(\frac{\partial V}{\partial T}\right)_p\right]^2 = TV^2 \alpha^2$$

此式即关系式（2.73）。

$$\frac{\kappa_T}{\kappa_S} = \frac{\left(\frac{\partial V}{\partial p}\right)_T}{\left(\frac{\partial V}{\partial p}\right)_S} = \frac{\frac{\partial(V,T)}{\partial(p,T)}}{\frac{\partial(V,S)}{\partial(p,S)}} = \frac{\frac{\partial(V,T)}{\partial(V,S)}}{\frac{\partial(p,T)}{\partial(p,S)}} = \frac{\left(\frac{\partial T}{\partial S}\right)_V}{\left(\frac{\partial T}{\partial S}\right)_p} = \frac{C_p}{C_V}$$

此式即关系式（2.74）。

2.5　平衡态的稳定性

孤立平衡系统的熵一定是极大值,因此系统内热力学量的定域涨落必然引起熵的减少,否则此系统必定会因涨落而自发地移到熵较高的新平衡态。利用平衡态的熵是极大值这一事实,我们可以得到平衡系统定域平衡和平衡稳定性的条件。

2.5.1　平衡态的定域平衡条件

我们以 PVT 系统为例来讨论定域平衡条件。考虑一总体积为 V_t 的孤立箱子。箱子被一导热多孔塞分为 A,B 两部分,其中箱子内的总内能、总粒子数及总体积不变,如图 2.5 所示,有

$$\left.\begin{aligned} E_t &= \sum_{\alpha=A,B} = E_\alpha \\ V_t &= \sum_{\alpha=A,B} = V_\alpha \\ N_t &= \sum_{\alpha=A,B} = N_\alpha \\ S_t &= \sum_{\alpha=A,B} = S_\alpha \end{aligned}\right\} \tag{2.84}$$

因为孤立系统平衡态的熵 $S_t = S(E_t, V_t, N_t)$ 有极大值,所有围绕平衡态的涨落(系统的自发变化)满足关系式

$$\Delta E_t = \Delta V_t = \Delta N_t = 0 \tag{2.85}$$

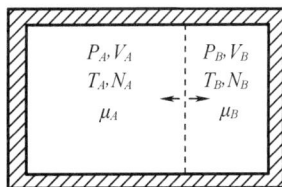

图 2.5　孤立闭合的箱子

它导致

$$\left.\begin{aligned} \Delta E_A &= -\Delta E_B \\ \Delta V_A &= -\Delta V_B \\ \Delta N_A &= -\Delta N_B \end{aligned}\right\} \tag{2.86}$$

由此我们得到

$$\Delta S_t = \sum_{\alpha=A,B}\left[\left(\frac{\partial S_\alpha}{\partial E_\alpha}\right)^0_{V_\alpha,N_\alpha}\Delta E_\alpha + \left(\frac{\partial S_\alpha}{\partial V_\alpha}\right)^0_{E_\alpha,N_\alpha}\Delta V_\alpha + \left(\frac{\partial S_\alpha}{\partial N_\alpha}\right)^0_{V_\alpha,E_\alpha}\Delta N_\alpha + \cdots\right]$$

$$= \left(\frac{1}{T_A} - \frac{1}{T_B}\right)\Delta E_A + \left(\frac{p_A}{T_A} - \frac{p_B}{T_B}\right)\Delta V_A - \left(\frac{\mu_A}{T_A} - \frac{\mu_B}{T_B}\right)\Delta N_A + \cdots \tag{2.87}$$

系统处于平衡态时熵极大,因此任何自发变化熵必减小,但因为 ΔE_A,ΔV_A,ΔN_A 可正可负,所以由 $\Delta S_t \leqslant 0$,可导出如下平衡条件

$$\left.\begin{array}{l} T_A = T_B \\ p_A = p_B \\ \mu_A = \mu_B \end{array}\right\} \tag{2.88}$$

2.5.2 定域稳定条件

平衡态的稳定性对响应函数的符号提出某些要求。考虑图 2.5 所示的系统,平衡时 α 格的熵、内能、体积和粒子数分别用 S_α^0,E_α^0,V_α^0 和 N_α^0 表示;整个系统的平衡压强、温度和化学势分别用 p^0,T^0 和 μ^0 表示(对于两个格子它们是相同的)。

每个格子的热力学量围绕各自的平衡值有一自发涨落,这种自发涨落保证 E_t,V_t,N_t 不变。

将 α 格的熵绕其平衡值做泰勒展开

$$S_\alpha(E_\alpha, V_\alpha, N_\alpha) = S_\alpha(E_\alpha^0, V_\alpha^0, N_\alpha^0) + \left(\frac{\partial S_\alpha}{\partial E_\alpha}\right)_{V_\alpha,N_\alpha}^0 \Delta E_\alpha + \left(\frac{\partial S_\alpha}{\partial V_\alpha}\right)_{E_\alpha,N_\alpha}^0 \Delta V_\alpha + \left(\frac{\partial S_\alpha}{\partial N_\alpha}\right)_{V_\alpha,E_\alpha}^0 \Delta N_\alpha +$$
$$\frac{1}{2}\left[\Delta\left(\frac{\partial S_\alpha}{\partial E_\alpha}\right)_{V_\alpha,N_\alpha} \Delta E_\alpha + \Delta\left(\frac{\partial S_\alpha}{\partial V_\alpha}\right)_{E_\alpha,N_\alpha} \Delta V_\alpha + \Delta\left(\frac{\partial S_\alpha}{\partial N_\alpha}\right)_{V_\alpha,E_\alpha} \Delta N_\alpha\right] \tag{2.89}$$

其中

$$\Delta\left(\frac{\partial S_\alpha}{\partial E_\alpha}\right)_{V_\alpha,N_\alpha} = \left(\frac{\partial^2 S_\alpha}{\partial E_\alpha^2}\right)_{V_\alpha,N_\alpha}^0 \Delta E_\alpha + \left[\frac{\partial}{\partial V_\alpha}\left(\frac{\partial S_\alpha}{\partial E_\alpha}\right)_{V_\alpha,N_\alpha}\right]_{E_\alpha,N_\alpha}^0 \Delta V_\alpha + \left[\frac{\partial}{\partial N_\alpha}\left(\frac{\partial S_\alpha}{\partial E_\alpha}\right)_{V_\alpha,N_\alpha}\right]_{E_\alpha,V_\alpha}^0 \Delta N_\alpha \tag{2.90}$$

$$\Delta\left(\frac{\partial S_\alpha}{\partial V_\alpha}\right)_{E_\alpha,N_\alpha} = \left(\frac{\partial^2 S_\alpha}{\partial V_\alpha^2}\right)_{E_\alpha,N_\alpha}^0 \Delta V_\alpha + \left[\frac{\partial}{\partial V_\alpha}\left(\frac{\partial S_\alpha}{\partial E_\alpha}\right)_{V_\alpha,N_\alpha}\right]_{E_\alpha,N_\alpha}^0 \Delta V_\alpha + \left[\frac{\partial}{\partial N_\alpha}\left(\frac{\partial S_\alpha}{\partial E_\alpha}\right)_{V_\alpha,N_\alpha}\right]_{E_\alpha,V_\alpha}^0 \Delta N_\alpha \tag{2.91}$$

$$\Delta\left(\frac{\partial S_\alpha}{\partial N_\alpha}\right)_{V_\alpha,E_\alpha} = \left(\frac{\partial^2 S_\alpha}{\partial E_\alpha^2}\right)_{V_\alpha,N_\alpha}^0 \Delta E_\alpha + \left[\frac{\partial}{\partial V_\alpha}\left(\frac{\partial S_\alpha}{\partial E_\alpha}\right)_{V_\alpha,N_\alpha}\right]_{E_\alpha,N_\alpha}^0 \Delta V_\alpha + \left[\frac{\partial}{\partial N_\alpha}\left(\frac{\partial S_\alpha}{\partial E_\alpha}\right)_{V_\alpha,N_\alpha}\right]_{E_\alpha,V_\alpha}^0 \Delta N_\alpha \tag{2.92}$$

$$\Delta E_\alpha = E_\alpha - E_\alpha^0$$
$$\Delta V_\alpha = V_\alpha - V_\alpha^0$$
$$\Delta N_\alpha = N_\alpha - N_\alpha^0$$

利用定域平衡条件式(2.88),总熵 S_t 展开式中的一阶项消失。总熵的变化 ΔS_t 为

$$\Delta S_t = \frac{1}{2}\sum_{\alpha=A,B}\left[\Delta\left(\frac{\partial S_\alpha}{\partial E_\alpha}\right)_{V_\alpha,N_\alpha} \Delta E_\alpha + \Delta\left(\frac{\partial S_\alpha}{\partial V_\alpha}\right)_{E_\alpha,N_\alpha} \Delta V_\alpha + \Delta\left(\frac{\partial S_\alpha}{\partial N_\alpha}\right)_{V_\alpha,E_\alpha} \Delta N_\alpha\right] \tag{2.93}$$

利用关系式(2.23),上式可以表示为较简单的形式,即

$$\Delta S_t = \frac{1}{2}\sum_{\alpha=A,B}\left[\Delta\left(\frac{1}{T}\right)_\alpha \Delta E_\alpha + \Delta\left(\frac{p}{T}\right)_\alpha \Delta V_\alpha - \Delta\left(\frac{\mu}{T}\right)_\alpha \Delta N_\alpha\right] \tag{2.94}$$

或者

$$\Delta S_t = \frac{1}{2T} \sum_{\alpha = A,B} (-\Delta T_\alpha \Delta S_\alpha + \Delta p_\alpha \Delta V_\alpha - \Delta \mu_\alpha \Delta N_\alpha) \tag{2.95}$$

现在我们选取 $\Delta T_\alpha, \Delta p_\alpha, \Delta N_\alpha$ 为独立变量,则

$$\Delta \mu_\alpha = \left(\frac{\partial \mu}{\partial T}\right)_p^0 \Delta T_\alpha + \left(\frac{\partial \mu}{\partial p}\right)_T^0 \Delta p_\alpha + \left(\frac{\partial \mu}{\partial N}\right)_{p,T}^0 \Delta N_\alpha \tag{2.96}$$

$$\Delta S_\alpha = \left(\frac{\partial S}{\partial T}\right)_p^0 \Delta T_\alpha + \left(\frac{\partial S}{\partial p}\right)_T^0 \Delta p_\alpha + \left(\frac{\partial S}{\partial N}\right)_{p,T}^0 \Delta N_\alpha \tag{2.97}$$

$$\Delta V_\alpha = \left(\frac{\partial V}{\partial T}\right)_p^0 \Delta T_\alpha + \left(\frac{\partial V}{\partial p}\right)_T^0 \Delta p_\alpha + \left(\frac{\partial V}{\partial N}\right)_{p,T}^0 \Delta N_\alpha \tag{2.98}$$

则可得到

$$\Delta S_t = \frac{1}{2T} \sum_{\alpha = A,B} \left[-\frac{C_p}{T}(\Delta T_\alpha)^2 + 2\left(\frac{\partial V}{\partial T}\right)_p^0 \Delta p_\alpha \Delta T_\alpha + \left(\frac{\partial V}{\partial p}\right)_T^0 (\Delta p_\alpha)^2 - \left(\frac{\partial \mu}{\partial N}\right)_{p,T}^0 (\Delta N_\alpha)^2 \right] \tag{2.99}$$

式中, C_p 为定压热容。

经整理最终得到

$$\Delta S_t = -\frac{1}{2T} \sum_{\alpha = A,B} \left[\frac{C_V}{T}(\Delta T_\alpha)^2 + \frac{1}{\kappa_T V}\left[(\Delta V_\alpha)_{N_\alpha} \right]^2 + \left(\frac{\partial \mu}{\partial N}\right)_{p,T}^0 (\Delta N_\alpha)^2 \right] \tag{2.100}$$

式中, $(\Delta V_\alpha)_{N_\alpha} \equiv \left(\frac{\partial V}{\partial T}\right)_p^0 \Delta T_\alpha + \left(\frac{\partial V}{\partial p}\right)_T^0 \Delta p_\alpha$,表示粒子数守恒时体积的涨落。

涨落 (ΔT_α), $(\Delta V_\alpha)_{N_\alpha}$ 和 (ΔN_α) 可以彼此独立地实现。若 $\Delta S_t \leqslant 0$,则平衡态是稳定的。所以式(2.100)导致

$$\left. \begin{array}{l} C_V \geqslant 0 \\ \kappa_T \geqslant 0 \\ \left(\dfrac{\partial \mu}{\partial N}\right)_{p,T}^0 \geqslant 0 \end{array} \right\} \tag{2.101}$$

式(2.101)即著名的勒夏特列原理:如果系统处于稳定平衡态,则其参量的任何变化必然引起一种过程,使系统朝着恢复平衡的方向前进。

第一个条件 $C_V \geqslant 0$ 是热稳定性条件。如果把一微小的过量热加到流体体元中,体元的温度将高于周围的温度,一些热量将从体元中流出使体元温度降低。

第二个条件 $\kappa_T \geqslant 0$ 是力学稳定性条件。如果流体的一小体积元自发增大,则体元内的压强将减小,于是周围环境较大的压强将阻止体元增大。

第三个条件 $\left(\dfrac{\partial \mu}{\partial N}\right)_{p,T}^0 \geqslant 0$ 是化学稳定性条件。如果把粒子加到系统内,则系统的化学势为正,从而其总能量必然增大。

由恒等式(2.83)和上述稳定性条件可得关系式

$$C_p > C_V > 0 \tag{2.102}$$

$$\kappa_T > \kappa_S > 0 \tag{2.103}$$

第3章 系综理论

3.1 基本假设

假设有一限定体积的宏观系统,它的哈密顿量为 H 和 E,其本征值和本征波函数分别为 E_i 和 ψ_i,则量子力学的本征方程为

$$H\psi_i = E_i\psi_i, \ i = 1, 2, \cdots \tag{3.1}$$

对于由 N 个质量为 m 的全同粒子组成的非相对论性宏观系统,其哈密顿量可以表示为

$$H = \sum_{i=1}^{N} \frac{\boldsymbol{p}_i^2}{2m} + \sum_{i<j}^{N} V_{ij}(r_{ij}) \tag{3.2}$$

式中,$\boldsymbol{p}_i$ 为第 i 个粒子的动量;$V_{ij}(r_{ij})$ 为二体相互作用,这里假定它只与两粒子之间的距离有关。

当系统的粒子数 N 为很大时,该系统可视为宏观系统。假设我们只知道此宏观系统的能量在 E 与 $E + \Delta E$ 之间,动量在 $\boldsymbol{P}$ 与 $\boldsymbol{P} + \Delta \boldsymbol{P}$ 之间,而不知道系统处于哪一个本征态上,令 Ω 表示符合条件的所有本征态的数目,则 $\Omega = \Omega(E, \Delta E, \boldsymbol{P}, \Delta \boldsymbol{P}, \cdots)$。现在的问题是发现该系统处于这 Ω 个本征态中某一特定本征态的概率 P 是多少? 如果不知道系统处在哪个态上,我们可以假定处于每个态上的概率相等,即

$$P = \frac{1}{\Omega} \tag{3.3}$$

等概率假设式(3.3)是统计力学平衡态理论的唯一基本假设。以后将看到,借助此基本假设,再加上不同的哈密顿量,我们就能够研究各种系统的相变现象。

应当指出,等概率假设对于任何统计问题都是适用的,因此它是一个相当普遍和自然的假设。

3.2 正则系综

基于量子力学本征方程的形式和等概率原理,我们的首要目标是求出系统的热力学函数,如亥姆霍兹自由能、吉布斯热力学势和熵。为解决这一问题,可以想象由 M 个这样的相同系统构成一个系综,每个系统的粒子数都为 N,系综中系统的哈密顿量分别为 $H_1, H_2, \cdots$,这种系综称为正则系综。图 3.1 表示一个正则系综,不同系统之间的连线代表系统之间可以进行热交换。处于不同位置的每一个系统都有不同编号($\alpha = 1, 2, \cdots$),表示这些系统是可以分辨的。

系综的哈密顿量 $\mathscr{H}$ 是系综中所有系统的哈密顿量之和,并外加系统之间的"热交换项"。

$$\mathscr{H} = \sum_{\alpha=1}^{M} H_\alpha + h_{\text{th}} \tag{3.4}$$

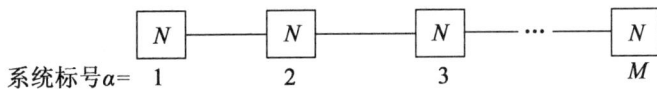

系统标号$\alpha=$　1　　　2　　　3　　　M

图 3.1　正则系综（系统之间的连线表示热交换相互作用）

式中，h_{th}表示"热交换项"。当H_α足够大时，可以略去热交换项。这时系综的哈密顿量是系统的哈密顿量之和，即

$$\mathscr{H} = \sum_{\alpha=1}^{M} H_\alpha \tag{3.5}$$

系综的波函数是系统的波函数之积，即

$$\Psi = \prod_{\alpha=1}^{M} \psi_\alpha \tag{3.6}$$

正则系综给定以后，假定只知道系综总能量$\mathscr{E}$，但并不知道某系统处于哪个态ψ_j，现在的问题是求某系统处于态ψ_j的概率是多少。

令M_j表示处于态ψ_j的系统数（$M_j=0$表示没有系统处于态ψ_j），E_j表示态ψ_j的能量，则该系综中总的系统数为

$$M = \sum_{j=1} M_j \tag{3.7}$$

系综的总能量为

$$\mathscr{E} = \sum_{j=1} M_j E_j \tag{3.8}$$

对于给定的$M,\mathscr{E}$和分布$\{M_j\}$，系统的状态并没有完全确定。例如，有 3 个系统处于ψ_1态，而这 3 个系统的任意排列并没有给出此系综的新的态，所以给定的分布$\{M_j\}$系综的总态数为

$$\Omega = \frac{M!}{\prod_j M_j!} \tag{3.9}$$

如果仅仅给定了M和$\mathscr{E}$，系统的分布$\{M_j\}$并不确定，哪种分布$\{M_j\}$的概率最大？基于等概率假设，概率最大的分布$\{M_j\}$相应于系综态的数目最大的分布，即相应于Ω的极大值。

为了在给定的M和$\mathscr{E}$的条件下求Ω（也即$\ln \Omega$）的极值，通常采用拉格朗日不定乘子法，由此有

$$\frac{\partial}{\partial M_i}\ln \Omega - \alpha \frac{\partial\left(\sum_j M_j\right)}{\partial M_i} - \beta \frac{\partial\left(\sum_j M_j E_j\right)}{\partial M_i} = 0 \tag{3.10}$$

当M很大时，相应的M_j也很大，这时阶乘可以借助斯特灵公式来计算，即

$$M! = \left(\frac{M}{\text{e}}\right)^M \sqrt{2\pi M}\left(1 + \frac{1}{12M} + \frac{1}{288M^2} + \cdots\right) \tag{3.11}$$

对于大的M，有

$$\ln(M!) \approx M\ln M - M$$

所以

$$\ln \Omega = M\ln M - M - \sum_i M_i\ln M_i + \sum_i M_i$$

$$= M\ln M - \sum_i M_i\ln M_i \tag{3.12}$$

在对 $\ln \Omega$ 进行微分时,可以用两种不同的方法:一种方法是视 M 为常数;另一种方法是视 $M = \sum_j M_j$,而对其进行微分。两种方法给出的 α 相差一个常数。为计算简单,这里我们采用视 M 为常数的方法,容易得到

$$\frac{\partial}{\partial M_i} \ln \Omega = -\ln M_i \qquad (3.13)$$

$$\frac{\partial (\sum_j M_j)}{\partial M_i} = 1 \qquad (3.14)$$

$$\frac{\partial (\sum_j M_j E_j)}{\partial M_i} = E_i \qquad (3.15)$$

将式(3.13)至式(3.15)代入式(3.12),则有

$$-\ln M_i - \alpha - \beta E_i = 0 \qquad (3.16)$$

即

$$\ln M_i = -\alpha - \beta E_i \qquad (3.17)$$

所以

$$M_i = e^{-\alpha - \beta E_i} \qquad (3.18)$$

定义

$$P_i = \frac{M_i}{M} = \frac{e^{-\beta E_i}}{\sum_i e^{-\beta E_i}} \qquad (3.19)$$

它表示最大概率分布时系统处在第 i 态的概率,显然 $\sum_i P_i = 1$,此归一化条件消除了因子 α。

定义配分函数

$$Q = \sum_i e^{-\beta E_i} \qquad (3.20)$$

它表示各个态的相对概率之和。在 P_i 的定义式中它是作为归一化因子出现的,不定乘子 β 的值可由系统能量的平均值定出。

系综中每个系统的能量平均值为

$$E = \frac{\mathscr{E}}{M}$$

则可以得到

$$E = \frac{1}{Q} \sum_i E_i e^{-\beta E_i} = \sum_i E_i P_i \qquad (3.21)$$

由此可得结论:给定系统能量平均值 E,当 M 趋于无穷大时,P_i 和 β 与 M 无关。

下面我们证明,对于正则系综,给定系统的哈密顿量 H 和能量的平均值 E,当 M 趋于无穷大时,概率最大的分布就是真实分布。

证明 考虑函数

$$f = f(M_i) = \ln \Omega - \alpha \sum_i M_i - \beta \sum_i M_i E_i \qquad (3.22)$$

f 达到极大值的条件为

$$\frac{\partial f}{\partial M_i} = 0$$

当 f 达到极大值时，$M_i = P_i M = \overline{M}_i$，$P_i$ 与 M 无关。

$$\frac{\partial^2 f}{\partial M_i^2} = -\frac{1}{M_i} < 0$$

因函数 f 对 M_i 求一次微商，其分母就增加一个因子 M_i，当 M 趋向于无穷大时，M_i 也趋向于无穷大，所以高次微商很快趋向于零。

将函数 f 在 $M_i = \overline{M}_i$ 做泰勒展开，有

$$f = f(\overline{M}_i) + \sum_i \left(\frac{\partial f}{\partial M_i}\right)_{M_i = \overline{M}_i} (M_i - \overline{M}_i) + \frac{1}{2!}\sum_i \left(\frac{\partial^2 f}{\partial M_i^2}\right)_{M_i = \overline{M}_i} (M_i - \overline{M}_i)^2 + \cdots$$

由此可以得到

$$f = f(\overline{M}_i) - \frac{1}{2\overline{M}_i}\sum_i (M_i - \overline{M}_i)^2 \left[1 + O\left(\frac{\Delta M}{M}\right)^2\right] \tag{3.23}$$

f 的极值为

$$\overline{f} = f(\overline{M}_i) = \ln\overline{\Omega} - \alpha M - \beta ME \tag{3.24}$$

$$f = \ln\Omega - \alpha M - \beta ME = \overline{f} - \frac{1}{2\overline{M}_i}\sum_i (M_i - \overline{M}_i)^2 \left[1 + O\left(\frac{\Delta M}{M}\right)^2\right] \tag{3.25}$$

则有

$$\ln\Omega = \ln\overline{\Omega} - \frac{1}{2\overline{M}_i}\sum_i (M_i - \overline{M}_i)^2 \left[1 + O\left(\frac{\Delta M}{M}\right)^2\right] \tag{3.26}$$

由此得到

$$\ln\frac{\Omega}{\overline{\Omega}} = -\sum_i \frac{(M_i - \overline{M}_i)^2}{2MP_i} \tag{3.27}$$

也即

$$\Omega = \overline{\Omega}\mathrm{e}^{-\sum_i \frac{(M_i - \overline{M}_i)^2}{2MP_i}} \tag{3.28}$$

此分布为高斯分布。

下面我们证明当 M 趋向于无穷大时，对于此分布的涨落趋向于零，也即证明

$$\lim_{M\to\infty}\sqrt{\frac{\overline{M_i^2} - \overline{M}_i^2}{\overline{M}_i^2}} = 0 \tag{3.29}$$

首先给出几个常用数学公式：

$(1)\ \dfrac{\partial}{\partial\ln x} = x\dfrac{\partial}{\partial x}$

$(2)\ I = \displaystyle\int_{-\infty}^{\infty} \mathrm{e}^{-\alpha x^2}\mathrm{d}x = \sqrt{\dfrac{\pi}{\alpha}}$

其证明如下：

$$I^2 = \int_{-\infty}^{\infty}\mathrm{e}^{-\alpha x^2}\int_{-\infty}^{\infty}\mathrm{e}^{-\alpha y^2}\mathrm{d}x\mathrm{d}y = \int_0^{\infty}r\mathrm{d}r\int_0^{2\pi}\mathrm{d}\phi\,\mathrm{e}^{-\alpha r^2} = \pi\int_0^{\infty}\mathrm{e}^{-\alpha x}\mathrm{d}x = \frac{\pi}{\alpha}$$

$$I = \sqrt{\frac{\pi}{\alpha}}$$

（3）归一化高斯分布可写为

$$P(x) = \frac{1}{\sqrt{2\pi\Delta^2}} e^{-\frac{x^2}{2\Delta^2}}$$

式中系数利用如下方法获得

$$P(x) = A e^{-\frac{x^2}{2\Delta^2}}$$

$$\int_{-\infty}^{\infty} P(x)\,dx = 1$$

$$\int_{-\infty}^{\infty} e^{-\frac{x^2}{2\Delta^2}}\,dx = \sqrt{2\pi\Delta^2}$$

$$A = \frac{1}{\sqrt{2\pi\Delta^2}}$$

$$
(4)\ \overline{x^2} = \frac{\int x^2 P(x)\,dx}{\int P(x)\,dx} = \frac{\int_{-\infty}^{\infty} x^2 e^{-\frac{x^2}{2\Delta^2}}\,dx}{\int_{-\infty}^{\infty} e^{-\frac{x^2}{2\Delta^2}}\,dx}
$$

$$
= -2\frac{\partial}{\partial\left(\frac{1}{\Delta^2}\right)} \ln\left(\int_{-\infty}^{\infty} e^{-\frac{x^2}{2\Delta^2}}\,dx\right) = -2\frac{\partial}{\partial\left(\frac{1}{\Delta^2}\right)}\ln\left(\Delta\int_{-\infty}^{\infty} e^{-\frac{x^2}{2}}\,dx\right)
$$

$$
= \Delta^3 \frac{\partial}{\partial\Delta} \ln\left(\Delta\int_{-\infty}^{\infty} e^{-\frac{x^2}{2}}\,dx\right) = \Delta^2
$$

令 $x = M_i - \overline{M_i}$，$\Delta^2 = MP_i$，借助公式（4），有

$$\overline{(M_i - \overline{M_i})^2} = \overline{M_i^2} - \overline{M_i}^2 = MP_i$$

则当 M 趋向于 0 时，涨落

$$\lim_{M\to\infty} \sqrt{\frac{\overline{M_i^2} - \overline{M_i}^2}{\overline{M_i}^2}} = \sqrt{\frac{MP_i}{(MP_i)^2}} = \sqrt{\frac{1}{MP_i}} = 0 \qquad (3.30)$$

即概率最大的分布就是真实分布。

下面讨论参数 β 的物理意义。

因系统都与热库有热交换，所以不同系统之间的 β 是相同的，因此 β 具有温度的意义。因为概率与 βE_i 成负指数的关系，可以知道 $\beta \propto \frac{1}{T}$。

定义

$$\beta = \frac{1}{kT}$$

式中，k 为玻尔兹曼常数，$k = 1.38 \times 10^{-16}\,\mathrm{erg/K} = 8.31 \times 10^{-5}\,\mathrm{eV/K}$。

在后面讨论黑体辐射时，我们将论证这里定义的温度 T 是绝对温度。在室温下（$T \approx 300\,\mathrm{K}$），$kT \approx \frac{1}{40}\,\mathrm{eV}$。

统计物理中,配分函数 Q 是重要物理量,因为所有热力学量都能够借助配分函数计算出来。

定义函数

$$F = -kT\ln Q \tag{3.31}$$

下面我们证明,函数 F 就是热力学的亥姆霍兹自由能。

由配分函数的定义式(3.22)给出

$$-\frac{\partial}{\partial \beta}\ln Q = \frac{1}{Q}\sum_i E_i e^{-\beta E_i} = \sum_i P_i E_i = E$$

式中,E 为系统的平均能量。

$$\beta = \frac{1}{kT}$$

$$\frac{\partial \beta}{\partial T} = -\frac{1}{kT^2}$$

$$\frac{\partial \ln Q}{\partial T} = \frac{E}{kT^2}$$

所以对于由统计力学的配分函数定义的函数 F,可以得到

$$-kT^2\frac{\partial}{\partial T}\left(\frac{F}{kT}\right) = kT^2\frac{\partial \ln Q}{\partial T} = E \tag{3.32}$$

在热力学中,亥姆霍兹自由能 F_{th} 的热力学关系式为

$$\mathrm{d}F_{th} = -S\mathrm{d}T - p\mathrm{d}V$$

式中,S 和 p 分别为系统的熵压强;V 为系统的体积。

$$\left(\frac{\partial F_{th}}{\partial T}\right)_V = -S$$

由此可以得到

$$-kT^2\frac{\partial}{\partial T}\left(\frac{F_{th}}{kT}\right)_{V,N} = -kT^2\left[F_{th}\left(-\frac{1}{kT^2}\right) + \frac{1}{kT}\frac{\partial F_{th}}{\partial T}\right] = (F_{th} + TS) = E \tag{3.33}$$

所以

$$-kT^2\frac{\partial}{\partial T}\left(\frac{F_{th} - F}{kT}\right) = 0 \tag{3.34}$$

当温度 $T \to 0$ K 时,由式(3.22)我们得到

$$Q = \omega_0 e^{-E_0/(kT)}$$

式中,E_0 为系统基态的能量;ω_0 为系统基态的简并度。

由此我们可以得到系统基态的亥姆霍兹自由能,即

$$F = E_0 - kT\ln \omega_0 \tag{3.35}$$

另一方面,由热力学中亥姆霍兹自由能的表达式可知,当温度 $T \to 0$ K 时,我们有

$$F_{th} \to E_0 - TS_0$$

这样,在任何温度下统计力学定义的函数 F 就是热力学的亥姆霍兹自由能 F_{th},即

$$F = F_{th} \tag{3.36}$$

由统计力学导出系统的各种热力学量的程序如下:

(1)给定系统的哈密顿量 H,即在给定的体积 V 内放置数目 N 给定并知粒子间相互作用的粒子。

（2）求算符 $\mathrm{e}^{-\frac{H}{kT}}$ 的迹，即求得配分函数 $Q = \mathrm{tr}(\mathrm{e}^{-\frac{H}{kT}})$。

（3）由关系式 $F = -kT\ln Q$ 计算系统的亥姆霍兹自由能，将它对热力学变量微分得到各种热力学量，例如系统的能量、系统的熵。

一个系统的温度给定后，能量可以有涨落。用标准的涨落理论可以得到

$$\overline{(\Delta E)^2} = \overline{(E - \overline{E})^2} = \overline{E^2} - \overline{E}^2 \tag{3.37}$$

式中，$\overline{E} = \sum_i P_i E_i = -E$，$E$ 为系统的能量，因为

$$\frac{\partial}{\partial\beta}\ln Q = -\frac{1}{Q}\sum_i E_i \mathrm{e}^{-\beta E_i} = -\overline{E} = E$$

$\ln Q$ 对 β 的二阶微分正好是能量涨落

$$\frac{\partial^2}{\partial\beta^2}\ln Q = \frac{1}{Q}\sum_i E_i^2 \mathrm{e}^{-\beta E_i} + \frac{1}{Q}\frac{\partial Q}{\partial\beta}\frac{1}{Q}\sum_i E_i \mathrm{e}^{-\beta E_i} = \overline{E^2} - \overline{E}^2 \tag{3.38}$$

由此我们得到

$$\overline{(\Delta E)^2} = -\frac{\partial E}{\partial\beta} = kT^2 \frac{\partial E}{\partial T} = kT^2 C_V \tag{3.39}$$

此式的直接推论：系统的定容热容 $C_V \geq 0$。

能量的相对涨落

$$\frac{\Delta E}{E} = \sqrt{\frac{kT^2 C_V}{E^2}} \sim O\left(\frac{1}{\sqrt{N}}\right) \tag{3.40}$$

得到上式时我们利用了系统的定容热容和能量都与系统的粒子数成正比。所以只要 N 足够大，能量的相对涨落就趋于零。所谓 N 足够大，是指只要系统之间的热交换能量与系统本身的能量相比可以忽略即可，不一定要求 N 本身是非常大的数目。

以黑体辐射为例，首先列出两个要用的数学公式：

$$(1)\int_0^\infty x^n \mathrm{e}^{-x}\mathrm{d}x = \Gamma(n+1) = n!$$

$$(2)\int_0^\infty x^3(\mathrm{e}^x - 1)^{-1}\mathrm{d}x = \int_0^\infty \frac{x^3 \mathrm{e}^{-x}}{1 - \mathrm{e}^{-x}}\mathrm{d}x = \int_0^\infty x^3 \mathrm{e}^{-x}(1 + \mathrm{e}^{-x} + \mathrm{e}^{-2x} + \cdots)\mathrm{d}x$$

$$= 3!\left(\frac{1}{1^4} + \frac{1}{2^4} + \frac{1}{3^4} + \cdots\right) = 6 \times \frac{\pi^4}{90} = \frac{\pi^4}{15}$$

黑体中的光子间几乎没有相互作用（由量子电动力学知道，光子之间的相互作用非常微弱），故光子气可以认为是理想气体，光子气通过光子与黑体的气壁发生弹性碰撞而达到平衡。

我们假定在 $V = L^3$ 的立方体内，自由光子的波函数 $\mathrm{e}^{i\boldsymbol{k}\cdot\boldsymbol{r}}$ 满足周期性边界条件

$$k_x = \frac{2\pi}{L}n_x, k_y = \frac{2\pi}{L}n_y, k_z = \frac{2\pi}{L}n_z, \ n_x, n_y, n_z \text{ 是整数}$$

这里 $\boldsymbol{p} = \hbar\boldsymbol{k}$ 是光子的动量，光子的自旋为1，光子的极化 $\lambda = \pm 1$。

对于给定的 $\boldsymbol{k}, \lambda$，光子的能量为

$$\epsilon_k = \hbar\omega_k = \hbar c|\boldsymbol{k}| \tag{3.41}$$

令 $n_{k,\lambda}$ 表示处于 $\boldsymbol{k}, \lambda$ 态的光子数 $n_{k,\lambda}$，而 $n_{k,\lambda} = 0, 1, 2, \cdots$，所以对于一种集合 $\{n_{k,\lambda}\}$，就确定了

光子气系统的一个态。

光子气系统的总能量为

$$E = \sum_{\{n_{k,\lambda}\}} n_{k,\lambda} \hbar \omega_k \tag{3.42}$$

这里 $\sum_{\{n_{k,\lambda}\}} \equiv \sum_{k,\lambda} \sum_{n_{k,\lambda}=0,1,2,\cdots}$。

由此得到光子气系统的配分函数

$$Q = \sum_{\{n_{k,\lambda}\}} e^{-\frac{E}{kT}} = \prod_{k,\lambda} (1 + e^{-\beta\hbar\omega_k} + e^{-\beta 2\hbar\omega_k} + \cdots) = \prod_{k,\lambda} \frac{1}{1 - e^{-\beta\hbar\omega_k}} \tag{3.43}$$

则有

$$\ln Q = -\sum_{k,\lambda} \ln(1 - e^{-\beta\hbar\omega_k}) \tag{3.44}$$

借助公式

$$\sum_{k} = \sum_{n_x,n_y,n_z} = \frac{V}{(2\pi)^3}\int dk$$

$$\sum_{k,\lambda} = \frac{2V}{8\pi^3}\int dk$$

可以得到光子气系统的能量

$$\begin{aligned}
E &= \sum_{k,\lambda} \frac{\hbar\omega_k e^{-\beta\hbar\omega_k}}{1 - e^{-\beta\hbar\omega_k}} = \frac{2V}{(2\pi)^3}\int \frac{\hbar\omega_k e^{-\beta\hbar\omega_k}}{1 - e^{-\beta\hbar\omega_k}} dk \\
&= \frac{2V}{(2\pi)^3} 4\pi \frac{1}{\hbar^3 c^3} \frac{1}{\beta^4} \int_0^\infty \frac{x^3 e^{-x}}{1 - e^{-x}} dx \\
&= \frac{2V}{(2\pi)^3} 4\pi \frac{1}{\hbar^3 c^3} \frac{1}{\beta^4} \frac{\pi^4}{15} = \frac{\pi^2 k^4 T^4 V}{15\hbar^3 c^3}
\end{aligned} \tag{3.45}$$

若黑体容器足够大,则可以略去光子与容器壁的相互作用,这样确定的系统温度最为精确。众所周知,黑体辐射的能量正比于绝对温度 T 的 4 次方,所以由 $\beta = \frac{1}{kT}$ 定义的 T 就是系统的绝对温度。

光子气系统的自由能

$$\begin{aligned}
F &= kT\ln Q = -kT \frac{2V}{(2\pi)^3}\int dk \ln(1 - e^{-\beta\hbar\omega_k}) \\
&= -kT \frac{2V}{(2\pi)^3} 4\pi \frac{1}{(\beta\hbar)^3} \int_0^\infty d\left(\frac{x^3}{3}\right) \ln(1 - e^{-x}) = -\frac{E}{3}
\end{aligned} \tag{3.46}$$

光子气系统的熵

$$S = -\left(\frac{\partial}{\partial T}F\right)_V = \frac{4}{3}\frac{E}{T} \tag{3.47}$$

光子气系统的压强

$$p = -\left(\frac{\partial}{\partial V}F\right)_T = \frac{1}{3}\frac{E}{V} \tag{3.48}$$

此方程即相对论性理想气体的状态方程,因为任何光子都是相对论性粒子。

这里应当指出,光子气系统的光子数是不固定的,但我们用粒子数固定的正则系综给出了正确的结果,其原因是光子气系统的化学势为零。下面讨论巨正则系综时将会明了这一点。

对于给定的 k,λ,光子态用二次量子化表示为

$$|n_{k,\lambda}>,\quad n_{k,\lambda}=0,1,2,\cdots$$

则这些有确定的 k 和 λ 态的平均光子数为

$$\bar{n}_{k,\lambda}=\frac{1+1\cdot e^{-\beta\hbar\omega_k}+2\cdot e^{-2\beta\hbar\omega_k}+\cdots}{1+e^{-\beta\hbar\omega_k}+e^{-2\beta\hbar\omega_k}+\cdots}$$

$$=-\frac{\partial}{\partial(\beta\hbar\omega_k)}\ln(1+e^{-\beta\hbar\omega_k}+e^{-2\beta\hbar\omega_k}+\cdots)=\frac{1}{e^{\beta\hbar\omega_k}-1} \tag{3.49}$$

此即普朗克公式。

3.3 巨正则系综

巨正则系综是正则系综的推广。正则系综中每个系统的粒子数是相同的,巨正则系综中每个系统的粒子数不固定,因系统与外界既有能量交换,又有粒子数交换。与正则系综一样,每个系统的体积 V 都是相同的。假定巨正则系综由 M 个这种系统组成,则

$$\mathscr{H}=\sum H+h_{int}$$

式中,h_{int} 是由系统与外界因粒子交换和热交换引起的对于系综哈密顿量的贡献(相互作用项)。图 3.2 表示一个巨正则系综。而作为一个例子,图 3.3 中容器中的水可视为巨正则系综中的一个系统。

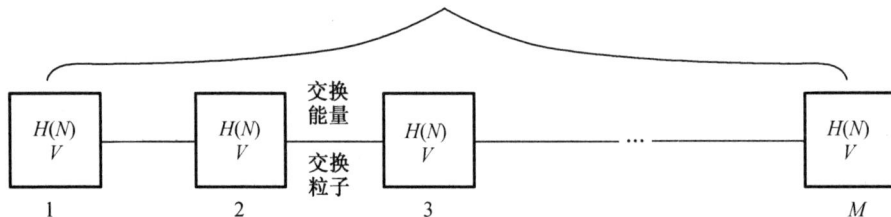

图 3.2 巨正则系综
(系统之间的连线表示既有粒子数交换,又有热交换)

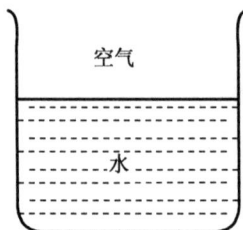

图 3.3 空气与水的分界面
(可以有水分子交换和热量交换)

如果相互作用项与系统的总哈密顿量 $\sum H$ 相比是一小量,则系综的哈密顿量是各系统的哈密顿量之和,即

$$\mathscr{H} = \sum H$$

系综的波函数是系综中所有系统波函数的乘积:

$$\Psi = \prod \psi$$

令有 N 个粒子的系统的哈密顿量为 $H(N)$,则系统的量子力学方程为

$$H(N)\,|j(N)\rangle = E_{j(N)}\,|j(N)\rangle \tag{3.50}$$

式中,$E_{j(N)}$ 和 $|j(N)\rangle$ 分别是哈密顿量 $H(N)$ 的第 j 个本征态的能量和波函数。

令系综中有 N 个粒子的系统处于 $|j(N)\rangle$ 态的系统数目为 $M_{j(N)}$,则

$$\sum_N \sum_{j(N)} M_{j(N)} = M \tag{3.51}$$

表示系综中系统的总数目。

$$\sum_N \sum_{j(N)} N \cdot M_{j(N)} = M\mathscr{N} \tag{3.52}$$

表示系综的总粒子数,式中,$\mathscr{N}$ 是每个系统的平均粒子数。

$$\mathscr{E} = \sum_N \sum_{j(N)} E_{j(N)} \cdot M_{j(N)} = ME \tag{3.53}$$

式中,$\mathscr{E}$ 为系综的总能量;E 为每个系统的平均能量。

容易看出,给定系统总数 M,并给定每个系统的平均粒子数 $\mathscr{N}$ 和平均能量 E,但各个态 $|j(N)\rangle$ 上的系统数目 $M_{j(N)}$ 并不确定。现在的问题是哪种分布 $\{M_{j(N)}\}$ 的概率最大。

借助统计物理的基本假定,找出与某一分布 $\{M_{j(N)}\}$ 相对应的系综的态的数目,就是此分布 $\{M_{j(N)}\}$ 的相对概率。

与求正则系综态数目的方法类比,我们可以得到

$$\Omega = \frac{M!}{\prod_N \prod_{j(N)} M_{j(N)}!} \tag{3.54}$$

式中,$M!$ 为 M 个系统的可能排列总数,处于同一态 $|j(N)\rangle$ 的 $M_{j(N)}$ 个系统的排列并不给出新的状态,所以应除以 $M_{j(N)}!$ 才是总态数。

当 $M \gg 1$ 时,可以借助斯特灵公式将式(3.54)近似表示为

$$\ln \Omega = M\ln M - M - \sum_N \sum_{j(N)} M_{j(N)} \ln M_{j(N)} + \sum_N \sum_{j(N)} M_{j(N)} \tag{3.55}$$

在系综的系统总数 M、每个系统的平均粒子数 $\mathscr{N}$ 及每个系统的平均能量 E 给定的条件下求 $\ln \Omega$ 的极值,可以得到

$$\frac{\partial}{\partial M_{j(N)}}\left[\ln \Omega - \sum_N \sum_{j(N)} M_{j(N)}(\alpha - \beta E_{j(N)} - \gamma N)\right] = 0 \tag{3.56}$$

视 M 为常数,对 $M_{j(N)}$ 进行微分,我们得到

$$\ln M_{j(N)} + \alpha + \beta E_{j(N)} + \gamma N = 0 \tag{3.57}$$

所以

$$M_{j(N)} = \mathrm{e}^{-\alpha - \beta E_{j(N)} - \gamma N} \tag{3.58}$$

定义巨配分函数

$$\mathscr{D} = \sum_N \sum_{j(N)} \mathrm{e}^{-\beta E_{j(N)} - \gamma N} \tag{3.59}$$

则发现系统处于$|j(N)\rangle$态的概率为

$$p_{j(N)} = \frac{M_{j(N)}}{M} = \frac{1}{\mathscr{D}}e^{-\beta E_{j(N)} - \gamma N} \tag{3.60}$$

巨配分函数的每一项表示粒子数为N、状态为$|j(N)\rangle$的相对概率。所有热力学量可以由巨配分函数的微分得到。

系统的平均能量

$$E = -\left(\frac{\partial}{\partial\beta}\ln\mathscr{D}\right)_{V,\gamma} = \frac{1}{\mathscr{D}}\sum_N\sum_{j(N)}E_{j(N)}e^{-\beta E_{j(N)} - \gamma N} \tag{3.61}$$

系统的平均粒子数

$$\mathscr{N} = -\left(\frac{\partial}{\partial\gamma}\ln\mathscr{D}\right)_{V,\beta} = \frac{1}{\mathscr{D}}\sum_N\sum_{j(N)}Ne^{-\beta E_{j(N)} - \gamma N} \tag{3.62}$$

由式(3.62)容易得到

$$\ln P_{j(N)} = -\ln\mathscr{D} - \beta E_{j(N)} - \gamma N \tag{3.63}$$

γ的物理意义将在后面进行讨论,这里首先计算系综的熵S。

对于大的M,借助斯特灵公式我们有

$$M^{-1}\ln\Omega = M^{-1}(M\ln M - M - M_{j(N)}\ln M_{j(N)} + M_{j(N)}) = -\sum_N\sum_{j(N)}\frac{M_{j(N)}}{M}\ln\frac{M_{j(N)}}{M}$$

$$= -\sum_N\sum_{j(N)}P_{j(N)}\ln P_{j(N)} = -\sum_N\sum_{j(N)}P_{j(N)}(-\ln\mathscr{D} - \beta E_{j(N)} - \gamma N) = \ln\mathscr{D} + \beta E + \gamma\mathscr{N}$$

由此可得

$$d(M^{-1}\ln\Omega)_V = d(\ln\mathscr{D})_V + d\beta E + d\gamma\mathscr{N} + \beta dE + \gamma d\mathscr{N}$$

又因为

$$d(\ln\mathscr{D})_V = -d\beta E - d\gamma\mathscr{N}$$

所以

$$d(M^{-1}\ln\Omega)_V = \beta dE + \gamma d\mathscr{N}$$

以及

$$d(M^{-1}\ln\Omega)_{V,\mathscr{N}} = \beta dE = \frac{1}{kT}dE$$

由热力学关系我们知道

$$d\left(\frac{S}{k}\right)_{V,\mathscr{N}} = \frac{1}{kT}dE$$

所以有

$$d(S - kM^{-1}\ln\Omega)_{V,\mathscr{N}} = 0$$

也即

$$S - kM^{-1}\ln\Omega = f(V,\mathscr{N})$$

式右边的$f(V,\mathscr{N})$与能量无关,也即与温度无关,所以此式在绝对零度时也成立。

下面确定系统在绝对零度时的熵。

当绝对温度$T\to 0$时,系综的能量$\mathscr{E}\to\mathscr{E}_0$,这里$\mathscr{E}_0$是系综基态的能量。

记系综基态的数目为Ω_0,每个系统基态的简并度为ω_0,则

$$\Omega_0 = \omega_0^M$$

即有关系

$$kM^{-1}\ln \Omega_0 = k\ln \omega_0$$

由于热力学无法确定绝对零度时的熵,我们可以规定 $T\to 0$ K 时

$$S\to kM^{-1}\ln \Omega_0 = k\ln \omega_0 \tag{3.64}$$

由此可以得到

$$f(V,\mathscr{N}) = 0$$

所以对于任何温度

$$S = kM^{-1}\ln \Omega \tag{3.65}$$

成立,现在仅固定系统的体积,对系统的熵进行微分可得

$$\frac{1}{k}\mathrm{d}S = \beta \mathrm{d}E + \gamma \mathrm{d}\mathscr{N} \tag{3.66}$$

　与热力学关系

$$\mathrm{d}E = T\mathrm{d}S - p\mathrm{d}V + \mu \mathrm{d}N$$

进行比较,我们得到重要关系

$$\gamma = -\frac{\mu}{kT} \tag{3.67}$$

式中,μ 是每个粒子的吉布斯热力学势,即化学势

$$\mu = \frac{G}{\mathscr{N}}$$

这里吉布斯函数为

$$G = E - TS + pV$$

由此我们得到重要关系式

$$\ln \mathscr{D} = \frac{S}{k} - \frac{E}{kT} + \frac{\mu \mathscr{N}}{kT} = \frac{pV}{kT} \tag{3.68}$$

系统的巨势为

$$\Omega = -pV = -kT\ln \mathscr{D} \tag{3.69}$$

定义热力学压强

$$p_{\mathrm{th}} = -\frac{\Omega}{V} = \frac{kT}{V}\ln \mathscr{D}$$

由力学定义的压强

$$p_{\mathrm{mech}} = -\langle \frac{\partial E_{j(N)}}{\partial V}\rangle_{\mathrm{av}}$$

能够证明,只有 $V\to\infty$ 时,p_{th} 才和 p_{mech} 等价。

　为方便以后运算,定义逃逸度

$$z = \mathrm{e}^{-\gamma} \tag{3.70}$$

将 γ 与 μ 的关系代入,有

$$z = \mathrm{e}^{\frac{\mu}{kT}} \tag{3.71}$$

则巨配分函数可以表示为

$$\mathscr{D} = \sum_N \sum_{j(N)} z^N \mathrm{e}^{-\frac{E_{j(N)}}{kT}} \tag{3.72}$$

$$\frac{\partial}{\partial \ln z} \ln \mathscr{D} = \frac{1}{\mathscr{D}} \sum_{N} \sum_{j(N)} N z^N e^{-\frac{E_{j(N)}}{kT}} = \sum_{N} \sum_{j(N)} N z^N P_{j(N)} = \mathscr{N} \qquad (3.73)$$

推导时我们用了对数微分公式

$$\frac{\partial}{\partial \ln z} = z \frac{\mathrm{d}}{\mathrm{d}z} \qquad (3.74)$$

我们看到,对于系统粒子数不固定的巨正则系综,只要知道了巨势 Ω,系统的所有热力学量都可由它导出。

如果化学势 $\mu = 0$,则巨配分函数与配分函数等价。这就是前面可以用正则系综理论讨论黑体辐射的原因。

第4章 自由粒子系统

下面将会看到,用巨正则系综能够导出自由粒子系统的全部热力学函数及其关系式。这种自由粒子系统的量子理论对于天体物理、低温物理、固体物理和原子核物理都有广泛的应用。

4.1 自由粒子系统的状态方程

自由粒子的本征态由动量 $\hbar\boldsymbol{k}$ 和螺旋性 λ 表征($\hat{h}=\boldsymbol{s}\cdot\hat{\boldsymbol{k}}$ 称为粒子的螺旋性,$\lambda = -s, -s+1\cdots,s$)。对于光子,$s=1$,但由于电磁波的横波,螺旋性 $\lambda = \pm 1$。

自由粒子的能量为

$$\epsilon_\alpha = c\sqrt{\hbar^2\boldsymbol{k}^2 + m^2c^2} - mc^2 \tag{4.1}$$

自由粒子系统的总能量为

$$\epsilon = \sum_\alpha n_\alpha \epsilon_\alpha \tag{4.2}$$

式中,n_α 是粒子在态 α 中的占有数,对于费米子或玻色子它有不同的特征,因为费米子满足泡利不相容原理。

对于费米子:$n_\alpha = 0, 1$

对于玻色子:$n_\alpha = 0, 1, 2, \cdots$

自由粒子系统的巨配分函数

$$\mathscr{D} = \prod_\alpha \sum_{n_\alpha} z^{n_\alpha} \mathrm{e}^{-\frac{n_\alpha \epsilon_\alpha}{kT}} \tag{4.3}$$

式中,$z = \mathrm{e}^{\frac{\mu}{kT}}$。

容易得到,对于费米子系统

$$\mathscr{D}_{\mathrm{F-D}} = \prod_\alpha \left(1 + z\mathrm{e}^{-\frac{\epsilon_\alpha}{kT}}\right) \tag{4.4}$$

对于玻色子系统

$$\mathscr{D}_{\mathrm{B-E}} = \prod_\alpha \left[1 + z\mathrm{e}^{-\frac{\epsilon_\alpha}{kT}} + \left(z\mathrm{e}^{-\frac{\epsilon_\alpha}{kT}}\right)^2 + \cdots\right] = \prod_\alpha \left(\frac{1}{1 - z\mathrm{e}^{-\frac{\epsilon_\alpha}{kT}}}\right) \tag{4.5}$$

由巨配分函数计算压强时,假定系统的体积很大,因而可以略去系统的边界与外界的作用,有

$$\frac{pV}{kT} = \ln\mathscr{D} = \sum_\alpha \pm \ln\left(1 \pm z\mathrm{e}^{-\frac{\epsilon_\alpha}{kT}}\right) \tag{4.6}$$

式中,"$+$"号对应于费米子系统;"$-$"号对应于玻色子系统。

若自由粒子的静止质量不等于零:$\overline{\omega} = 2s + 1$。

若自由粒子的静止质量等于零:对于光子,$s = 1, \bar{\omega} = 2$;对于中微子,$s = \dfrac{1}{2}, \bar{\omega} = 1$。

当体积 V 很大时,可将对 α 的求和改为对动量的积分,有代换关系

$$\sum_{\alpha} \rightarrow \bar{\omega} \frac{V}{(2\pi)^3} \int \mathrm{d}\boldsymbol{k} \tag{4.7}$$

由此我们得到

$$\frac{p}{kT} = \pm \bar{\omega} \int \frac{\mathrm{d}\boldsymbol{k}}{8\pi^3} \ln(1 \pm ze^{-\frac{\varepsilon\alpha}{kT}}) \tag{4.8}$$

对于给定的模式($\alpha : \boldsymbol{k}, \lambda$),有量子态 $|n_{\alpha}\rangle$。

对于费米子系统,$n_{\alpha} = 0, 1$,所以平均占有数

$$\bar{n}_{\alpha} = \frac{0 + 1 \cdot ze^{-\frac{\epsilon}{kT}}}{1 + 1 \cdot ze^{-\frac{\epsilon}{kT}}} = \frac{ze^{-\frac{\epsilon}{kT}}}{1 + ze^{-\frac{\epsilon}{kT}}}$$

对于玻色子系统,$n_{\alpha} = 0, 1, 2, \cdots$,记 $x = ze^{-\frac{\epsilon}{kT}}$,则平均占有数

$$\bar{n}_{\alpha} = \frac{1x + 2x^2 + \cdots}{1 + x + x^2 + \cdots} = x \frac{\mathrm{d}}{\mathrm{d}x} \ln(1 + x + x^2 + \cdots) = x \frac{\mathrm{d}}{\mathrm{d}x} \ln \frac{1}{1 - x} = \frac{ze^{-\frac{\epsilon}{kT}}}{1 - ze^{-\frac{\epsilon}{kT}}}$$

模式(α)的平均占有数

$$\bar{n}_{\alpha} = \frac{1}{e^{\frac{\mu - \epsilon}{kT}} \pm 1} \tag{4.9}$$

$$\frac{pV}{kT} = \pm \bar{\omega} \frac{V}{8\pi^3} \int \mathrm{d}\boldsymbol{k} \ln(1 \pm e^{\frac{\mu - \epsilon}{kT}}) \tag{4.10}$$

式中,"$+$"号对应于费米子系统;"$-$"号对应于玻色子系统。

借助代换关系式(4.7),容易得到

$$\mathscr{N} = \sum_{\alpha} \bar{n}_{\alpha} = \bar{\omega} \frac{V}{8\pi^3} \int \frac{\mathrm{d}\boldsymbol{k}}{e^{\frac{\mu - \epsilon_{\alpha}}{kT}} \pm 1} \tag{4.11}$$

$$\epsilon = \sum_{\alpha} \bar{n}_{\alpha} \epsilon_{\alpha} = \bar{\omega} \frac{V}{8\pi^3} \int \mathrm{d}\boldsymbol{k} \frac{1}{e^{\frac{\mu - \epsilon}{kT}} \pm 1} \epsilon \tag{4.12}$$

利用动量空间的球坐标,得

$$\mathrm{d}\boldsymbol{k} = k^2 \mathrm{d}k \mathrm{d}\Omega$$

则对于非相对论性自由粒子系统,有

$$\epsilon = \frac{\hbar^2 k^2}{2m}$$

$$k^2 = \frac{2m\epsilon}{\hbar^2}$$

$$k\mathrm{d}k = \frac{m}{\hbar^2} \mathrm{d}\epsilon$$

$$k = \sqrt{\frac{2m}{\hbar^2}} \sqrt{\epsilon}$$

$$k^2 \mathrm{d}k = \frac{m}{\hbar^2} \sqrt{\frac{2m}{\hbar^2}} \sqrt{\epsilon} \mathrm{d}\epsilon$$

对于极端相对论性自由粒子系统

$$e = \hbar c k$$

$$k^2 \mathrm{d}k = \frac{1}{\hbar^2 c^3} \epsilon^2 \mathrm{d}\epsilon$$

我们记

$$\mathrm{d}k = f_c \epsilon^n \mathrm{d}\epsilon$$

则有关系式

$$\mathrm{d}k \frac{\epsilon}{n+1} = f_c \frac{\epsilon^{n+1}}{n+1} \mathrm{d}\epsilon$$

非相对论情况，$n = \frac{1}{2}$，$f_c = 4\pi \frac{m}{\hbar^2} \sqrt{\frac{2m}{\hbar^2}}$；极端相对论情况，$n = 2$，$f_c = \frac{4\pi}{\hbar^2 c^3}$。

利用公式

$$\pm \int_0^\infty \epsilon^n \mathrm{d}\epsilon \ln\left(1 \pm \mathrm{e}^{\frac{\mu-\epsilon}{kT}}\right) = \pm \frac{\epsilon^{n+1}}{n+1} \ln\left(1 \pm \mathrm{e}^{\frac{\mu-\epsilon}{kT}}\right)\Big|_0^\infty + \int_0^\infty \frac{\epsilon^{n+1}}{n+1} \frac{\mathrm{e}^{\frac{\mu-\epsilon}{kT}}}{\left(1 \pm \mathrm{e}^{\frac{\mu-\epsilon}{kT}}\right)} \frac{1}{kT} \mathrm{d}\epsilon \quad (4.13)$$

$$\varepsilon = \overline{\omega} \frac{V}{8\pi^3} \int \mathrm{d}\boldsymbol{k}\ \overline{n}_\alpha \epsilon_\alpha \quad (4.14)$$

得

$$\frac{pV}{kT} = \pm \overline{\omega} \frac{V}{8\pi^3} \int \mathrm{d}\boldsymbol{k} \ln\left(1 \pm \mathrm{e}^{\frac{\mu-\epsilon}{kT}}\right) = \pm \overline{\omega} \frac{V}{8\pi^3} f_c \int_0^\infty \epsilon^n \mathrm{d}\epsilon \ln\left(1 \pm \mathrm{e}^{\frac{\mu-\epsilon}{kT}}\right)$$

$$= \overline{\omega} \frac{V}{8\pi^3} f_c \int_0^\infty \frac{\epsilon^{n+1}}{n+1} \frac{\mathrm{e}^{\frac{\mu-\epsilon}{kT}}}{\left(1 \pm \mathrm{e}^{\frac{\mu-\epsilon}{kT}}\right)} \frac{1}{kT} \mathrm{d}\epsilon = \pm \overline{\omega} \frac{V}{8\pi^3} \int \mathrm{d}\boldsymbol{k} \frac{\epsilon}{n+1} \overline{n}_\alpha \frac{1}{kT} = \frac{\varepsilon}{kT} \frac{1}{n+1} \quad (4.15)$$

所以自由粒子系统的状态方程为

$$p = \frac{1}{n+1} \frac{\varepsilon}{V} \quad (4.16)$$

对于非相对论性自由粒子系统，$n = \frac{1}{2}$，得到

$$p = \frac{2}{3} \frac{\varepsilon}{V} \quad (4.17)$$

对于极端相对论自由粒子系统，$n = 2$，得到

$$p = \frac{1}{3} \frac{\varepsilon}{V} \quad (4.18)$$

由方程的推导过程容易看出，自由粒子的状态方程(4.17)和状态方程(4.18)是普遍正确的，不依赖于系统的密度和温度。

4.2　自由粒子系统的高温低密度展开

现在讨论自由粒子系统在温度很高或者密度很低时的热力学性质。

首先定义粒子的热波长为

$$\lambda = \left(\frac{2\pi}{mkT}\right)^{\frac{1}{2}} \hbar \tag{4.19}$$

此即粒子的动能约为 kT 时的波长,其中 m 是粒子的质量。

粒子密度可以用粒子之间的平均距离 d 来表征。由式(4.19)可以看出,温度高则 λ 小, λ 很小时相应于高温低密度的情形。

由态 ϵ 平均占有数的公式

$$n_\epsilon = \frac{1}{e^{\frac{\epsilon-\mu}{kT}} \pm 1}$$

(这里"+"号对应于费米子系统;"−"号对应于玻色子系统)可知,低密度意味着每个态上的粒子数都很小,即

$$n_\epsilon \ll 1$$

这要求 $e^{\frac{-\mu}{kT}} \gg 1$,所以 μ 必须为负值,并且要满足

$$z = e^{\frac{\mu}{kT}} \ll 1 \tag{4.20}$$

则有

$$n_\epsilon = \frac{e^{\frac{\mu-\epsilon}{kT}}}{1 \pm e^{\frac{\mu-\epsilon}{kT}}} = \frac{ze^{-\beta\epsilon}}{1 \pm ze^{-\beta\epsilon}} \tag{4.21}$$

利用 $z \ll 1$ 的条件,可以将式(4.21)的分母按 z 的幂级数展开,就可得到高温低密度情况下自由粒子系统的热力学函数:

$$\mathcal{N} = \frac{\bar{\omega}}{8\pi^3} V \int d\boldsymbol{k} z e^{-\beta\epsilon} (1 \mp z e^{-\beta\epsilon} + z^2 e^{-2\beta\epsilon} \mp z^3 e^{-3\beta\epsilon} + \cdots) \tag{4.22}$$

利用非相对论性自由粒子能量关系式

$$d\boldsymbol{k} = 4\pi k^2 dk = 4\pi \left(\frac{2m}{\hbar^2}\right)^{\frac{3}{2}} \frac{1}{2}\sqrt{\epsilon} \, d\epsilon$$

我们得到

$$\left.\begin{aligned}
\mathcal{N} &= \frac{\bar{\omega}}{4\pi^2}\left(\frac{2m}{\hbar^2}\right)^{\frac{3}{2}} V \int_0^\infty \epsilon^{\frac{1}{2}} z e^{-\beta\epsilon}(1 \mp z e^{-\beta\epsilon} + z^2 e^{-2\beta\epsilon} \mp z^3 e^{-3\beta\epsilon} + \cdots) d\epsilon \\
\varepsilon &= \frac{\bar{\omega}}{4\pi^2}\left(\frac{2m}{\hbar^2}\right)^{\frac{3}{2}} V \int_0^\infty \epsilon^{\frac{3}{2}} z e^{-\beta\epsilon}(1 \mp z e^{-\beta\epsilon} + z^2 e^{-2\beta\epsilon} \mp z^3 e^{-3\beta\epsilon} + \cdots) d\epsilon
\end{aligned}\right\} \tag{4.23}$$

借助公式

$$\int_0^\infty \epsilon^{\frac{1}{2}} e^{-\alpha\epsilon} d\epsilon = 2\int_0^\infty y^2 e^{-\alpha y^2} dy = -2\frac{\partial}{\partial\alpha}\int_0^\infty e^{-\alpha y^2} dy$$

$$I(\alpha) = \int_0^\infty e^{-\alpha y^2} dy$$

$$I^2(\alpha) = \int_0^\infty\int_0^\infty e^{-\alpha(y_1^2+y_2^2)} dy_1 dy_2 = \frac{\pi}{2}\int_0^\infty e^{-\alpha\rho^2}\rho d\rho = \frac{\pi}{4}\int_0^\infty e^{-\alpha\xi} d\xi = \frac{\pi}{4\alpha}$$

得到常用公式

$$\int_0^\infty e^{-\alpha y^2} dy = I(\alpha) = \frac{1}{2}\sqrt{\frac{\pi}{2}} \tag{4.24}$$

$$\int_0^\infty \epsilon^{\frac{1}{2}} e^{-\alpha\epsilon} d\epsilon = -2\frac{\partial}{\partial\alpha}I(\alpha) = \frac{1}{2}\frac{\sqrt{\pi}}{\alpha^{\frac{3}{2}}} \tag{4.25}$$

$$\int_0^\infty \epsilon^{\frac{3}{2}} e^{-\alpha\epsilon} d\epsilon = 2\frac{\partial^2}{\partial\alpha^2}I(\alpha) = \left(-\frac{1}{2}\right)\left(-\frac{3}{2}\right)\frac{\sqrt{\pi}}{\alpha^{\frac{5}{2}}} = \frac{3}{4}\frac{\sqrt{\pi}}{\alpha^{\frac{5}{2}}} \tag{4.26}$$

令

$$\alpha = \ell\beta = \frac{\ell}{kT}$$

式中, l 为轨道角动量。

$$\frac{\overline{\omega}}{4\pi^2}\left(\frac{2m}{\hbar^2}\right)^{\frac{3}{2}}\frac{1}{2}\frac{\sqrt{\pi}}{\alpha^{\frac{3}{2}}}V = \frac{\overline{\omega}}{\left(\frac{2\pi}{mkT}\hbar^2\right)^{\frac{3}{2}}}V\frac{1}{\ell^{\frac{3}{2}}} = \frac{\overline{\omega}}{\lambda^3}V\frac{1}{\ell^{\frac{3}{2}}}$$

借助上面公式,我们最终可得

$$\mathscr{N} = \frac{\overline{\omega}}{\lambda^3}V\sum_{\ell=1}^\infty (\mp)^{\ell+1}\frac{z^\ell}{\ell^{\frac{3}{2}}} \tag{4.27}$$

$$\varepsilon = \frac{3}{2}kT\frac{\overline{\omega}}{\lambda^3}V\sum_{\ell=1}^\infty (\mp)^{\ell+1}\frac{z^\ell}{\ell^{\frac{5}{2}}} \tag{4.28}$$

式中,括号内的" $-$ "号对应于费米子系统;" $+$ "号对应于玻色子系统。

由非相对论性自由粒子系统的压强公式

$$p = \frac{2}{3}\frac{\varepsilon}{V}$$

得到

$$p = \frac{kT(\overline{\omega})}{\lambda^3}\sum_{\ell=1}^\infty (\mp)^{\ell+1}\frac{z^l}{\ell^{\frac{5}{2}}} = \frac{kT(\overline{\omega})}{\lambda^3}z\left(1\mp\frac{z}{2^{\frac{5}{2}}}+\cdots\right) \tag{4.29}$$

我们知道, λ 是 T 函数,为了得到状态方程,必须将式中的 z 表示为 ρ 和 T 的函数。由 $\rho = \frac{\mathscr{N}}{V}$,可以得到

$$\frac{\rho\lambda^3}{\overline{\omega}} = z\mp\frac{z^2}{2^{\frac{3}{2}}}\perp\frac{z^3}{3^{\frac{3}{2}}}+\cdots \tag{4.30}$$

因为 z 是小量,我们有

$$z = \frac{\rho\lambda^3}{\overline{\omega}}\pm\frac{1}{2^{\frac{3}{2}}}\left(\frac{\rho\lambda^3}{\overline{\omega}}\right)^2+\cdots$$

所以状态方程为

$$p = \rho kT\left(1+\frac{1}{2^{\frac{3}{2}}}\frac{\rho\lambda^3}{\overline{\omega}}+\cdots\right)\left(1\mp\frac{1}{2^{\frac{5}{2}}}\frac{\rho\lambda^3}{\overline{\omega}}+\cdots\right) = \rho kT\left[1\pm\left(\frac{1}{2^{\frac{3}{2}}}-\frac{1}{2^{\frac{5}{2}}}\right)\frac{\rho\lambda^3}{\overline{\omega}}+\cdots\right] \tag{4.31}$$

状态方程(4.31)的物理意义是很清楚的,当密度很低(或温度很高)时, $\rho\lambda^3$ 项很小,可以被忽略,则此方程成为理想气体的状态方程

$$p = \rho kT$$

当 $\rho\lambda^3$ 项不能被忽略时,取其第二修正项,应为

$$\pm\left(\frac{1}{2^{\frac{3}{2}}} - \frac{1}{2^{\frac{5}{2}}}\right)\frac{\rho\lambda^3}{\omega}$$

式中,"+"号对应于费米子系统;"-"号对应于玻色子系统。

若自由粒子系统的密度和温度一定,则对于自由费米子系统,压强略大于理想气体;对于自由玻色子系统,压强略小于理想气体。这是一种量子效应。对于由自由粒子组成的稀薄气体($\lambda \ll d$),由量子力学可知,每个粒子相当于一个波包,波包的大小平均为波长 λ,粒子间的距离为 d,由此可知,这些波包在空间内会有彼此重叠的部分。由费米子性质可知,两个全同粒子不能处于同一状态,它们的波函数是反对称的,好像它们之间有排斥相互作用,所以量子效应导致自由费米子系统压强大于理想气体。而玻色子系统的波函数对于任何两个粒子的交换是对称的,类似于粒子之间彼此相互吸引,所以量子效应导致自由玻色子系统压强小于理想气体的压强。

4.3　自由费米子系统

4.3.1　自由费米子系统的非简并区

由上一节对于自由粒子系统在高温低密度情况下性质的讨论,我们已经知道,对于自由费米子系统(简称"费米气体")在高温或低密度条件下($\lambda \ll d$),必然满足条件

$$\rho\lambda^3 \ll 1, \mu < 0, z = e^{\frac{\mu}{kT}} \ll 1 \tag{4.32}$$

这时费米气体近似于理想气体(最多再加上小的量子修正项)。这一区域称为非简并区。

当费米气体的密度固定而温度从高温逐渐降低时,或者当费米气体的温度固定而密度从低密度逐渐增加时,$\rho\lambda^3$ 逐渐增大。由极低温下费米气体基态的平均占有数 $\overline{n}_0 = \dfrac{1}{1 + e^{\frac{-\mu}{kT}}} \approx 1$ 可知,化学势 μ 是一很大的正值,会从负值逐渐增大过零,再变到很大的正值,则 $z = e^{\frac{\mu}{kT}} \gg 1$。化学势 μ 从负值增大到很大的正值,必然通过点 $\mu = 0$,这时 $z = 1$。

容易看出,当 $z \leqslant 1$ 时,这里采用的按 z 展开的方法是可用的,因为级数是收敛的。下面给出几个常用的数学公式。

当 $x = 0$ 时

$$
\begin{aligned}
\int_0^\infty \frac{x^{y-1}}{e^y + 1}\mathrm{d}y &= \int_0^\infty x^{y-1}e^{-y}\sum_{n=0}^\infty (-1)^n e^{-ny}\mathrm{d}y \\
&= \sum_{n=0}^\infty (-1)^n \int_0^\infty x^{y-1}e^{-(n+1)y}\mathrm{d}y = \sum_{n=1}^\infty (-1)^{n+1}\int_0^\infty x^{y-1}e^{-ny}\mathrm{d}y \\
&= \Gamma(x)\sum_{n=1}^\infty (-1)^{n+1}\frac{1}{n^x} = (1 - 2^{1-x})\Gamma(x)\sum_{n=1}^\infty \frac{1}{n^x}
\end{aligned}
$$

$$= (1 - 2^{1-x})\Gamma(x)\zeta(x)$$

当 $x = 1$ 时

$$\int_0^\infty \frac{1}{e^y + 1}dy = \ln 2$$

当 x 为偶数 $(x = 2n)$ 时

$$\int_0^\infty \frac{x^{y-1}}{e^y + 1}dy = \frac{2^{2n-1} - 1}{2n}\pi^{2n} \mid Bn \mid$$

式中，$\zeta(x) = \sum_{n=1}^\infty \frac{1}{n^x}$ 为黎曼函数；Bn 为伯努利数。

为了便于参考，这里给出几个特殊值：

$$\Gamma\left(\frac{3}{2}\right) = \frac{1}{2}\sqrt{\pi}, \Gamma\left(\frac{5}{2}\right) = \frac{3}{4}\sqrt{\pi}$$

$$\zeta\left(\frac{3}{2}\right) = 2.612, \zeta\left(\frac{5}{2}\right) = 1.341$$

$$\zeta(3) = 1.202, \zeta(5) = 1.037$$

$$\sum_{\ell=1}^\infty (-1)^{\ell+1}\frac{1}{\ell^{\frac{3}{2}}} = (1 - 2^{1-\frac{3}{2}})\zeta\left(\frac{3}{2}\right) = 0.41 \times 2.612 \times \frac{1}{1.41} \approx 0.6$$

$$\sum_{\ell=1}^\infty (-1)^{\ell+1}\frac{1}{\ell^{\frac{5}{2}}} = (1 - 2^{1-\frac{5}{2}})\zeta\left(\frac{5}{2}\right) = \left(1 - \frac{1}{\sqrt{8}}\right) \times 1.341 \approx 0.911$$

借助这些公式可得 $z = 1$ 时费米气体的状态方程

$$p = \frac{\bar{\omega}}{\lambda^3}\sum_{\ell=1}^\infty (\mp)^{\ell+1}\frac{z^\ell}{\ell^{\frac{3}{2}}} \approx 0.6\frac{\bar{\omega}}{\lambda^3}$$

$$p = 0.9kT\frac{\bar{\omega}}{\lambda^3} \approx 1.5\rho kT$$

即 $z = 1$ 时费米气体的状态方程与理想气体的状态方程有大的偏离。对于给定的密度和温度，费米气体的压强约为理想气体的 1.5 倍。当 $z > 1$ 时，按 z 展开的方法不再适用。

4.3.2　绝对零度下的完全简并费米气体

对于费米气体，态 α 的平均占据数为

$$\bar{n}_\alpha = \frac{1}{1 + e^{\frac{\ell_\alpha - \mu}{kT}}}$$

容易看出，当 $T \to 0$ 时，有

$$\bar{n}_\alpha = \begin{cases} 1, \epsilon_\alpha \leqslant \mu \\ 0, \epsilon_\alpha > \mu \end{cases}$$

这种费米气体称为完全简并费米气体。

系统的粒子数

$$\mathscr{N} = \bar{\omega}\frac{V}{8\pi^3}\int_0^{k_f}d\boldsymbol{k} = \bar{\omega}\frac{V}{8\pi^3}4\pi\int_0^{k_f}k^2dk = \frac{\bar{\omega}V}{6\pi^3}k_f^3 \tag{4.33}$$

这里 $\hbar k_f$ 是费米动量。则完全简并费米气体的粒子密度为

$$\rho = \frac{\mathcal{N}}{V} = \bar{\omega}\frac{1}{6\pi^2}k_f^3 \tag{4.34}$$

所以

$$k_f = \left(\frac{6\pi^2}{\bar{\omega}}\right)^{\frac{1}{3}}\rho^{\frac{1}{3}} \tag{4.35}$$

对于非相对论性自由粒子的情况:

费米能

$$\epsilon_f = \frac{\hbar^2 k_f^2}{2m} = \frac{\hbar^2}{2m}\left(\frac{6\pi^2}{\bar{\omega}}\rho\right)^{\frac{2}{3}} \tag{4.36}$$

自由粒子的平均动能

$$\frac{\mathcal{E}}{\mathcal{N}} = \frac{\int d\boldsymbol{k}\frac{\hbar^2 k^2}{2m}}{\int d\boldsymbol{k}} = \frac{\hbar^2}{2m}\frac{\int_0^{k_f}k^4 dk}{\int_0^{k_f}k^2 dk} = \frac{\hbar^2}{2m}\frac{3}{5}k_f^2 \tag{4.37}$$

非相对论性自由粒子系统的压强与密度关系为

$$p = \frac{2}{3}\frac{\mathcal{E}}{V} = \frac{2}{3}\frac{\mathcal{E}}{\mathcal{N}}\frac{\mathcal{N}}{V} \propto \rho^{\frac{5}{3}} \tag{4.38}$$

对于极端相对论性自由粒子的情况:

费米能

$$\epsilon_f = \hbar c k_f \tag{4.39}$$

自由粒子的平均动能

$$\frac{\mathcal{E}}{\mathcal{N}} = \hbar c\frac{\int_0^{k_f}k^3 dk}{\int_0^{k_f}k^2 dk} = \frac{3}{4}\hbar c k_f \tag{4.40}$$

极端相对论性自由粒子系统的压强与密度关系为

$$p = \frac{1}{3}\frac{\mathcal{E}}{V} = \frac{1}{3}\frac{\mathcal{E}}{\mathcal{N}}\frac{\mathcal{N}}{V} \propto \rho^{\frac{4}{3}} \tag{4.41}$$

我们看到,对于绝对零度下的费米气体,在非相对论和极端相对论的极限情况下,压强与密度有不同的依赖关系,即有不同的状态方程。

温度为绝对零度的费米气体称为完全简并费米气体。在低温情况下($kT < \epsilon_f$),费米气体的性质近似与绝对零度的性质相同,通称为简并费米气体。

作为简并费米气体模型应用的例子,我们将讨论导体中电子的热力学函数。

4.3.3 简并费米气体

当费米气体的温度不为零但满足 $kT \ll \epsilon_f$ 时(实际上,当满足 $kT < \epsilon_f$ 时,本小节给出的计算

方法可用),我们有

$$\frac{\mu}{kT} = \frac{\epsilon_f}{kT} \gg 1$$

令 $x = \frac{\epsilon - \mu}{kT}$,则自由费米子各态的平均占有数为

$$n_\epsilon = \frac{1}{1 + e^{\frac{\epsilon - \mu}{kT}}} = \frac{1}{1 + e^x} \tag{4.42}$$

这对能量的导数

$$-\frac{dn_\epsilon}{d\epsilon} = \left(\frac{1}{1 + e^x}\right)^2 e^x \frac{1}{kT} \tag{4.43}$$

低温时态的平均占有数 n_ϵ 及其对能量的微商 $\frac{dn_\epsilon}{d\epsilon}$ 随能量的变化关系如图 4.1 所示。在高温低密度的情况下,因为 $z = e^{\frac{\mu}{kT}} \ll 1$,我们将被积函数展开为 z 的幂级数,这种方法只适应于 $z \leqslant 1$ 的情况。在低温或高密度的情况下,有 $z \gg 1$,所以按 z 展开的方法不适用。为了计算系统的热力学量,我们首先讨论积分

$$\int_0^\infty \epsilon^\ell n_\epsilon d\epsilon$$

容易看出,总粒子数的表达式中相应于 $\ell = \frac{1}{2}$,总能量的表达式中相应于 $\ell = \frac{3}{2}$。

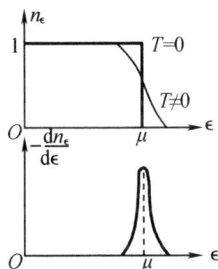

图 4.1　低温时态的平均占有数 n_ϵ 及其对能量的微商 $\dfrac{dn_\epsilon}{d\epsilon}$ 随能量的变化关系

借助分部积分公式

$$\int_0^\infty \epsilon^\ell n_\epsilon d \left. \frac{\epsilon^{\ell+1}}{\ell+1} n_\epsilon \right|_0^\infty - \int_0^\infty d\epsilon \frac{\epsilon^{\ell+1}}{\ell+1} \frac{\partial n_\epsilon}{\partial \epsilon}$$

容易看出第一项为零。

令 $\epsilon = \mu + xkT$,则可得到

$$\int_0^\infty \epsilon^\ell n_\epsilon d\epsilon = -\int_{-\frac{\mu}{kT}}^\infty \frac{(\mu + xkT)^{\ell+1}}{\ell+1} \frac{dn_\epsilon}{d\epsilon} kTdx \tag{4.44}$$

当 $\epsilon = 0$ 时,$x = \dfrac{-\mu}{kT}$。

因为当 $\epsilon < 0$ 时,$\dfrac{\partial n_\epsilon}{\partial \epsilon} = 0$,所以积分下限可以取为 $-\infty$。

$$\int_0^\infty \epsilon^\ell n_\epsilon \mathrm{d}\epsilon = \int_{-\infty}^\infty \frac{(\mu + xkT)^{\ell+1}}{\ell+1}\left(-\frac{\mathrm{d}n_\epsilon}{\mathrm{d}\epsilon}\right)kT\mathrm{d}x \tag{4.45}$$

将 $(\mu + xkT)^{\ell+1}$ 展开,并逐项积分,再利用对 x 的奇次方的积分为零,可得到

$$\int_{-\infty}^\infty \frac{(\mu + xkT)^{\ell+1}}{\ell+1}\left(-\frac{\mathrm{d}n_\epsilon}{\mathrm{d}\epsilon}\right)kT\mathrm{d}x = \left.\frac{\mu^{\ell+1}}{\ell+1}(-n_\epsilon)\right|_{-\infty}^\infty +$$

$$\frac{(\ell+1)\ell}{2(\ell+1)}\mu^{\ell-1}(kT)^2\int_{-\infty}^\infty \frac{x^2\mathrm{d}x}{(1+\mathrm{e}^x)(1+\mathrm{e}^{-x})} + \cdots \tag{4.46}$$

显然式(4.46)中第一项为零,而对第二项中的积分我们有

$$\int_{-\infty}^\infty \frac{x^2\mathrm{d}x}{(1+\mathrm{e}^x)(1+\mathrm{e}^{-x})} = \int_{-\infty}^\infty \frac{x^2\mathrm{e}^{-x}\mathrm{d}x}{(1+\mathrm{e}^{-x})^2}$$

$$= 2\int_0^\infty x^2\mathrm{e}^{-x}\mathrm{d}x(1 - 2\mathrm{e}^{-x} + 3\mathrm{e}^{-2x} - \cdots)$$

$$= 4\left(1 - \frac{1}{2^2} + \frac{1}{3^2} - \cdots\right) = \frac{\pi^2}{3}$$

由此最终得到

$$\int_0^\infty \epsilon^\ell n_\epsilon \mathrm{d}\epsilon = \frac{\mu^{\ell+1}}{\ell+1}\left[1 + \frac{\pi^2}{6}\ell(\ell+1)\left(\frac{kT}{\mu}\right)^2 + \cdots\right] \tag{4.47}$$

假定费米子自旋 $s = \frac{1}{2}$,$\bar{\omega} = 2$,由非相对论性自由费米子能量 $\epsilon = \frac{\hbar^2 k^2}{2m}$,有

$$\mathrm{d}\boldsymbol{k} = 2\pi\left(\frac{2m}{\hbar^2}\right)^{\frac{3}{2}}\sqrt{\epsilon}\,\mathrm{d}\epsilon$$

我们得到

$$\mathscr{N} = \frac{2V}{(2\pi)^3}\int \mathrm{d}\boldsymbol{k}\, n_\epsilon = \frac{V}{2\pi^2}\left(\frac{2m}{\hbar^2}\right)^{\frac{3}{2}}\int_0^\infty \epsilon^{\frac{1}{2}} n_\epsilon \mathrm{d}\epsilon = \frac{V}{3\pi^2}\left(\frac{2m\mu}{\hbar^2}\right)^{\frac{3}{2}}\left[1 + \frac{\pi^2}{8}\left(\frac{kT}{\mu}\right)^2 + \cdots\right] \tag{4.48}$$

$$\mathscr{E} = \frac{2V}{(2\pi)^3}\int \mathrm{d}\boldsymbol{k}\,\epsilon n_\epsilon = \frac{V}{2\pi^2}\left(\frac{2m}{\hbar^2}\right)^{\frac{3}{2}}\int_0^\infty \epsilon^{\frac{3}{2}} n_\epsilon \mathrm{d}\epsilon = \frac{V}{5\pi^2}\left(\frac{2m\mu}{\hbar^2}\right)^{\frac{3}{2}}\mu\left[1 + \frac{5\pi^2}{8}\left(\frac{kT}{\mu}\right)^2 + \cdots\right] \tag{4.49}$$

根据前面给出的非相对论性完全简并费米气体的费米波数和费米能的定义,有

$$\mathscr{N} = \frac{V}{3\pi^2}k_f^3$$

$$\epsilon_f = \frac{\hbar^2 k_f^2}{2m}$$

$$\mathscr{N} = \frac{V}{3\pi^2}\left(\frac{2m\epsilon_f}{\hbar^2}\right)^{\frac{3}{2}}$$

所以有关系式

$$\epsilon_f^{\frac{3}{2}} = \mu^{\frac{3}{2}}\left[1 + \frac{\pi^2}{8}\left(\frac{kT}{\mu}\right)^2 + \cdots\right]$$

$$\epsilon_f = \mu\left[1 + \frac{\pi^2}{8}\times\frac{2}{3}\left(\frac{kT}{\mu}\right)^2 + \cdots\right]$$

最终我们有

$$\mu = \epsilon_f \Big[1 - \frac{\pi^2}{12} \Big(\frac{kT}{\epsilon_f} \Big)^2 + \cdots \Big] \tag{4.50}$$

因为完全简并费米气体的费米能 ϵ_f 只是粒子密度的函数,所以化学势 μ 是密度和温度的函数,即

$$\mu = \mu(\rho, T) \tag{4.51}$$

4.3.4　导体中电子的热力学函数

下面我们将看到金属中的自由电子的能量是几电子伏的量级,而电子的静止质量约为 $500 \, \text{keV}$,所以金属中的自由电子可视为非相对论性的。另外,室温下 $(T \approx 300 \, \text{K})$, $kT \approx \frac{1}{40} \, \text{eV}$,所以作为初阶近似,金属中的自由电子可视为简并电子气。

首先我们用两种方法估算室温下金属中自由电子能量的数量级。

1. 利用测不准关系

$$pr \sim \hbar, r \sim 10^{-8} \, \text{cm}$$

$$\epsilon = \frac{p^2}{2m} = \frac{\hbar^2 c^2}{2mc^2 r^2} = \frac{200 \times 200 \, \text{MeV}^2 fm^2}{2 \times 0.5 \, \text{MeV} r^2}$$

$$= \frac{40\,000 \times 10^{-26} \, \text{MeV}}{10^{-16}} \sim 4 \times 10^{-6} \, \text{MeV} \sim 几电子伏$$

2. 用自由电子密度估算简并电子费米能

$$\rho \approx 10^{24} \text{cm}^{-3}$$

$$k_f = \Big(\frac{6\pi^2}{\overline{\omega}} \Big)^{\frac{1}{3}} \rho^{\frac{1}{3}} \approx 3\rho^{\frac{1}{3}} \approx 3 \times 10^8 \text{cm}^{-1}$$

简并电子气的费米能

$$\epsilon_f = \frac{\hbar^2 k_f^2}{2m} \approx \frac{200 \times 200 \, \text{MeV}^2 \times 10^{-26} \text{cm}^2 \times 10^{16} \text{cm}^{-2}}{2 \times 0.5 \, \text{MeV}} \sim 4 \, \text{eV}$$

也是几电子伏的量级。

因为在室温下, $kT \approx \frac{1}{40} \text{eV}$,则有 $kT \ll \epsilon_f$,所以可用简并费米气体模型来讨论。为了计算此种电子气的热力学量,采用 $T, V, \mathcal{N}$ 作为独立变数是方便的,电子自旋为 $\frac{1}{2}$, $\overline{\omega} = 2$,可以用 $\frac{kT}{\epsilon_f}$ 展开。

借助公式

$$\mu = \epsilon_f \Big[1 - \frac{\pi^2}{12} \Big(\frac{kT}{\epsilon_f} \Big)^2 + \cdots \Big]$$

则可得到

$$\mathcal{N} = \frac{V}{3\pi^2} \Big(\frac{2m\mu}{\hbar^2} \Big)^{\frac{3}{2}} \Big[1 + \frac{\pi^2}{8} \Big(\frac{kT}{\mu} \Big)^2 + \cdots \Big] = \frac{V}{3\pi^2} \Big(\frac{2m\epsilon_f}{\hbar^2} \Big)^{\frac{3}{2}} \tag{4.52}$$

$$\mathscr{E} = \frac{V}{5\pi^2}\left(\frac{2m\mu}{\hbar^2}\right)^{\frac{3}{2}}\mu\left[1 + \frac{5\pi^2}{8}\left(\frac{kT}{\mu}\right)^2 + \cdots\right]$$

$$= \frac{V}{5\pi^2}\left(\frac{2m\epsilon_f}{\hbar^2}\right)^{\frac{3}{2}}\epsilon_f\left[1 + \frac{5\pi^2}{12}\left(\frac{kT}{\epsilon_f}\right)^2 + \cdots\right]$$

$$= \frac{3}{5}\mathscr{N}\epsilon_f\left[1 + \frac{5\pi^2}{12}\left(\frac{kT}{\epsilon_f}\right)^2 + \cdots\right] \tag{4.53}$$

自由电子气的定压热容

$$C_V = \left(\frac{\partial\mathscr{E}}{\partial T}\right)_V = \frac{\mathscr{N}\pi^2}{2}\frac{k^2 T}{\epsilon_f} \tag{4.54}$$

自由电子气的巨势(T, V, μ 是巨势的独立变数)

$$\Omega = -pV = -\frac{2}{3}\frac{\mathscr{E}}{V}V = -\frac{2}{3}\mathscr{E} = \Omega_0 - Vk^2 T^2 \frac{m^{\frac{3}{2}}\sqrt{2\mu}}{6\hbar^3}$$

由此可得自由电子气的熵

$$S = -\left(\frac{\partial\Omega}{\partial T}\right)_{V,\mu} = Vk^2 T\frac{m^{\frac{3}{2}}\sqrt{2\epsilon_f}}{3\hbar^3} \tag{4.55}$$

4.3.5 白矮星的质量

借助完全简并电子气模型,我们可以讨论白矮星的质量。

由天文观测知道,白矮星的质量相当于太阳质量 $M_{\odot}$,但其半径只有太阳半径的 1% 左右,与地球的半径相当。所以在白矮星内部的原子半径约为 10^{-10} cm,这时电子从原子中被挤出来。我们知道,电子气的动能 $T \propto \rho^{\frac{2}{3}}$,而库仑能 $U_c \propto \rho^{\frac{1}{3}}$,所以高密度的电子气可视为自由电子系统。又因 $T = 300$ K 时,$kT \approx \frac{1}{40}$ eV,即使温度再提高两个星级,kT 的值与高密度简并电子气的费米能相比总可忽略。所以星体内部的高密度电子气可以用 $T = 0$ K 的完全简并费米气体模型处理。

首先做一数量级估计。白矮星引力为 $\frac{GM^2}{R^2}$,其中 G 是万有引力常数,M 是星体质量,R 是星体半径,此力向内吸引。简并电子气压力 pR^2 与吸引力平衡,即

$$\frac{GM^2}{R^2} = pR^2 \tag{4.56}$$

当白矮星的质量 M 不太大时,简并电子气是非相对论性的,压强

$$p \sim \rho^{\frac{5}{3}} \sim \left(\frac{M}{R^3}\right)^{\frac{5}{3}}$$

所以有 $\frac{GM^2}{R^2} = \left(\frac{M}{R^3}\right)^{\frac{5}{3}}R^2$,给出星体的质量与半径的关系为

$$R \sim M^{-\frac{1}{3}} \tag{4.57}$$

当星体的质量进一步增大时,简并电子气成为相对论性的,最终达到极端相对论性的,

$p \sim \rho^{\frac{4}{3}}$，这时有 $\dfrac{GM^2}{R^2} = \dfrac{E}{R^3}R^2$，它将导致

$$\frac{GM^2}{R} \sim E \sim \hbar c k_{\mathrm f} N \sim \hbar c \frac{N^{\frac{4}{3}}}{R} \tag{4.58}$$

我们得到

$$GM_{\mathrm c}^2 \sim \hbar c N^{\frac{4}{3}} \tag{4.59}$$

容易看出，式(4.59)与星体半径无关，所以当星体质量再增加时，星体的半径不变。此即白矮星的临界质量 $M_{\mathrm c}$。因核子质量约为电子质量的 2 000 倍，所以恒星质量主要是由核子质量给出的，$N^{\frac{4}{3}} = \left(\dfrac{M_{\mathrm c}}{m_{\mathrm p} n_{\mathrm e}}\right)^{\frac{4}{3}}$。如果星体由氢元素组成，则 $n_{\mathrm e} = 1$；如果星体由氦元素组成，则 $n_{\mathrm e} = 2$。粗略估算出白矮星的临界质量为

$$M_{\mathrm c} \sim \frac{1}{m_{\mathrm p}^2}\left(\frac{\hbar c}{G}\right)^{\frac{3}{2}} \sim 1.7 M_\odot \tag{4.60}$$

万有引力常数 G 的值为

$$G = 6.673 \times 10^{-11}\ \mathrm{m}^3 \cdot \mathrm{kg}^{-1} \cdot \mathrm{s}^{-2}$$

或

$$G = 6.673 \times 10^{-8}\ \mathrm{cm}^3 \cdot \mathrm{g}^{-1} \cdot \mathrm{s}^{-2}$$

由于星体内部的简并电子气处于星体的引力场中，我们需要知道外场中的化学势。

由热力学知道，若两个系统有热交换，则当两个系统达到热力学平衡时，两个系统的温度相等，即 $T_1 = T_2$。若两个系统可以有粒子交换，则达到平衡时两个系统的化学势必须相等，即 $\mu_1 = \mu_2$。

外场用势 $\phi(x,y,z)$ 表示，一个粒子在此外场中的势能用 $u(x,y,z)$ 表示，则有关系式

$$\mu_0(p,T) + u(x,y,z) = 常数 \tag{4.61}$$

式中，$\mu_0(p,T)$ 是不存在外场时的化学势。

对于星体引力场的情况，由于球对称性，引力势 $\phi(x,y,z)$ 满足方程

$$\frac{1}{r^2}\frac{\partial}{\partial r}\left(r^2 \frac{\partial \phi}{\partial r}\right) = 4\pi G \rho \tag{4.62}$$

式中，ρ 是星体物质的质量密度，即单位体积内的质量。

假定星体由质量为 m'、电荷为 Z 的原子核和 Z 个电子组成的电中性系统，则在重力场 $\phi(x,y,z)$ 中，质量为 m 的一个粒子有势能 $m\phi$，所以

$$Z\mu_{\mathrm e} + \mu_{\mathrm n} + Zm_{\mathrm e}\phi + m_{\mathrm N}\phi = 0 \tag{4.63}$$

式中，$\mu_{\mathrm e}$，$\mu_{\mathrm N}$ 为电子和原子核的化学势；$m_{\mathrm e}$，$m_{\mathrm N}$ 为电子和原子核的质量。由于 $m_{\mathrm N}$ 至少是 $m_{\mathrm e}$ 的 2 000 倍，则有 $\mu_{\mathrm n} \ll \mu_{\mathrm e}$，所以可以略去式(4.63)中的 $\mu_{\mathrm n}$ 和 $Zm_{\mathrm e}\phi$ 项，记 $m' = \dfrac{m_{\mathrm N}}{Z}$，则可得到

$$\mu + m'\phi = 0 \tag{4.64}$$

由式(4.62)和式(4.64)可以得出，化学势 μ 满足方程

$$\frac{1}{r^2}\frac{\partial}{\partial r}\left(r^2 \frac{\partial \mu}{\partial r}\right) = -4\pi m' G \rho \tag{4.65}$$

1. 非相对论性简并电子气

这时化学势与星体物质密度有关系

$$\mu = \frac{(3\pi^2)^{\frac{2}{3}}}{2} \frac{\hbar^2}{m_e m'^{\frac{2}{3}}} \rho^{\frac{2}{3}} \qquad (4.66)$$

式中,$\rho = \frac{m'N}{V}$是星体中单位体积内的质量。

由式(4.65)和式(4.66)可得 μ 的非线性方程

$$\frac{1}{r^2} \frac{\partial}{\partial r}\left(r^2 \frac{\partial \mu}{\partial r}\right) = -\lambda \mu^{\frac{3}{2}} \qquad (4.67)$$

其中

$$\lambda = \frac{2^{\frac{7}{2}} m_e^{\frac{3}{2}} m'^2 G}{3\pi \hbar^3}$$

直接将此微分方程对 r 积分,我们得到

$$\frac{d\mu}{dr} = -\frac{\lambda}{r^2} \int_0^r r'^2 \mu^{\frac{3}{2}} dr' \qquad (4.68)$$

因为在星体中心化学势 μ 为有限值,由此可以得到 μ 在 $r=0$ 处的边界条件为

$$\left.\frac{d\mu}{dr}\right|_{r=0} = 0 \qquad (4.69)$$

又因星体表面是自由的,所以另一边界条件为

$$\mu(R) = 0 \qquad (4.70)$$

方程的解只依赖 R, λ 两个独立参数,R 具有长度的量纲,λ 的量纲为 $\mathrm{erg}^{-\frac{1}{2}} \cdot \mathrm{cm}^{-2}$。由这两个独立参数可以构造出另外两个独立参数:一个无量纲 $\xi \frac{r}{R}$;另一个有能量的量纲 $\frac{1}{\lambda^2 R^4}$。可以看出,方程的解必须有如下形式

$$\mu = \frac{1}{\lambda^2 R^4} f(\xi) \qquad (4.71)$$

因为质量密度 ρ 正比于 $\mu^{\frac{3}{2}}$,所以

$$\rho(r) = \frac{常数}{R^6} F(\xi)$$

则可得到星体的平均质量密度

$$\bar{\rho} \propto \frac{1}{R^6} \qquad (4.72)$$

因为星体的质量 $M \propto \frac{1}{R^3}$,所以平均质量密度 $\bar{\rho} \propto M^2$,即星体质量 M 越大,星体的质量密度越高。

借助式(4.67)到式(4.71)可以得出,$f(\xi)$ 满足方程

$$\frac{1}{\xi^2} \frac{d}{d\xi}\left[\xi^2 \frac{df(\xi)}{d\xi}\right] = -f^{\frac{3}{2}}(\xi) \qquad (4.73)$$

及边界条件

$$f(1) = 0, \quad f'(0) = 0$$

此微分方程的数字解给出

$$f'(1) = -132.4, \quad f(0) = 178.2$$

利用此数字解的值可以得到

$$GM = R^2 \left[\frac{\mathrm{d}\phi}{\mathrm{d}r} \right]_{r=R} = -\left(\frac{R^2}{m'} \right) \left[\frac{\mathrm{d}\mu}{\mathrm{d}r} \right]_{r=R} = -\frac{f'(1)}{m'\lambda^2 R^3}$$

因此

$$MR^3 = \frac{91.9\hbar^6}{G^3 m_e^3 m'^5} = 2.2 \times 10^{13} \left(\frac{m_n}{m'} \right)^5 M_\odot \tag{4.74}$$

式中，$M_\odot = 2 \times 10^{33}$ g，为太阳质量。

借助此数字解的值还可得到星体中心的质量密度与平均质量密度之比

$$\frac{\rho(0)}{\bar{\rho}} = -\frac{f^{\frac{3}{2}}(0)}{3} f'(1) = 5.99 \tag{4.75}$$

2. 极端相对论性简并电子气

这时电子气的化学势 μ 与质量密度有关系

$$\mu = (3\pi^2)^{\frac{1}{3}} \hbar c \left(\frac{\rho}{m'} \right)^{\frac{1}{3}} \tag{4.76}$$

式中，$\dfrac{\rho}{m'}$ 为单位体积内的电子数，即电子密度。

借助与非相对论性情况完全类似的推导可以得到化学势 μ 满足方程

$$\frac{1}{r^2} \frac{\partial}{\partial r} \left(r^2 \frac{\partial \mu}{\partial r} \right) = -\lambda \mu^3 \tag{4.77}$$

式中，$\lambda = \dfrac{4Gm'^2}{3\pi\hbar^3 c^3}$，因为它的量纲为 $\mathrm{erg}^{-2} \cdot \mathrm{cm}^{-2}$，所以化学势 μ 作为 r 的函数必须有形式

$$\mu = \frac{1}{\sqrt{\lambda}\, R} f(\xi) \tag{4.78}$$

式中，函数 $f(\xi) = f\left(\dfrac{r}{R} \right)$ 是一无量纲量。由此可得

$$\rho(r) = \frac{\text{常数}}{R^3} F(\xi) \tag{4.79}$$

所以 $\bar{\rho} \propto \dfrac{1}{R^3}$，这时星体的质量 $M = M_c$，与星体的半径无关，即当星体质量增加时，若 $M < M_c$，则星体膨胀半径增加；若 $M \geqslant M_c$，则星体收缩而半径不确定。

为求得临界质量 M_c，我们必须在边界条件

$$f(1) = 0, \quad f'(0) = 0$$

下对如下非线性微分方程进行求解

$$\frac{1}{\xi^2} \frac{\mathrm{d}}{\mathrm{d}\xi} \left[\xi^2 \frac{\mathrm{d}f(\xi)}{\mathrm{d}\xi} \right] = -f^3(\xi) \tag{4.80}$$

结果给出

$$f'(1) = -2.018, \quad f(0) = 6.897$$

对于星体总质量有公式

$$GM_c = R^2 \left[\frac{d\phi}{dr}\right]_{r=R} = -\frac{f'(1)}{m'\sqrt{\lambda}}$$

由此得到

$$M_c = \frac{3.1}{m'^2}\left(\frac{\hbar c}{G}\right)^{\frac{3}{2}} = 5.8\left(\frac{m_n}{m'}\right)^2 M_\odot \tag{4.81}$$

如果 $m_n = m'$，即星体由氢元素组成，则 $M_c = 5.6 M_\odot$；如果 $2m_n = m'$，即星体由氦元素组成，则 $M_c = 1.4 M_\odot$。对于第二种情况，星体中心的质量密度与平均质量密度之比

$$\frac{\rho(0)}{\bar\rho} = -\frac{f^3(0)}{3f'(1)} = 54.2 \tag{4.82}$$

由天文观测知道，所有白矮星的质量都不超过 $1.4 M_\odot$，由此我们断定白矮星是由氦元素组成的星体，氢元素已经完全燃烧了。

图 4.2 给出了星体中密度比 $\frac{\rho(r)}{\rho(0)}$ 与距星体中心距离之间的关系。图中，曲线 1 是非相对论性简并电子气的计算结果；曲线 2 是极端相对论性简并电子气的计算结果。上面得到的星体质量 M 与星体半径 R 的关系可以用单个关系式 $M = M(R)$ 表示。图 4.3 表示的是对于 $m' = 2m_N$ 的计算结果。基于前面的讨论我们知道，对于大的 R 区（星体密度较小），电子气是非相对论性的，因而 $M(R)$ 按 $\frac{1}{R^3}$ 的规律减小；对于小的 R 区，电子密度非常大，因而是极端相对论性的，这时 $M(R)$ 几乎是常数 M_0。

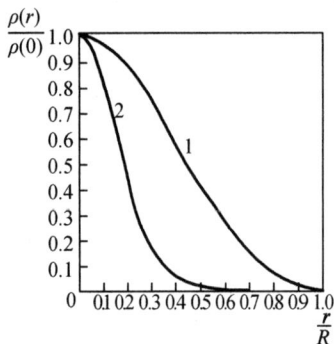

图 4.2　星体中密度比 $\frac{\rho(r)}{\rho(0)}$ 与 $\frac{r}{R}$ 的关系

（以白矮星半径 R 为单位）

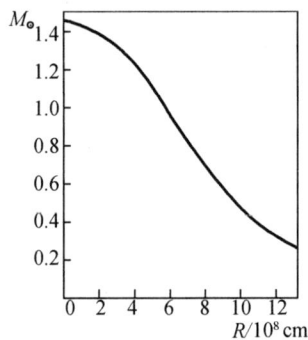

图 4.3　星体质量 M 与星体半径 R 的关系

一个物体的重力势能可以表示为

$$E_{gr} = \frac{1}{2}\int \rho\phi dV \tag{4.83}$$

能够用另一种方式计算物体的重力势能 E_{gr}。

在半径为 r 的球内物质质量记为 $M(r)$，并假定对于给定的 r 已将质量 $M(r)$ 从无穷远处移到了球内，现在将增加的质量 $dM(r)(=4\pi r^2 dr\rho)$ 从无穷远处移到 r 到 $r+dr$ 的球壳上，则需要做功 $-\frac{GM(r)}{r}dM$。对 r 从 0 积分到 R 可以给出重力势能的另一种表示，即

$$E_{gr} = -G\int \frac{M(r)dM(r)}{r} \tag{4.84}$$

对平衡条件 $\phi + \dfrac{\mu}{m'} = $ 常数进行微分,则可得到

$$\frac{1}{\rho}\frac{\mathrm{d}p}{\mathrm{d}r} = -G\frac{M(r)}{r^2} \tag{4.85}$$

这里我们利用了热力学关系 $\left(\dfrac{\partial \mu}{\partial p}\right)_T = v$, v 是比体积(式(2.58))。

将 $\mathrm{d}M(r) = 4\pi r^2 \mathrm{d}r\rho$ 代入,则有

$$E_{\mathrm{gr}} = 4\pi\int_0^R r^3 \frac{\mathrm{d}p}{\mathrm{d}r}\mathrm{d}r \tag{4.86}$$

利用分部积分,并考虑边界条件 $p(R) = 0$,以及 $r\to0$ 时 $r^3p(r)\to0$,我们得到

$$E_{\mathrm{gr}} = -12\pi\int_0^R r^2 p\,\mathrm{d}r = -3\int p\,\mathrm{d}V \tag{4.87}$$

将这些公式应用于简并费米气体。令物质的化学势正比于它的密度的某次方

$$\mu = K\rho^{\frac{1}{n}} \tag{4.88}$$

有热力学关系 $\mathrm{d}\mu = v\mathrm{d}p = \dfrac{m'}{\rho}\mathrm{d}p$,可以得到

$$p = \frac{1}{n+1}\frac{K}{m'}\rho^{\frac{1}{n}+1} \tag{4.89}$$

因在星体表面,有 $\mu(R) = 0$,所以由平衡条件

$$\phi + \frac{\mu}{m'} = \text{常数}$$

给出此常数为 $-\dfrac{GM}{R}$,所以

$$\left.\begin{aligned}\phi &= -\frac{\mu}{m'} - \frac{GM}{R}\\[2mm]E_{\mathrm{gr}} &= -\frac{3}{5-n}\frac{GM^2}{R}\end{aligned}\right\} \tag{4.90}$$

即物体的重力势能可以借助星体的总质量和半径用简单公式表示出来。对于星体的内能 E ,也可以得到类似的公式。

在温度为绝对零度时,一个粒子的内能为 $\mu - vp$,所以单位体积的内能为 $\dfrac{1}{v}(\mu - vp) = \dfrac{\rho\mu}{m'} - p = np$,由此得到

$$E = n\int p\,\mathrm{d}V = \frac{n}{5-n}\frac{GM^2}{R} \tag{4.91}$$

物体的总能量

$$E_{\mathrm{tot}} = E + E_{\mathrm{gr}} = -\frac{3-n}{5-n}\frac{GM^2}{R} \tag{4.92}$$

对于非相对论性简并费米气体, $n = \dfrac{3}{2}$,所以

$$E_{gr} = -\frac{6}{7}\frac{GM^2}{R}$$
$$E = \frac{3}{7}\frac{GM^2}{R}$$
$$E_{tot} = -\frac{3}{7}\frac{GM^2}{R}$$

(4.93)

显然,此时我们有 $2E = -E_{gr}$,即满足重力场训的位力定理。

在极端相对论的情况下,$n=3$,因此

$$E_{gr} = -E = -\frac{3}{2}\frac{GM^2}{R}$$
$$E_{tot} = 0$$

(4.94)

应当指出,这里的内能 E 和总能量 E_{tot} 都包含粒子的静止质量。

4.4 自由玻色子系统

首先讨论光子气。

对于玻色子系统我们有

$$n_\epsilon = \frac{1}{e^{\frac{\epsilon-\mu}{kT}}-1}$$

(4.95)

因光子气系统的光子数不守恒,可视为巨正则系综的拉格朗日不定乘子 $\gamma=0$,于是 $\mu=0$,这时正则系综和巨正则系综等价

$$n_\epsilon = \frac{1}{e^{-\frac{\epsilon}{kT}}-1}$$

(4.96)

因而前面我们用正则系综理论讨论了黑体辐射的性质。

下面讨论总粒子数守恒的非相对论性自由玻色子系统。

4.4.1 高温低密度情况

在高温低密度的情况下,有 $z\ll1$。对于自由玻色子系统,我们已经得到

$$\frac{p}{kT} = \frac{\overline{\omega}}{\lambda^3}\sum_{\ell=1}^{\infty}\frac{z^\ell}{\ell^{\frac{5}{2}}}$$

(4.97)

$$\rho = \frac{\overline{\omega}}{\lambda^3}\sum_{\ell=1}^{\infty}\frac{z^\ell}{\ell^{\frac{3}{2}}}$$

(4.98)

为了讨论简单,我们取自旋 $j=0$,则 $\overline{\omega}=1$(例如氦的自旋就为 0),则有

$$\frac{p}{kT} = \frac{1}{\lambda^3}\sum_{\ell=1}^{\infty}\frac{z^\ell}{\ell^{\frac{5}{2}}}$$

(4.99)

$$\rho = \frac{1}{\lambda^3}\sum_{\ell=1}^{\infty}\frac{z^\ell}{\ell^{\frac{3}{2}}}$$

(4.100)

当 $z \ll 1$ 时,若级数展开式中只保留第一项,则对于自由玻色子系统,我们得到理想气体的状态方程

$$p = \rho kT$$

容易看出,当 $z \leqslant 1$ 时,这些级数收敛;当 $z = 1$ 时,借助 $\zeta\left(\dfrac{3}{2}\right) \approx 2.6, \zeta\left(\dfrac{5}{2}\right) \approx 1.3$,则对于自由玻色子量子系统可得

$$p = \frac{\zeta\left(\dfrac{5}{2}\right)}{\zeta\left(\dfrac{3}{2}\right)} \rho kT \approx 0.5 \rho kT$$

压强约为理想气体的 1/2。

4.4.2　玻色凝聚和相变

当自由玻色子系统的温度由高温逐渐降低(或密度由低密度逐渐增加)时,z 逐渐增大。最低能态($\epsilon = 0$)的粒子数为

$$n_{\epsilon=0} = \frac{1}{\dfrac{1}{z} - 1} \tag{4.101}$$

所以

$$n_0 = \frac{z}{1-z} \tag{4.102}$$

式中,n_0 表示能态 $\epsilon = 0$ 的粒子数 $n_{\epsilon=0}$。

因为 $n_0 \geqslant 0$,可知必须有 $z \leqslant 1$,又由 $z = e^{\frac{\mu}{kT}}$,可以得到结论:对于自由玻色子系统,化学势 μ 总为负值,这是玻色子系统与费米子系统的主要不同之处。

绝对温度 $T = 0$ K 时,所有玻色子都处于最低能级(基态)。系统的能量为

$$E = n_0 \cdot 0 = 0$$
$$n_0 = n_{\epsilon=0} = N$$

式中,N 是总玻色子数。所以有

$$(1-z)N = z$$
$$z = \frac{1}{1 + \dfrac{1}{N}} \tag{4.103}$$

由 $e^{\frac{\mu}{kT}} = z$ 可得

$$-\frac{\mu}{kT} = \ln\left(1 + \frac{1}{N}\right) \tag{4.104}$$

$$-\mu = kT \frac{1}{N} + O\left(\frac{1}{N^2}\right) \tag{4.105}$$

对于玻色子,μ 永远小于 0,即 z 小于 1,z 与 1 之差是 $\dfrac{1}{N}$ 的量级,μ 与 0 之差是 $\dfrac{1}{N^2}$ 的量级。当 N 趋于无穷大时,μ 与 0 和 z 与 1 之差都为无穷小。

当温度由绝对零度逐渐增加时,有些玻色子由基态跃迁到激发态。令 $\chi(T)$ 表示处于基态的粒子数与总粒子数之比

$$\chi(T) = \frac{n_0}{N} \tag{4.106}$$

显然有,当 $T = 0\ \text{K}$ 时, $\chi = 1$;当 $T > 0\ \text{K}$ 时, $0 < \chi < 1$ 。

粒子数 N 可以表示为

$$N = n_0 + \sum_{\epsilon \neq 0} n_\epsilon = \chi N + \frac{V}{8\pi^3}\int d^3 k \frac{1}{\frac{1}{z}e^{\frac{\epsilon}{kT}} - 1} = \chi N + \frac{V}{8\pi^3}\int d^3 k \frac{z}{e^{\frac{\epsilon}{kT}} - Z} \tag{4.107}$$

因为 $d^3 k = 4\pi k^2 dk$,显然积分不包含 $k = 0(\epsilon = 0)$ 的贡献。

系统的能量 E 为

$$E = n_0 \cdot 0 + \frac{V}{8\pi^3}\int d^3 k \frac{1}{\frac{1}{z}e^{\frac{\epsilon}{kT}} - 1} = \frac{V}{8\pi^3}\int d^3 k \frac{1}{\frac{1}{z}e^{\frac{\epsilon}{kT}} - 1} \tag{4.108}$$

由于 $z \leqslant 1$,可以用级数展开的方法计算此积分,并利用公式

$$p = \frac{2}{3}\frac{E}{V}$$

最终我们得到

$$\frac{p}{kT} = \frac{1}{\lambda^3}\sum_{\ell=1}^{\infty}\frac{z^\ell}{\ell^{\frac{5}{2}}} \tag{4.109}$$

$$\rho = \frac{1}{\lambda^3}\sum_{\ell=1}^{\infty}\frac{z^\ell}{\ell^{\frac{3}{2}}} \tag{4.110}$$

式中

$$\lambda = \hbar\sqrt{\frac{2\pi}{mkT}}$$

当 ℓ 的指数大于 1,且 $z \leqslant 1$ 时,这两个级数都是收敛的,因而它们可视为玻色 – 爱因斯坦相变理论的基础。

当温度 $T = 0\ \text{K}$ 时:

(1)如果在能级 $\epsilon = 0$ 上的粒子数 n 与总粒子数 N 同一量级,可知 χ 就是一个固定数。即若 $n_0 = O(N)$,则 $z = 1 - O\left(\frac{1}{N}\right)$,即 z 与 1 的差为 $\frac{1}{N}$ 的量级, $\lim\limits_{N \to \infty} z = 1, 0 \leqslant \chi \leqslant 1$ 。这表明,只要 N 有限, z 连续增加,直到 $N \to \infty$ 时, $z = 1$ 。

(2)如果 n_0 与 1 同一量级, $n_0 = O(1)$,则 $\chi = \frac{1}{N}$,当 $N \to \infty$ 时, $\chi \to 0$,因而可以忽略,这相当于高温低密度的情况。

由 $n_0 = \frac{z}{1-z}$ 可得

$$z = \frac{n_0}{1+n_0} < 1$$

容易看出,当 $n \to \infty$ 时,对于(1)和(2)两种不同情况, z 有不同的极限。

在相 I 区:

$$\chi = 0, N \to \infty, 0 \leqslant z \leqslant 1$$

$$\rho = \frac{1}{\lambda^3} \sum_{\ell=1}^{\infty} \frac{z^\ell}{\ell^{\frac{3}{2}}}$$

$$\frac{p}{kT} = \frac{1}{\lambda^3} \sum_{\ell=1}^{\infty} \frac{z^\ell}{\ell^{\frac{5}{2}}}$$

这正是高温低密度玻色子系统的状态方程。它们又可表示为

$$z = \rho\lambda^3 \left(1 - \frac{\rho\lambda^3}{2^{\frac{3}{2}}} + \cdots\right) \qquad (4.111)$$

$$\frac{p}{kT} = \rho\left(1 - \frac{\rho\lambda^3}{2^{\frac{5}{2}}} + \cdots\right) \qquad (4.112)$$

由此可得,当 $\rho\lambda^3 \to 0$ 时

$$z \to 0, p \to \rho kT$$

这正是理想气体的状态方程。

当 $\rho\lambda^3$ 逐渐增大时,z 也随之增大,在相 I 区,z 的最大值为 1,相应地 ρ 取临界值:

$$\rho_c \equiv (\rho)_{z=1} = \frac{1}{\lambda^3} \sum_{\ell=1}^{\infty} \frac{1}{\ell^{\frac{3}{2}}} = \frac{2.612}{\lambda^3} \qquad (4.113)$$

压强

$$\frac{p_c}{kT} = \left(\frac{p}{kT}\right)_{z=1} = \frac{1}{\lambda^3} \sum_{\ell=1}^{\infty} \frac{1}{\ell^{\frac{5}{2}}} = \frac{1.341}{\lambda^3} \qquad (4.114)$$

在相 II 区:

当 $z=1, 0 \leqslant \chi \leqslant 1$ 时,达到另一相,此时

$$\rho = \rho\chi + \frac{1}{\lambda^3} \sum_{\ell=1}^{\infty} \frac{1}{\ell^{\frac{3}{2}}} = \rho\chi + \frac{2.612}{\lambda^3} \qquad (4.115)$$

$$\frac{p}{kT} = \frac{p_c}{kT} = \frac{1}{\lambda^3} \sum_{\ell=1}^{\infty} \frac{1}{\ell^{\frac{5}{2}}} = \frac{1.341}{\lambda^3} \qquad (4.116)$$

由 ρ_c 和 ρ 的表达式容易得到

$$\chi = \frac{\rho - \rho_c}{\rho} \qquad (4.117)$$

由以上各式可以看出,当系统容积 V 有限时,压强和 χ 都是连续变化的;但当 $N \to \infty$ 时,将出现热力学函数的不连续性。

定义比体积:$v = \frac{1}{\rho}$,它是系统中每一个粒子占有的体积。

在相 I 区,z 由 0 趋向于 1,当 z 达到 1 时,密度不再变化。对于等温过程,压强也不再变化。

在相 II 区,虽然 $z=1$,但密度仍然可以变化,当 χ 由 0 趋向 1 时,密度由 ρ_c 趋向无穷大,则比体积由 v_c 趋向于 0。这就是玻色 – 爱因斯坦凝聚现象。应当指出,这种凝聚不是位置空间的凝聚,而是动量空间的凝聚。

下面我们讨论这两相在等温线上的情况。

图 4.4 给出温度为常数的 $p - v$ 图。

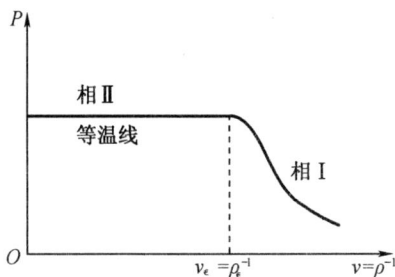

图 4.4　等温情况下的相变

可以证明：

（1）在 v_c 附近,压强及其一阶导数连续。

（2）在 v_c 处压强的二阶微商不连续,其差为

$$\Delta\left(\frac{\partial^2 p}{\partial v^2}\right) = \left(\frac{\partial^2 p}{\partial v^2}\right)_{v_c^+} - \left(\frac{\partial^2 p}{\partial v^2}\right)_{v_c^-} = -\frac{kT}{2\pi}\frac{\lambda^6}{v_c^5} \tag{4.118}$$

证明　容易看出,$z=1$ 时,相 I 区的压强等于相 II 区的压强,即压强 p 在 v_c 附近是连续的。在相 II 区,压强只与温度有关,所以

$$\frac{\partial p}{\partial v} = \frac{\partial^2 p}{\partial v^2} = \frac{\partial^3 p}{\partial v^3} = \cdots = 0$$

下面首先证明,在相 I 临界点附近 $\dfrac{\partial p}{\partial v}$ 连续。

$$\frac{\partial p}{\partial v} = \frac{\frac{\partial p}{\partial \ln z}}{\frac{\partial v}{\partial \ln z}} = \frac{kT}{\rho^{-2}\frac{\partial \rho}{\partial \ln z}}$$

$$\frac{\partial \rho}{\partial \ln z} = \frac{1}{\lambda^3}\sum_{\ell=1}^{\infty}\frac{z^\ell}{\ell^{\frac{1}{2}}}$$

当 $z \to 1_-$ 时

$$\frac{\partial \rho}{\partial \ln z} \to \frac{1}{\lambda^3}\sum_{\ell=1}^{\infty}\frac{1}{\ell^{\frac{1}{2}}} = \sum_{\ell=1}^{\infty}\frac{z^\ell}{\ell^{\frac{1}{2}}} = \sqrt{\frac{\pi}{\delta}} \tag{4.119}$$

这里 $\delta = 1 - z$ 是正无穷小量,关于此式的证明我们将在后面给出。所以当 $z \to 1_-$ 时,$\dfrac{\partial p}{\partial v}\Big|_{z=1_-} = 0$,也即 $\dfrac{\partial p}{\partial v}$ 在 $z=1$ 处连续。

下面讨论当 $z \to 1_-$ 时,压强对比体积的二阶导数。

由相 I 可知

$$\frac{\partial p}{\partial v} = \frac{-kT}{\rho^{-3}\frac{\partial \rho}{\partial \ln z}} = \frac{-kT}{v^3\frac{\partial p}{\partial \ln z}}$$

$$\frac{\partial}{\partial v} = \frac{\partial}{\frac{\partial v}{\partial \ln z}\partial \ln z} = \frac{\partial}{\rho^{-1}\frac{\partial p}{\partial \ln z}\partial \ln z}$$

所以我们有

$$\frac{\partial^2 p}{\partial v^2} = \frac{\partial}{\partial v}\left(\frac{-kT}{v^3 \frac{\partial \rho}{\partial \ln z}}\right) = \frac{3kT}{v^4 \frac{\partial \rho}{\partial \ln z}} - \frac{kT}{v^3} \frac{\frac{\partial^2 \rho}{(\partial \ln z)^2}}{\left(\frac{\partial \rho}{\partial \ln z}\right)^2} \frac{1}{v^2 \left(\frac{\partial \rho}{\partial \ln z}\right)} = -\frac{3}{v}\frac{\partial p}{\partial v} - \frac{kT}{v^5} \frac{\frac{\partial^2 \rho}{(\partial \ln z)^2}}{\left(\frac{\partial \rho}{\partial \ln z}\right)^3} \quad (4.120)$$

借助公式

$$\rho \lambda^3 = \sum_{\ell=1}^{\infty} \frac{z^\ell}{\ell^{\frac{3}{2}}} = \frac{\lambda^3}{8\pi^3}\int \frac{\mathrm{d}^3 k z}{\mathrm{e}^{\frac{\epsilon}{kT}} - z}$$

$$\epsilon = \frac{\hbar^2 k^2}{2m}$$

令

$$y^2 = \frac{\epsilon}{kT}$$

则我们有

$$\sum_{\ell=1}^{\infty} \frac{z^\ell}{\ell^{\frac{3}{2}}} = \frac{4}{\sqrt{\pi}}\int \frac{z y^2 \mathrm{d} y}{\mathrm{e}^{y^2} - z}$$

$$\sum_{\ell=1}^{\infty} \frac{z^\ell}{\ell^{\frac{1}{2}}} = \frac{\partial}{\partial \ln z}\left(\sum_{\ell=1}^{\infty} \frac{z^\ell}{\ell^{\frac{3}{2}}}\right) = \frac{4}{\sqrt{\pi}}\int y^2 \mathrm{d} y \frac{\mathrm{e}^{y^2} z}{(\mathrm{e}^{y^2} - z)^2} \quad (4.121)$$

当 $z = 1$ 时,令 $z = 1 - \delta$,则 $y^2 = \delta \xi^2$,δ 是正无穷小量。则可得到

$$\mathrm{e}^{y^2} - z = \delta(1 + \xi^2) + O(\delta^2)$$

$$\sum_{\ell=1}^{\infty} \frac{z^\ell}{\ell^{\frac{1}{2}}} = \frac{4}{\sqrt{\delta\pi}}\int_0^{\infty} \frac{\xi^2 \mathrm{d}\xi}{(1 + \xi^2)^2}[1 + O(\delta)]$$

借助公式

$$\int_0^{\infty} \frac{\xi^2 \mathrm{d}\xi}{(1 + \xi^2)^2} = \frac{\pi}{4}$$

所以当 $z = 1$ 时,有关系式

$$\sum_{\ell=1}^{\infty} \frac{z^\ell}{\ell^{\frac{1}{2}}} = \sqrt{\frac{\pi}{\delta}} \quad (4.122)$$

因为 $\delta = 1 - z$ 是无穷小量,则有 $\frac{\partial}{\partial z} = -\frac{\partial}{\partial \delta}$,所以

$$\sum_{\ell=1}^{\infty} \ell^{\frac{1}{2}} z^\ell = \frac{\partial}{\partial \ln z}\sum_{\ell=1}^{\infty} \frac{z^\ell}{\ell^{\frac{1}{2}}} = -\frac{\partial}{\partial \delta}\sqrt{\frac{\pi}{\delta}} = \frac{1}{2}\frac{\sqrt{\pi}}{\delta^{\frac{3}{2}}} \quad (4.123)$$

由此可得

$$\frac{\frac{\partial^2 \rho}{(\partial \ln z)^2}}{\left(\frac{\partial \rho}{\partial \ln z}\right)^3} = \frac{\sum_{\ell=1}^{\infty} \ell^{\frac{1}{2}} z^\ell}{\left(\sum_{\ell=1}^{\infty} \frac{z^\ell}{\ell^{\frac{1}{2}}}\right)^3} = \frac{\frac{1}{\lambda^3}\frac{1}{2}\frac{\sqrt{\pi}}{\delta^{\frac{3}{2}}}}{\left(\frac{1}{\lambda^3}\sqrt{\frac{\pi}{\delta}}\right)^3} = \frac{\lambda^6}{2\pi} \quad (4.124)$$

即在 v_c 处我们有

$$\Delta\left(\frac{\partial^2 p}{\partial v^2}\right) = \left(\frac{\partial^2 p}{\partial v^2}\right)_{v_c^+} - \left(\frac{\partial^2 p}{\partial v^2}\right)_{v_c^-} = -\frac{kT}{2\pi}\frac{\lambda^6}{v_c^5} \tag{4.125}$$

下面讨论在密度固定但温度可以变化的情况下,由相I区过渡到相II区时压强与温度的关系。图 4.5 给出密度恒定时的 $p - T$ 图。

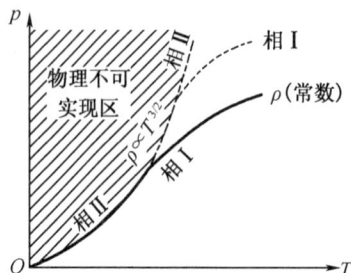

图 4.5   密度恒定时的 $p - T$ 图

在相II区,温度由 0 K→T_c(临界温度)。

$$p = 1.341\frac{kT}{\lambda^3} = 1.341\left(\frac{m}{2\pi\hbar^2}\right)^{\frac{3}{2}}(kT)^{\frac{5}{2}}$$

$$\frac{\partial p}{\partial T} = \frac{5}{2}\frac{p}{T} \tag{4.126}$$

当温度为 T_c 时,

$$\lambda_c = \hbar\sqrt{\frac{2\pi}{mkT_c}} = \left(\frac{2.612}{\rho_c}\right)^{\frac{1}{2}} \tag{4.127}$$

对于给定的密度,可以相应地得到临界温度 T_c(和 λ_c)。

在相II区,$T < T_c$,$\lambda > \lambda_c$,所以当热波长 $\lambda \gg$ 粒子间距离 d 时,是相II区;当热波长 $\lambda < $ 粒子间距离 d 时,是相 I 区;当热波长 $\lambda \approx$ 粒子间距离 d 时,表示正在相变中。

显然,热波长比粒子间距离大时,描述粒子的波包叠加很显著,所以在相II区,出现显著的量子效应;相反,在相 I 区量子效应可以忽略。

在相 I 区,$T > T_c$,λ 较小,在固定密度 $\rho(T,z)$ 时,有关系式

$$d\rho = \frac{\partial\rho}{\partial T}dT + \frac{\partial\rho}{\partial\ln z}d\ln z = \frac{3}{2}\frac{\rho}{T}dT + \frac{\partial}{\partial\ln z}\frac{1}{\lambda^3}\sum_{\ell=1}^{\infty}\frac{z^\ell}{\ell^{\frac{3}{2}}}d\ln z$$

$$= \frac{3}{2}\frac{\rho}{T}dT + \frac{1}{\lambda^3}\sum_{\ell=1}^{\infty}\frac{z^\ell}{\ell^{\frac{1}{2}}}d\ln z = 0 \tag{4.128}$$

在 $p - T$ 图上

$$\left.\frac{\partial p}{\partial T}\right|_\rho = \left.\frac{\partial p}{\partial T}\right|_z + \left.\frac{\partial p}{\partial\ln z}\right|\left.\frac{\partial\ln z}{\partial T}\right|_\rho = \frac{5}{2}\frac{p}{T} - \frac{\rho\lambda^3}{T}\frac{\rho kT}{\sum\limits_{\ell=1}^{\infty}\dfrac{z^\ell}{\ell^{\frac{1}{2}}}}$$

当 $T \to T_c$ 时,在相 I 区 $z = 1$,级数 $\sum\limits_{\ell=1}^{\infty}\dfrac{z^\ell}{\ell^{\frac{1}{2}}}$ 发散,即

$$\sum_{\ell=1}^{\infty}\frac{1}{\ell^{\frac{1}{2}}} = \infty$$

这导致在相 Ⅰ 区的 T_c 处

$$\frac{\partial p}{\partial T} \to \frac{5}{2}\frac{p}{T}$$

而在相 Ⅰ 区的其他区域 $\left(\dfrac{\partial p}{\partial T}\right)_{T > T_c}$ 均小于 $\dfrac{5}{2}\dfrac{p}{T}$，这表明在 $p - T$ 图上存在一个物理上不能实现的区域。

在相 Ⅱ 区，p 永远沿 $T^{\frac{5}{2}}$ 曲线，所以总有

$$\frac{\partial p}{\partial T} \to \frac{5}{2}\frac{p}{T}$$

所以在 $T = T_c$ 处，在 $p - T$ 图上 $\dfrac{\partial p}{\partial T}$ 是连续的。

定容热容的定义为

$$C_V = \left(\frac{\partial E}{\partial T}\right)_v$$

式中，V 为系统总体积；v 表示比体积。

由 $E = \dfrac{3}{2}pV$，有

$$C_V = \frac{3}{2}V\left(\frac{\partial p}{\partial T}\right)_v \tag{4.129}$$

由此可知，由相 Ⅰ 区过渡到相 Ⅱ 区时，在 $T = T_c$ 处，定容热容 C_V 是连续的。

下面我们证明由相 Ⅰ 区过渡到相 Ⅱ 区时，在 $T = T_c$ 处 $\dfrac{\partial C_V}{\partial T}$ 是不连续的，并且有关系式

$$\Delta\left(\frac{\partial C_V}{\partial T}\right) = \left(\frac{\partial C_V}{\partial T}\right)_{T_c^+} - \left(\frac{\partial C_V}{\partial T}\right)_{T_c^-} = -\frac{27}{16\pi}\frac{Nk}{T_c}2.612^2 \tag{4.130}$$

证明　在相 Ⅱ 区，温度低于临界温度（$T < T_c$）

$$C_V = \frac{5}{2}\frac{E}{T} \propto T^{\frac{3}{2}}$$

在相 Ⅰ 区，

$$C_V = \frac{5}{2}\frac{E}{T} - \frac{9}{4}kN\rho\lambda^3 \frac{1}{\displaystyle\sum_{\ell=1}^{\infty}\frac{z^\ell}{\ell^{\frac{1}{2}}}} \tag{4.131}$$

$$\Delta\left(\frac{\partial C_V}{\partial T}\right) = -\frac{9}{4}kN\frac{\partial}{\partial T}\left(\rho\lambda^3 \frac{1}{\displaystyle\sum_{\ell=1}^{\infty}\frac{z^\ell}{\ell^{\frac{1}{2}}}}\right) = -\frac{9}{4}kN\frac{\partial}{\partial T}\left(\frac{\displaystyle\sum_{\ell=1}^{\infty}\frac{z^\ell}{\ell^{\frac{3}{2}}}}{\displaystyle\sum_{\ell=1}^{\infty}\frac{z^\ell}{\ell^{\frac{1}{2}}}}\right) = -\frac{9}{4}kN\left(\frac{\partial\ln z}{\partial T}\right)_\rho\frac{\partial}{\partial\ln z}\left(\frac{\displaystyle\sum_{\ell=1}^{\infty}\frac{z^\ell}{\ell^{\frac{3}{2}}}}{\displaystyle\sum_{\ell=1}^{\infty}\frac{z^\ell}{\ell^{\frac{1}{2}}}}\right)_{z=1_-}$$

$$\tag{4.132}$$

由密度 ρ 给定时导出的关系式

$$\mathrm{d}\rho = \frac{3}{2}\frac{\rho}{T}\mathrm{d}T + \frac{1}{\lambda^3}\sum_{\ell=1}^{\infty}\frac{z^\ell}{\ell^{\frac{1}{2}}}\mathrm{d}\ln z = 0$$

我们有

$$\left(\frac{\partial \ln z}{\partial T}\right)_\rho = -\frac{\dfrac{3}{2}\dfrac{\rho\lambda^3}{T}}{\displaystyle\sum_{\ell=1}^{\infty}\dfrac{z^\ell}{\ell^{\frac{1}{2}}}} \tag{4.133}$$

由此可得到

$$\Delta\left(\frac{\partial C_V}{\partial T}\right) = \frac{9}{4}\cdot\frac{3}{2}kN\frac{\rho\lambda^3}{T}\frac{1}{\displaystyle\sum_{\ell=1}^{\infty}\dfrac{z^\ell}{\ell^{\frac{1}{2}}}}\frac{\partial}{\partial\ln z}\left(\frac{\displaystyle\sum_{\ell=1}^{\infty}\dfrac{z^\ell}{\ell^{\frac{3}{2}}}}{\displaystyle\sum_{\ell=1}^{\infty}\dfrac{z^\ell}{\ell^{\frac{1}{2}}}}\right)$$

$$= \frac{27}{8}kN\frac{\rho\lambda^3}{T}\frac{1}{\displaystyle\sum_{\ell=1}^{\infty}\dfrac{z^\ell}{\ell^{\frac{1}{2}}}}\left[\frac{\left(\displaystyle\sum_{\ell=1}^{\infty}\dfrac{z^\ell}{\ell^{\frac{1}{2}}}\right)^2-\left(\displaystyle\sum_{\ell=1}^{\infty}\dfrac{z^\ell}{\ell^{\frac{3}{2}}}\right)\left(\displaystyle\sum_{\ell=1}^{\infty}z^\ell\ell^{\frac{1}{2}}\right)}{\left(\displaystyle\sum_{\ell=1}^{\infty}\dfrac{z^\ell}{\ell^{\frac{1}{2}}}\right)^2}\right]_{z=1_-}$$

$$= \frac{27}{8}kN\frac{\rho\lambda^3}{T}\left[\frac{\left(\displaystyle\sum_{\ell=1}^{\infty}\dfrac{z^\ell}{\ell^{\frac{1}{2}}}\right)^2-\left(\displaystyle\sum_{\ell=1}^{\infty}\dfrac{z^\ell}{\ell^{\frac{3}{2}}}\right)\left(\displaystyle\sum_{\ell=1}^{\infty}z^\ell\ell^{\frac{1}{2}}\right)}{\left(\displaystyle\sum_{\ell=1}^{\infty}\dfrac{z^\ell}{\ell^{\frac{1}{2}}}\right)^3}\right]_{z=1_-}$$

$$= -\frac{27}{8}\left(\frac{\rho\lambda^3}{T}\right)_{z=1_-}\cdot 2.612\cdot\frac{1}{2\pi}$$

$$= -\frac{27}{16\pi}kN\frac{2.612^2}{T_c} \tag{4.134}$$

推导上式时我们利用了结果

$$(\rho\lambda^3)_{T=T_c}=2.612$$

图 4.6 给出定容热容 C_V 与温度 T 的关系($C_V - T$ 图)。在 $T = T_c$ 处由相Ⅱ区过渡到相Ⅰ区,此处斜率有突变。随着温度的增高,C_V 趋向理想气体的值 $C_V = \frac{3}{2}N_k$。

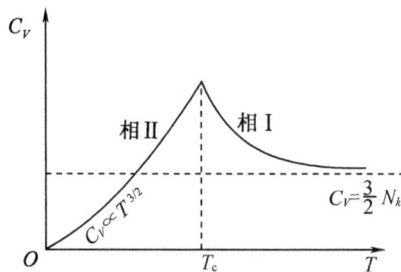

图 4.6 定容热容与温度的关系

由以上讨论我们看到,自由玻色子系统确实有相变,相Ⅰ和相Ⅱ的热力学性质不同,由于 $C_V - T$ 图变化呈 λ 形式,因此这种相变称为 λ 相变。

玻色 – 爱因斯坦凝聚理论不仅能够很好地解释低温 ^{4}He 的相变现象,也为低温下超导和超流现象奠定了理论基础。

现在大家知道,在低温下 ^{4}He 存在 ^{4}He – Ⅰ 和 ^{4}He – Ⅱ 两种液相。^{4}He – Ⅱ 具有超流性。

图 4.7 给出 ^{4}He 的奇特相变图。在一个大气压下,温度为 T_c = 2.2 K 时,液相 ^{4}He – Ⅰ 向液相 ^{4}He – Ⅱ 转变,此即 λ 相变。如果假定液体 ^{4}He 是自由玻色子系统,利用玻色 – 爱因斯坦凝聚理论计算一个大气压下的临界温度,我们得到 T_c = 3.14 K(假定 $m = m_{\text{He}-4}$),与实验值 T_c = 2.2 K 略有偏离。

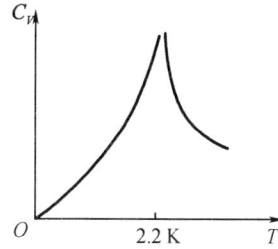

另外,在温度为 T_c = 2.2 K 处,定容热容 C_V 以对数形式趋向无穷,这与玻色 – 爱因斯坦理论计算的 C_V 有显著差别(图 4.8)。其原因是在一个大气压下, ^{4}He 是液相,体系不再是自由玻色子系统,必须考虑玻色子之间的相互作用。

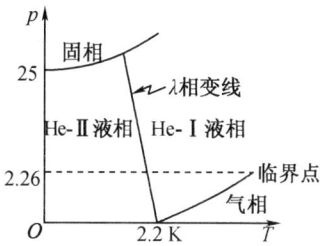

图 4.7　^{4}He 的奇特相变　　　　图 4.8　^{4}He 的定容热容

^{1}H 也是玻色子,但不能发生玻色 – 爱因斯坦凝聚,其原因是相互作用太强,在到达凝聚条件之前已经变成固体,安全失去自由玻色子的特征。自由玻色子系统可以有玻色 – 爱因斯坦凝聚,但给不出超流性。凝聚相的超流性来源于玻色子之间的相互作用。超导现象同样与玻色 – 爱因斯坦凝聚有关。超导现象与电子有关,电子是费米子,但一个电子与它的时间反演态形成"库伯对",这种电子对服从玻色 – 爱因斯坦统计,电子对相互作用给出能隙 Δ,系统不存在低于能隙的激发态。偶 – 偶原子核的基态附近也有类似的超导性质。实验中发现,中重偶 – 偶原子核的最低激发态都高于 2 MeV,中子之间对相互作用给出中子能隙 $\Delta_n \sim 1$ MeV,质子之间对相互作用给出质子能隙 $\Delta_p \sim 1$ MeV。偶 – 偶原子核的最低激发态是打破一对中子或者打破一对质子,激发能都在 2 MeV 以上。

4.5　原子核的能级密度

4.5.1　能级密度函数和拉普拉斯变换

原子核的质量数为 A,能量为 $\mathscr{E}$ 的能级密度为

$$\rho(A,\mathscr{E}) = \sum_{N,i} \delta(A-N)\delta[\mathscr{E}-\mathscr{E}_i(N)] \tag{4.135}$$

式中, $\mathscr{E}_i(N)$ 是 N 粒子系统第 i 个量子态的能量。

在单粒子近似下,我们有

$$N = \sum_\nu [n(\nu)]_i$$
$$\mathscr{E}_i(N) = \sum_\nu [n(\nu)]_i \epsilon(\nu) \tag{4.136}$$

式中，$\epsilon(\nu)$ 是第 ν 个单粒子态的能量，我们约定 $\epsilon(\nu)>0$；$[n(\nu)]_i$ 是 N 粒子系统第 i 个量子态中第 ν 个单粒子态的占据数，由于全同费米子满足泡利不相容原理，有

$$n(\nu)=0 \ \text{或者} \ n(\nu)=1$$

能级密度的拉普拉斯变换为

$$Z(\gamma,\beta) = \iint \rho(A,\mathscr{E}) e^{\gamma A - \beta \mathscr{E}} dA d\mathscr{E} = \sum_{N,i} e^{\gamma N - \beta \mathscr{E}} = \sum_{N,i} e^{\gamma \sum_{\nu}[n(\nu)]_i - \beta \sum_{\nu} n[(\nu)]_i \epsilon(\nu)} \quad (4.137)$$

由此能够得到

$$Z(\gamma,\beta) = \prod_{\nu} \left[1 + e^{\gamma - \beta \epsilon(\nu)} \right] \quad (4.138)$$

在此乘积的每一个因子中由 $n(\nu)=0$ 给出，而指数项由 $n(\nu)=1$ 给出，所以

$$\ln Z(\gamma,\beta) = \sum_{\nu} \ln\left[1 + e^{\gamma - \beta \epsilon(\nu)} \right] = \int_0^{\infty} g(\epsilon) \ln(1 + e^{\gamma - \beta \epsilon}) d\epsilon \quad (4.139)$$

这里函数

$$g(\epsilon) = \sum_{\nu} \delta[\epsilon - \epsilon(\nu)] \quad (4.140)$$

是单粒子态的能级密度。

在式 (4.139) 中，当 $\epsilon > \dfrac{\gamma}{\beta}$ 时，对数因子趋近于零；当 $\epsilon < \dfrac{\gamma}{\beta}$ 时，对数因子趋近于 $(\gamma - \beta \epsilon)$，所以式 (4.139) 可以写为

$$\ln Z(\gamma,\beta) = \int_0^{\frac{\gamma}{\beta}} g(\epsilon)(\gamma - \beta \epsilon) d\epsilon + \int_0^{\frac{\gamma}{\beta}} g(\epsilon) \left[\ln(1 + e^{\gamma - \beta \epsilon}) - (\gamma - \beta \epsilon) \right] d\epsilon + \int_{\frac{\gamma}{\beta}}^{\infty} g(\epsilon) \ln(1 + e^{\gamma - \beta \epsilon}) d\epsilon$$

$$(4.141)$$

上式中的后两项可以表示为

$$T_2 = \int_0^{\frac{\gamma}{\beta}} g(\epsilon) \ln\left[(1 + e^{\gamma - \beta \epsilon}) e^{-\gamma + \beta \epsilon} \right] d\epsilon + \int_{\frac{\gamma}{\beta}}^{\infty} g(\epsilon) \ln(1 + e^{\gamma - \beta \epsilon}) d\epsilon$$

$$= \int_0^{\frac{\gamma}{\beta}} g(\epsilon) \ln\left[1 + e^{-(\gamma - \beta \epsilon)} \right] d\epsilon + \int_{\frac{\gamma}{\beta}}^{\infty} g(\epsilon) \ln(1 + e^{\gamma - \beta \epsilon}) d\epsilon$$

令 $x = \dfrac{\gamma}{\beta} - \epsilon$，则

$$\int_0^{\frac{\gamma}{\beta}} g(\epsilon) \ln\left[1 + e^{-(\gamma - \beta \epsilon)} \right] d\epsilon = \int_0^{\frac{\gamma}{\beta}} g\left(\frac{\gamma}{\beta} - x \right) \ln(1 + e^{-\beta x}) dx = \int_0^{\infty} g\left(\frac{\gamma}{\beta} - x \right) \ln(1 + e^{-\beta x}) dx$$

最后一步我们利用了条件：当 $\epsilon < 0$ 时，$g(\epsilon) = 0$。

令 $x = -\dfrac{\gamma}{\beta} + \epsilon$，则

$$\int_{\frac{\gamma}{\beta}}^{\infty} g(\epsilon) \ln(1 + e^{\gamma - \beta \epsilon}) d\epsilon = \int_0^{\infty} g\left(\frac{\gamma}{\beta} + x \right) \ln(1 + e^{-\beta x}) dx$$

由此得到

$$\int_0^{\frac{\gamma}{\beta}} g(\epsilon) \left[\ln(1 + e^{\gamma - \beta\epsilon}) - (\gamma - \beta\epsilon) \right] d\epsilon + \int_{\frac{\gamma}{\beta}}^{\infty} g(\epsilon) \ln(1 + e^{\gamma - \beta\epsilon}) d\epsilon$$

$$= \int_0^{\infty} \left[g\left(\frac{\gamma}{\beta} + x\right) + g\left(\frac{\gamma}{\beta} - x\right) \right] \ln(1 + e^{-\beta x}) dx \tag{4.142}$$

容易看出,式(4.144)被积函数中的对数函数只有在 $x = 0$ 附近 $\frac{1}{\beta}$ 的范围内对积分给出主要贡献,其他区域可以忽略。如果此能量区域比单粒子能级间隔大许多,则式中能级密度函数 g 可以用式(4.140)的平滑部分代替,假定平滑能级密度在 $x = 0$ 附近 $\frac{1}{\beta}$ 的范围内变化不大,则可以将函数 $g\left(\frac{\alpha}{\beta} + x\right) + g\left(\frac{\alpha}{\beta} - x\right)$ 在 $x = 0$ 处做泰勒展开,我们得到

$$\ln Z(\gamma, \beta) = \int_0^{\frac{\gamma}{\beta}} g(\epsilon)(\gamma - \beta\epsilon) d\epsilon + \int_0^{\infty} \left[2g\left(\frac{\gamma}{\beta}\right) + g''\left(\frac{\gamma}{\beta}\right) x^2 \right] \ln(1 + e^{-\beta x}) dx \tag{4.143}$$

为计算式(4.143)中的第二项,可利用对数函数的展开公式

$$\ln(1 + y) = \sum_{m=1}^{\infty} (-1)^{m-1} \frac{y^m}{m}$$

令 n 是偶数,并记

$$I_n = \int_0^{\infty} x^n \ln(1 + e^{-x}) dx$$

则有

$$I_n = \int_0^{\infty} x^n \left[\sum_{m=1}^{\infty} (-1)^{m+1} \frac{e^{-mx}}{m} \right] dx = n! \sum_{m=1}^{\infty} \frac{(-1)^{m+1}}{m^{n+2}}$$

$$= n! \left(1 - \frac{1}{2^{n+1}}\right) \sum_{m=1}^{\infty} \frac{1}{m^{n+2}} = n! \left(1 - \frac{1}{2^{n+1}}\right) \zeta(n+2)$$

这里 $\zeta(x)$ 是黎曼函数。对于偶数 n,此函数可以用伯努利数表示,最终有

$$I_n = \frac{2^{n+1} - 1}{(n+1)(n+2)} n^{n+2} \mid B_{n+2} \mid \tag{4.144}$$

$B_2 = \frac{1}{6}, B_4 = -\frac{1}{30}, B_6 = \frac{1}{42}, \cdots$

借助上面公式可以得到

$$\ln Z(\gamma, \beta) = \int_0^{\frac{\gamma}{\beta}} g(\epsilon)(\gamma - \beta\epsilon) d\epsilon + \frac{\pi^2}{6\beta} g\left(\frac{\gamma}{\beta}\right) + \frac{7\pi^4}{360\beta^3} g''\left(\frac{\gamma}{\beta}\right) \tag{4.145}$$

式中,g'' 表示函数 g 的二阶导数。

4.5.2 拉普拉斯反变换

我们已经得到了 $Z(\gamma, \beta)$ 的近似表达式,为了得到原子核能级密度的公式,可以对 $Z(\gamma, \beta)$

做拉普拉斯反变换

$$\rho(A,\mathscr{E}) = \left(\frac{1}{2\pi i}\right)^2 \int_{-i\infty}^{i\infty}\int_{-i\infty}^{i\infty} Z(\gamma,\beta)\, e^{-\gamma A+\beta\mathscr{E}}\,d\gamma d\beta$$

我们采用鞍点近似方法来估算此积分,因为被积函数离开鞍点时随 γ 和 β 迅速变化。被积函数的鞍点(γ_0,β_0)由如下方程决定

$$\left.\begin{array}{l}\dfrac{\partial\ln Z(\gamma,\beta)}{\partial\gamma} - A = 0\\[3mm]\dfrac{\partial\ln Z(\gamma,\beta)}{\partial\beta} - \mathscr{E} = 0\end{array}\right\} \tag{4.146}$$

在满足条件式(4.146)的鞍点(γ_0,β_0)附近将被积函数展开到二阶,则我们得到能级密度的表达式

$$\rho(A,\mathscr{E}) = \frac{Z(\gamma_0,\beta_0)\, e^{\gamma_0 A - \beta_0\mathscr{E}}}{2\pi|\boldsymbol{D}|^{\frac{1}{2}}} \tag{4.147}$$

这里

$$\boldsymbol{D} = \left[\begin{array}{cc}\dfrac{\partial^2\ln Z(\gamma,\beta)}{\partial\gamma^2} & \dfrac{\partial^2\ln Z(\gamma,\beta)}{\partial\gamma\partial\beta}\\[4mm]\dfrac{\partial^2\ln Z(\gamma,\beta)}{\partial\beta\partial\gamma} & \dfrac{\partial^2\ln Z(\gamma,\beta)}{\partial\beta^2}\end{array}\right]_{(\gamma=\gamma_0,\beta=\beta_0)}$$

而$|\boldsymbol{D}|$是二阶矩阵 $\boldsymbol{D}$ 的行列式。

由式(4.146)可知,在稳定点(γ_0,β_0)有

$$A = \int_0^{\frac{\gamma_0}{\beta_0}} g(\epsilon)\,d\epsilon$$

$$\mathscr{E} = \int_0^{\frac{\gamma_0}{\beta_0}} \epsilon g(\epsilon)\,d\epsilon + \frac{\pi^2}{6\beta_0^2}g\left(\frac{\gamma_0}{\beta_0}\right)$$

对于原子核的基态,我们有

$$A = \int_0^{\epsilon_f} g(\epsilon)\,d\epsilon$$

$$\mathscr{E}_0 = \int_0^{\epsilon_f} \epsilon g(\epsilon)\,d\epsilon$$

由此可知原子核的费米能

$$\epsilon_f = \left(\frac{\gamma}{\beta}\right)_0$$

原子核的激发能

$$E = \mathscr{E} - \mathscr{E}_0 = \frac{\pi^2}{6\beta_0^2}g\frac{\gamma_0}{\beta_0}$$

借助质量数 A 和激发能 E,原子核的能级密度可以表示为

$$\rho(A,E) = \frac{1}{\sqrt{48}}\frac{1}{E}\exp\left\{2\left[\frac{\pi^2}{6}g(\epsilon_f)E\right]^{\frac{1}{2}}\right\} \tag{4.148}$$

在导出此能级密度公式时我们假定满足下列条件。

（1）在计算积分时，用平滑函数代替能级密度 $g(\epsilon) = \sum\limits_{\nu} \delta(\epsilon - \epsilon_\nu)$，容易看出，如果满足条件

$$\beta_0^{-1} g(\epsilon_f) \gg 1 \qquad (4.149)$$

或者等价地

$$g(\epsilon_f) E \gg 1$$

则可用这种平滑函数代替。此条件简单地反映了如下事实：平均能级密度只有在原子核的激发能 E 比第一激发态的能量 g^{-1} 大许多的情况下才有意义。

（2）忽略掉与 g 的导数有关的项。由式（4.147）可以看出，当

$$\frac{[g''(\epsilon_f)]^2 E^2}{[g(\epsilon_f)]^3} \ll 1 \qquad (4.150)$$

时，此项可以忽略。

对于费米气体，这一条件成为

$$E \ll \epsilon_f A^{\frac{2}{3}} \qquad (4.151)$$

（3）在做拉普拉斯反变换时采用鞍点近似。我们可以估算在鞍点展开的高阶项给出鞍点近似的适用条件。能够证明，此种近似要求满足的条件与式（4.151）相同。

4.5.3　单粒子态的平均占据数

单粒子态的平均占据数

$$f(\nu) = \langle n(\nu) \rangle \qquad (4.152)$$

这里取的平均是在态 ν 附近的小的能量区间中的平均。

因为能级密度与 $Z(\gamma_0, \beta_0)$ 成正比，又因为 Z 是每个单粒子态贡献的乘积，所以指定态 ν 不被占据的能级密度可表示为

$$\rho[A, \mathscr{E}, n(\nu) = 0] = \rho(A, \mathscr{E})[1 + e^{\gamma_0 - \beta_0 \epsilon(\nu)}]^{-1} \qquad (4.153)$$

式中，$\rho(A, \mathscr{E})$ 是与全部单粒子态相关的能级密度。

对于费米子系统，一个单粒子态上最多只能有一个粒子，即 $n(\nu) = 0$ 或者 $n(\nu) = 1$，所以单粒子态 ν 的占据数

$$f(\nu) = \frac{\rho[A, \mathscr{E}, n(\nu) = 1]}{\rho(\Lambda, \mathscr{E})} = \left(1 + \exp\{\beta_0[\epsilon(\nu) - \epsilon_f]\}\right)^{-1} \qquad (4.154)$$

当激发能 E 趋近于 0，即 β_0 趋向于无穷大时，$f(\nu)$ 趋向于原子核处于基态时的分布：

$$\epsilon(\nu) > \epsilon_f, f(\nu) = 0$$
$$\epsilon(\nu) < \epsilon_f, f(\nu) = 1$$

在得到式（4.153）和式（4.154）时，要求态 ν 是否被占据不影响 (γ_0, β_0) 的值。如果有许多粒子从基态被激发到激发态，则此要求就能得到满足。这再一次要求满足条件

$$\beta_0^{-1} g(\epsilon_f) \gg 1$$

4.5.4 准粒子态的平均占据数

有时借助占据数相当于原子核基态的改变来讨论原子核激发态的结构是方便的。$\epsilon > \epsilon_f$ 的态借助粒子态的量子数表征,$\epsilon < \epsilon_f$ 的态借助空穴态的量子数表征,它们统称为准粒子态。准粒子的平均占据数为

$$\hat{f}(\nu) = \begin{cases} f(\nu), \epsilon > \epsilon_f \\ 1 - f(\nu), \epsilon < \epsilon_f \end{cases} \tag{4.155}$$

借助式(4.154),我们有

$$\hat{f}(\nu) = \{1 + \exp[\beta_0 \hat{\epsilon}(\nu)]\}^{-1} \tag{4.156}$$

式中,$\hat{\epsilon}(\nu)$ 为准粒子量,且

$$\hat{\epsilon}(\nu) = |\epsilon(\nu) - \epsilon_f| \tag{4.157}$$

能够借助准粒子激发来计算原子核的能级密度。在这种准粒子图像下,考虑密度函数

$$\hat{\rho}(E) = \sum_i \delta(E - E_i) \tag{4.158}$$

其中

$$E_i = \sum_i [n_q(\nu)]_i \hat{\epsilon}(\nu) \tag{4.159}$$

式中,$[n_q(\nu)]_i$ 是准粒子图像下第 i 个激发态准粒子态 ν 的占据数。

密度函数的拉普拉斯变换

$$\hat{Z}(\beta) = \prod_\nu [1 + e^{-\beta \hat{\epsilon}(\nu)}] \tag{4.160}$$

$$\ln \hat{Z}(\beta) = \sum_\nu \ln[1 + e^{-\beta \hat{\epsilon}(\nu)}] = \frac{\pi^2}{6} g_0 \beta^{-1} + \cdots \tag{4.161}$$

式中,$g_0 \equiv g(\epsilon_f)$。

对 $\hat{Z}(\beta)$ 做拉普拉斯反变换,我们得到原子核的能级密度 $\hat{\rho}$ 对于激发能 E 有正确的指数依赖关系,但与正确的能级密度公式(4.148)相比大出因子 $(24 g_0 E)^{\frac{1}{4}}$。其原因在于准粒子图像破坏粒子数守恒,因而计算能级密度时出现伪态。

为了讨论破坏粒子数守恒对能级密度的影响,记粒子态数目为 $n(p)$,空穴态数目为 $n(h)$,则粒子数守恒要求条件

$$\langle n(p) - n(h) \rangle = \sum_{\epsilon_\nu > \epsilon_f} [1 + e^{\beta_0 \hat{\epsilon}(\nu)}] - \sum_{\epsilon_\nu < \epsilon_f} [1 + e^{\beta_0 \hat{\epsilon}(\nu)}] = 0 \tag{4.162}$$

式中,$\langle \rangle$ 表示系综平均。

$$\langle [n(p) - n(h)]^2 \rangle = \sum_\nu [\langle n_q^2(\nu) \rangle - \langle n_q(\nu) \rangle^2]$$

$$= \frac{e^{\beta_0 \hat{\epsilon}(\nu)}}{[1 + e^{\beta_0 \hat{\epsilon}(\nu)}]^2} = 2 \int_0^\infty g_0 d\hat{\epsilon} \frac{e^{\beta_0 \hat{\epsilon}}}{(1 + e^{\beta_0 \hat{\epsilon}})^2} = g_0 \beta_0^{-1} \tag{4.163}$$

在系综中 $\Delta = n(p) - n(h)$ 的分布式高斯函数,可以得到

$$P(\Delta) = \left(2\pi g_0\beta_0^{-1}\right)^{-\frac{1}{2}} e^{-\frac{\Delta^2}{2g_0\beta_0^{-1}}} \tag{4.164}$$

借助公式 $E = \dfrac{\pi^2}{6\beta_0^2}g_0$，我们有

$$P(0) = \left(2\pi g_0\beta_0^{-1}\right)^{-\frac{1}{2}} = \left(24g_0E\right)^{-\frac{1}{4}} \tag{4.165}$$

4.5.5　能级密度计算的统计力学解释

上面关于原子核能级密度的计算没有任何地方用到热力学的概念。但是我们应当强调，计算能级密度的全部方法是由统计力学借鉴来的，这里采用的函数 $Z(\gamma,\beta)$ 可以直接借助统计力学的巨正则系综给予简单解释。在这样的一个系综中，发现 N 核子原子核处于总能量为 $\mathscr{E}_i(N)$ 的量子态的概率正比于 $e^{\gamma N-\beta\mathscr{E}_i N}$，参数 γ 和 β 用于指定原子核的平均粒子数 A 和平均总能量 $\mathscr{E}$，确定 γ_0,β_0 的方程(4.146)可以直接解释为粒子数和能量的系综平均：

$$\left.\begin{array}{l}\langle\!\langle N\rangle\!\rangle = A \\ \langle\!\langle \mathscr{E}_i(N)\rangle\!\rangle = \mathscr{E}\end{array}\right\} \tag{4.166}$$

式中，$\langle\!\langle\ \rangle\!\rangle$ 表示取系综平均。函数 $Z(\gamma,\beta)$ 称为系综的配分函数，Z^{-1} 可被认定为概率的归一化常数。

在巨正则系综中，粒子数和能量的分布在它们的平均值附近有尖锐的峰，所以在此区域可用高斯分布近似。高斯分布的宽度由出现在式(4.147)中的微分确定。因为在 $\mathscr{E}-A$ 平面上每单位面积的概率等于单个态的概率乘以能级密度，而能级密度等于单个态概率的倒数 ($=Ze^{-\gamma_0A+\beta_0\mathscr{E}}$) $\mathscr{E}-A$ 平面上包含系综的绝大部分态的有效面积。进行这种计算，我们严格得到式(4.147)。

$\left(\dfrac{\gamma}{\beta}\right)_0$ 称为化学势 (对于费米气体它等于 ϵ_f)，而 β_0^{-1} 被解释为温度。能级密度公式(4.147)的指数度量统计权重的对数，是系统的熵。它满足关系式

$$dS = \beta_0 d\mathscr{E} \tag{4.167}$$

借助关系式(4.146)，则有

$$d\ln Z(\gamma_0,\beta_0) = \frac{\partial\ln Z}{\partial\gamma_0}d\gamma_0 + \frac{\partial\ln Z}{\partial\beta_0}d\beta_0 = Ad\gamma_0 - \mathscr{E}d\beta_0 \tag{4.168}$$

对式(4.167)从零温度积分，则在 A 固定的情况下我们得到原子核的熵

$$S = -\gamma_0A + \beta_0\mathscr{E} + \ln Z(\gamma_0,\beta_0) \tag{4.169}$$

4.5.6　指定附加量子数的能级密度

有附加量子数能级密度的最简单例子是，原子核由中子和质子两种核子组成。类似于对只包含一种粒子的系综的讨论，我们可以得到系综的巨配分函数

$$Z(\gamma_n,\gamma_p,\beta) = \sum_{N_n,N_p,i}\exp\left[\gamma_nN_n + \gamma_pN_p - \beta\mathscr{E}_i(N_n,N_p)\right] \tag{4.170}$$

式中，$\mathscr{E}_i(N_n,N_p)$ 是中子数为 N_n、质子数为 N_p 的原子核的第 i 个激发态的能量。

$$N_n = \sum_{\nu_n} \left[n(\nu_n) \right]_i$$

$$N_p = \sum_{\nu_p} \left[n(\nu_p) \right]_i$$

$$\mathscr{E}_i(N_n, N_p) = \sum_{\nu_n} n[(\nu_n)]_i \epsilon_n(\nu_n) + \sum_{\nu_p} n[(\nu_p)]_i \epsilon_p(\nu_p) \qquad (4.171)$$

重复从式(4.138)到式(4.145)的推导可以得到

$$\ln Z(\gamma_n, \gamma_p, \beta) = \int_0^{\frac{\gamma_n}{\beta}} g_n(\epsilon)(\gamma_n - \beta\epsilon)\mathrm{d}\epsilon + \frac{\pi^2}{6\beta} g_n\left(\frac{\gamma_n}{\beta}\right) +$$

$$\int_0^{\frac{\gamma_p}{\beta}} g_p(\epsilon)(\gamma_p - \beta\epsilon)\mathrm{d}\epsilon + \frac{\pi^2}{6\beta} g_p\left(\frac{\gamma_p}{\beta}\right) \qquad (4.172)$$

式中,g_n 和 g_p 分别是中子和质子的单粒子能级密度。

$$\left.\begin{array}{l} \gamma_n = \beta_0 \epsilon_f^n \\ \gamma_p = \beta_0 \epsilon_f^p \\ E = \dfrac{\pi^2}{6\beta^2} g_0 \end{array}\right\} \qquad (4.173)$$

式中

$$g_0 = g_n(\epsilon_f^n) + g_p(\epsilon_f^p) \qquad (4.174)$$

拉普拉斯反变换包含 3 个变数的积分,代替一种粒子时出现在能级密度中的 2×2 的行列式现在成为 3×3 的行列式,则中子数 N_n、质子数 N_p 给定时原子核的能级密度为

$$\rho(N_n, N_p, E) = \frac{6^{\frac{1}{4}}}{12 g_0} \left[\frac{g_0^2}{4} g_n(\epsilon_f^n) g_p(\epsilon_f^p) \right]^{\frac{1}{2}} (g_0 E)^{-\frac{3}{4}} \exp\left\{ \left[2\left(\frac{\pi^2}{6} g_0 E \right)^{\frac{1}{2}} \right] \right\} \qquad (4.175)$$

通常我们更感兴趣的是原子核的角动量有确定值的能级密度。下面将看到,最方便的方法是首先计算角动量在 z 轴上的投影 $I_z = M$ 为确定值的能级密度,其中 M 是单粒子态角动量 m 之和。假定原子核的量子化轴(z 轴)是对称轴,且只有一种核子,则单粒子态 ν 可以用本征值能量 $\epsilon(\nu)$ 和单粒子角动量在 z 轴上的投影 $m(\nu)$ 标记。则巨配分函数

$$Z(\gamma, \beta, \delta) = \sum_{N,i,M} \exp\left[\gamma N - \beta \mathscr{E}_i(N, M) - \delta M \right] \qquad (4.176)$$

式中,$\mathscr{E}_i(N, M)$ 是核子数为 N 的原子核的角动量在 z 轴上的投影为 M 的第 i 个激发态的能量。在单粒子模型近似下满足如下条件:

$$\left.\begin{array}{l} N = \sum_{\nu} \left[n(\nu) \right]_i \\ M = \sum_{\nu} \left[n(\nu) \right]_i m(\nu) \\ \mathscr{E}_i(N, M) = \sum_{\nu} n[(\nu)]_i \epsilon(\nu) \end{array}\right\} \qquad (4.177)$$

式中,$\epsilon(\nu)$ 是单粒子量子态 (ν) 的能量;$m(\nu)$ 是单粒子量子态 (ν) 的角动量在 z 轴上的投影。我们约定 $\epsilon(\nu) > 0$,$[n(\nu)]_i$ 是 N 粒子系统第 i 个量子态中单粒子态 (ν) 的占据数。

由于费米子满足泡利不相容原理,我们有 $n(\nu) = 0$ 或者 $n(\nu) = 1$,由此可得

$$Z(\gamma,\beta,\delta) = \sum_{N,M,i} \mathrm{e}^{\sum_{\nu} |\gamma[n(\nu)]_i - \delta n[(\nu)]_i m(\nu) - \beta n[(\nu)]_i \epsilon(\nu)|} \tag{4.178}$$

上式中指数上对 ν 求和并要求满足条件式(4.179)。如果我们去掉指数前面的对 N,M,i 的求和，则对 ν 求和将没有限制，所以

$$Z(\gamma,\beta,\delta) = \mathrm{e}^{\sum_{\nu}[\gamma(n\nu) - \delta\nu(\nu)m(\nu) - \beta n(\nu)\epsilon(\nu)]} = \prod_{\nu}[1 + \mathrm{e}^{\gamma - \delta m(\nu) - \beta\epsilon(\nu)}] \tag{4.179}$$

$$\ln Z(\gamma,\beta,\delta) = \sum_{\nu} \ln[1 + \mathrm{e}^{\gamma - \delta m(\nu) - \beta\epsilon(\beta\nu)}] = \int_{(\gamma - \delta m - \beta\epsilon) > 0} g(\epsilon,m)\ln(1 + \mathrm{e}^{\gamma - \delta m - \beta\epsilon})\mathrm{d}\epsilon\mathrm{d}m \tag{4.180}$$

式中

$$g(\epsilon,m) = \sum_{\nu} \delta[\epsilon - \epsilon(\nu)]\delta[m - m(\nu)] \tag{4.181}$$

借助式(4.139)至式(4.145)的全类似推导可以得到

$$\ln Z(\gamma,\beta,\delta) = \int_{(\gamma - \delta m - \beta\epsilon) > 0} g(\epsilon,m)(\gamma - \delta m - \beta\epsilon)\mathrm{d}\epsilon\mathrm{d}m +$$
$$\frac{\pi^2}{6\beta}\int g(\epsilon,m)\delta(\gamma - \delta m - \beta\epsilon)\mathrm{d}\epsilon\mathrm{d}m + \cdots \tag{4.182}$$

下面我们将会发现，除了特别大的 M 值以外，δ 的值是很小的，所以我们可以将式(4.182)保留到 δ 的平方项，有

$$\ln z(\gamma,\beta,\delta) = \int_0^{\frac{\gamma}{\beta}} g(\epsilon)(\gamma - \beta\epsilon)\mathrm{d}\epsilon + \frac{\delta^2}{2\beta}g\left(\frac{\gamma}{\beta}\right)\langle m^2 \rangle + \frac{\pi^2}{6\beta}g\left(\frac{\gamma}{\beta}\right) \tag{4.183}$$

这里单粒子能级密度为

$$g(\epsilon) = \int_{-\infty}^{\infty} g(\epsilon,m)\mathrm{d}m \tag{4.184}$$

而平方项

$$g\left(\epsilon = \frac{\gamma}{\beta}\right)\langle m^2 \rangle = \int_{-\infty}^{\infty} g\left(\frac{\gamma}{\beta},m\right)m^2\mathrm{d}m \tag{4.185}$$

这里我们利用了关系式 $\langle m \rangle = 0$，显然，由于单粒子势的轴对称性和时间反演不变性，$+m$ 和 $-m$ 的贡献彼此抵消。

参数 γ,β,δ 由下列方程确定：

$$\left.\begin{aligned}
\frac{\partial\ln z(\gamma,\beta,\delta)}{\partial\gamma} - N &= 0 \\
\frac{\partial\ln z(\gamma,\beta,\delta)}{\partial\delta} - M &= 0 \\
\frac{\partial\ln z(\gamma,\beta,\delta)}{\partial\beta} + \mathscr{E} &= 0
\end{aligned}\right\} \tag{4.186}$$

利用表达式(4.183)并略掉函数 g 的导数项，我们得到

$$N = \int_0^{\left(\frac{\gamma}{\beta}\right)_0} g(\epsilon)\,d\epsilon$$

$$M = -\frac{\gamma_0}{\beta_0} g\left(\frac{\gamma_0}{\beta_0}\right)\langle m^2 \rangle$$

(4.187)

$$\mathscr{E} = \int_0^{\left(\frac{\gamma}{\beta}\right)_0} g(\epsilon)\epsilon\,d\epsilon + \frac{\pi^2}{6\beta_0^2} g\left(\frac{\gamma_0}{\beta_0}\right) + \frac{1}{2}\left(\frac{\gamma_0}{\beta_0}\right)^2 g\left(\frac{\gamma_0}{\beta_0}\right)\langle m^2 \rangle$$

借助费米能的定义我们有

$$\gamma_0 = \epsilon_f \beta_0$$

$$\frac{\pi^2}{6\beta_0^2} g(\epsilon_f) = E - \frac{M^2}{2g(\epsilon_f)\langle m^2 \rangle}$$

(4.188)

$$\epsilon_f g(\epsilon_f)\langle m^2 \rangle = -M$$

最终可以得到能级密度公式

$$\rho(N,E,M) = \frac{6^{\frac{1}{4}}}{24}\left(\frac{g_0^2}{\langle m^2 \rangle}\right)^{\frac{1}{2}}\left(g_0 E - \frac{M^2}{2\langle m^2 \rangle}\right)^{-\frac{5}{4}} \exp\left\{2\left[\frac{\pi^2}{6}\left(g_0 E - \frac{M^2}{2\langle m^2 \rangle}\right)\right]^{\frac{1}{2}}\right\}$$ (4.189)

式中,$g_0 = g(\epsilon_f)$。

在得到能级密度公式(4.189)时,我们所做的唯一的近似是将式(4.182)按照 δ 进行展开,$\ln Z$ 中所略去的项的量级为 $\left(\frac{\gamma m}{\beta}\right)^4 \beta \frac{\partial^2 g(\epsilon)}{\partial \epsilon^2}$ 的项,借助式(4.188),此条件可以表示为

$$\left(\frac{\hbar^2 M^2}{2\mathscr{I}_{rig}}\right)^2 \frac{1}{\epsilon_f^2}\left(\frac{\epsilon_f}{AE}\right)^{\frac{1}{2}} < 1$$ (4.190)

如果 $\frac{\hbar^2 M^2}{2\mathscr{I}_{rig}} \leqslant E$,总能满足上式。

系统准粒子占有数

$$\hat{f}(\nu) = \left[1 + e^{\beta\epsilon(\nu) + \delta m(\nu)}\right]^{-1}$$ (4.191)

$$\hat{f}(\nu) = \left[1 + e^{\beta\epsilon(\nu)}\right]^{-1} - \delta m(\nu)\frac{e^{\beta\epsilon(\nu)}}{\left[1 + e^{\beta\epsilon(\nu)}\right]^2} + \frac{1}{2}\left[\delta m(\nu)\right]^2 \frac{e^{\beta\epsilon(\nu)}\left[e^{\beta\epsilon(\nu)} - 1\right]}{\left[1 + e^{\beta\epsilon(\nu)}\right]^3} + \cdots$$

(4.192)

由此可以得到

$$M = \sum_\nu \hat{f}(\nu)m(\nu) = -\delta_0 \sum_\nu m^2(\nu)\frac{e^{\beta_0\epsilon(\nu)}}{\left[1 + e^{\beta_0\epsilon(\nu)}\right]^2} = -\gamma_0\langle m^2 \rangle g_0 \beta_0^{-1}$$ (4.193)

平均激发能

$$E = \mathscr{E} - \mathscr{E}_0 = \sum_\nu \hat{f}(\nu)\epsilon(\nu) = g_0\frac{\pi^0}{6\beta_0^2} + \frac{1}{2}\delta_0^2\langle m^2 \rangle g_0 \beta_0^{-2}$$ (4.194)

式(4.193)和式(4.194)与我们上面得到的结果(见式(4.187))相同。

下面用半经典的方法讨论 $\langle m^2 \rangle$ 的计算。

在半经典近似下相空间中单粒子态的能级密度

$$g(\boldsymbol{p},\boldsymbol{r}) = 2\left(\frac{1}{2\pi\hbar}\right)^3 \tag{4.195}$$

$$g_0\langle m^2\rangle = \int g(\boldsymbol{p},\boldsymbol{r})\delta\left[\frac{p^2}{2M_\text{n}} - \frac{p_\text{f}^2(r)}{2M_\text{n}}\right]\frac{1}{\hbar^2}(xp_y - yp_x)^2\,\mathrm{d}^3p\,\mathrm{d}^3r \tag{4.196}$$

式中，$p_\text{f}(r) = \hbar[3\pi^2\rho(r)]^{\frac{1}{3}}$，是 r 处的费米动量；M_n 是核子质量。$m(\boldsymbol{p},\boldsymbol{r}) = \dfrac{1}{\hbar}(xp_y - yp_x)$ 是单粒子角动量在 z 轴上投影的半经典表达式。

$$g_0\langle m^2\rangle = \frac{2}{(2\pi\hbar)^3}\int[p_\text{f}(r)]^3(x^2 + y^2)\,\mathrm{d}^3r \tag{4.197}$$

$$g_0\langle m^2\rangle = \frac{M_\text{n}}{\hbar^2}\int\rho(r)(x^2 + y^2)\,\mathrm{d}^3r = \mathscr{I}_\text{rig}\hbar^{-2} \tag{4.198}$$

容易看出，$\mathscr{I}_\text{rig}$ 是刚体转动惯量。

给定总角动量 I 的态密度

$$\rho(E,I) = \rho(E,M = I) - \rho(E,M = I + 1)$$

$$\approx -\left[\frac{\partial\rho(E,M)}{\partial M}\right]_{M = I+\frac{1}{2}}$$

$$\approx \frac{\pi}{48}6^{-\frac{1}{4}}(2I + 1)g_0\left(\frac{g_0\hbar^2}{\mathscr{I}_\text{rig}}\right)^{\frac{3}{2}}\left\{g_0\left[E - \frac{I(I + 1)\hbar^2}{2\mathscr{I}_\text{rig}}\right]\right\}^{-\frac{7}{4}} \times$$

$$\exp\left(2\left\{\frac{\pi^2}{6}g_0\left[E - \frac{I(I + 1)\hbar^2}{2\mathscr{I}_\text{rig}}\right]\right\}\right) \tag{4.199}$$

在对 M 进行微分时，我们略去了指数前面的表达式对于 M 的依赖关系。

为了便于推导，这里我们假定原子核只由一种粒子组成。考虑原子核由质子和中子组成 $\left(\text{假定 } N = Z = \dfrac{A}{2}\right)$，推导完全类似。最终可以得到总角动量为 I，宇称为 π 的态密度为

$$\rho(A,E,I\pi) = \frac{2I + 1}{24}\left(\frac{\pi^2}{6}g_0\right)^{\frac{1}{2}}\left(\frac{\hbar^2}{2\mathscr{I}_\text{rig}}\right)^{\frac{3}{2}}\left[E - \frac{I(I + 1)\hbar^2}{2\mathscr{I}_\text{rig}}\right]^{-2} \times$$

$$\exp\left(2\left\{\frac{\pi^2}{6}g_0\left[E - \frac{I(I + 1)\hbar^2}{2\mathscr{I}_\text{rig}}\right]\right\}^{\frac{1}{2}}\right) \tag{4.200}$$

第5章 经典统计

5.1 经典统计的配分函数

这里所讨论的经典统计是以量子力学为基础的,即认为全同粒子是不可区分的,只不过在特定的物理条件下,即粒子的热波长 λ 远小于粒子的间距 $d(\lambda \ll d)$,且在热波长的范围内,势能的变化可以忽略时对问题进行特殊处理。所以这里所谓的经典统计与玻尔兹曼的经典统计是不同的。

设有 N 个粒子的系统,其中势能 u 只与粒子间的距离有关,则系统的哈密顿量可以写为

$$H_N = \sum_{i=1}^{N} \frac{\boldsymbol{p}_i^2}{2m} + \sum_{i<j} u_{ij} = \sum_{i=1}^{N} \frac{\boldsymbol{p}_i^2}{2m} + \mathscr{V} \tag{5.1}$$

假定满足以下条件:

(1) $\lambda = \hbar \sqrt{\dfrac{2\pi}{mkT}} \ll d = \dfrac{1}{\rho^{\frac{1}{3}}}$。

(2)势能 u 在热波长的范围内变化不大

$$u_{ij} \sim \frac{1}{r_{ij}^n}, n > 3$$

一般情况下,条件(2)是满足的。例如对于分子 $n = 6$,

$$\frac{\delta u}{u} \sim \frac{n \delta r_{ij}}{r_{ij}}$$

$$\delta r_{ij} \sim \lambda, r_{ij} \sim d$$

$$\frac{\delta u}{u} \sim \frac{n\lambda}{d}$$

对于 ^{4}He 玻色子系统,在一个大气压,$T = 300$ K 下

$$m = m_{\text{He-4}} = 6.6 \times 10^{-24} \text{g}$$

数密度为

$$\rho = 2.5 \times 10^{19} / \text{cm}^3$$

得到

$$d = \frac{1}{(2.5 \times 10^{19})^{\frac{1}{3}}} \text{cm} \approx \frac{1}{3 \times 10^6} \text{cm} \approx 33 \text{ Å}[①]$$

---

① $1 \text{Å} = 10^{-10} \text{m}$。

$$\lambda = \hbar \sqrt{\frac{2\pi}{mkT}} = \hbar c \sqrt{\frac{2\pi}{mc^2 kT}} \approx 0.13 \text{ Å}$$

所以条件(1)满足。

将容器 V 分割成体积 $\tau = \ell^3$ 的 M 个立方体小格子,令其满足条件 $\lambda \ll \ell \ll d$。将这 M 个立方体小格子编号 $\alpha(\alpha = 1, 2, \cdots, M)$,小格子中心的空间坐标记为 $\boldsymbol{r}$。

将系统的 N 个全同粒子放入这 M 个小格子中,用 $j(j = 1, 2, \cdots, N)$ 标记粒子的编号。假定每个小格子中最多不超过一个粒子,这正是高温低密度的情况。整个系统的波函数可以表示为

$$\Psi_{\text{sys}} = \sum_{\mathscr{P}} (\pm 1)^{\mathscr{P}} \mathscr{P} \prod_{j=1}^{N} \psi_{\alpha_j, k_j}(\boldsymbol{r}_j) \tag{5.2}$$

式中

$$\mathscr{P} = \begin{pmatrix} 1 & 2 & 3 & \cdots & N \\ \mathscr{P}_1 & \mathscr{P}_2 & \mathscr{P}_3 & \cdots & \mathscr{P}_N \end{pmatrix} \tag{5.3}$$

表示 N 个粒子的排列;k_j 表示第 j 个粒子的波矢量;$\psi_{\alpha_j, k_j}(\boldsymbol{r}_j)$ 表示单粒子波函数。公式中玻色子取正号,费米子取负号。

考虑到边界条件,归一化单粒子波函数可以表示为

$$\psi_{\alpha_j, k_j}(\boldsymbol{r}_j) = \begin{cases} \dfrac{1}{\sqrt{\tau}} e^{ik_j(\boldsymbol{r}_j - \boldsymbol{r}_\alpha)} & \boldsymbol{r}_j \text{ 位于 } \alpha \text{ 内} \\ 0 & \boldsymbol{r}_j \text{ 位于 } \alpha \text{ 外} \end{cases} \tag{5.4}$$

当 α_j 跑遍所有的小格,其波函数是完备的。因为 $\psi_{\alpha_j, k_j}(\boldsymbol{r}_j)$ 在小格内是归一化的,所以 Ψ_{sys} 也是归一化的,因而粒子的波函数构成希尔伯特空间的完备基矢。

容易看出,在波矢量 $\boldsymbol{k}_i$ 到 $(\boldsymbol{k}_i + \text{d}\boldsymbol{k}_i)$ 间的态数为

$$\frac{\tau^N}{(2\pi)^{3N}} \prod_{i=1}^{N} \text{d}^3 k_i \tag{5.5}$$

对于每一个态,可以认为哈密顿量

$$H_N = \sum_{i=1}^{N} \frac{\boldsymbol{p}_i^2}{2m} + \mathscr{V}$$

是对角的,因为

$$\int \psi_{\alpha_j, k_i}^+(\boldsymbol{r}_i) \frac{\boldsymbol{p}_i^2}{2m} \psi_{\alpha_i, k_i}(\boldsymbol{r}_i) \text{d}^3 \boldsymbol{r}_i = \frac{\hbar^2 k_i^2}{2m}$$

另外,因为 $\mathscr{V}$ 在一个小格内的变化很小,所以我们可以假定 H_N 中的 $\mathscr{V}$ 是常数,即 H_N 是对角的。

由于系统的 N 个粒子是全同的,在量子力学的范围内它们是不可区分的,因此粒子交换并不给出新的态。当 α_j 跑遍整个空间时,积分重复了 $N!$ 次,可以得到

$$\tau^N \to \frac{1}{N!} \prod_{i=1}^{N} \text{d}^3 r_i$$

由此得到配分函数

$$Q_N = \frac{1}{N!} \int \frac{\prod_{i=1}^{N} \text{d}^3 r_i \text{d}^3 p_i}{\hbar^{3N}(2\pi)^{3N}} e^{-\frac{H_N}{kT}} = \frac{1}{N!} \int \frac{\prod_{i=1}^{N} \text{d}^3 r_i \text{d}^3 p_i}{\hbar^{3N}(2\pi)^{3N}} e^{-\frac{\boldsymbol{p}_i^2}{2mkT}} e^{-\frac{\mathscr{V}}{kT}} \tag{5.6}$$

借助关系式

$$\frac{1}{\lambda^3} = \frac{1}{(2\pi)^3 \hbar^3} \int \mathrm{d}^3 p_i \mathrm{e}^{-\frac{p_i^2}{2mkT}}$$

则可得到

$$Q_N = \frac{1}{N!} \frac{1}{\lambda^{3N}} \int \prod_{i=1}^{N} \mathrm{d}^3 r_i \mathrm{e}^{-\frac{\mathscr{V}}{kT}} = \mathrm{e}^{-\frac{F}{kT}} \tag{5.7}$$

式中，$F = -kT\ln Q_N$，是亥姆霍兹自由能。

定义

$$Q_V(N) = \int \prod_{i=1}^{N} \mathrm{d}^3 r_i \mathrm{e}^{-\frac{\mathscr{V}}{kT}}$$

则巨配分函数

$$\mathscr{D} = \sum_{N=0}^{\infty} \frac{y^N}{N!} Q_V(N) \tag{5.8}$$

式中，$y = \frac{z}{\lambda^3}$，称为经典易逸度，其中 $z = \mathrm{e}^{\frac{\mu}{kT}}$。

当粒子有内部自由度时，例如原子的转动、振动和电子激发，记粒子的这种内禀自由度的能量为 u，它只与该粒子有关，与其他粒子无关。包含粒子的内禀自由度时，系统的哈密顿量可以表示为

$$H_N = \sum_{i=1}^{N} \left(\frac{p_i^2}{2m} + u_i \right) + \mathscr{V} \tag{5.9}$$

令内禀自由度的配分函数为

$$q(T) = \sum_{\mathrm{intr},\alpha} \mathrm{e}^{-\frac{u_i(\alpha)}{kT}}$$

则

$$Q_N = \frac{1}{N!} \frac{q^N}{\lambda^{3N}} \int \prod_{i=1}^{N} \mathrm{d}^3 r_i \mathrm{c}^{-\frac{\mathscr{V}}{kT}} \tag{5.10}$$

令包含粒子内禀自由度的经典易逸度为

$$y = \frac{qz}{\lambda^3}$$

则巨配分函数可表示为

$$\mathscr{D} = \sum_{N=0}^{\infty} \frac{y^N}{N!} Q_V(N) \tag{5.11}$$

5.2　理想气体

对于多原子分子的理想气体，$\mathscr{V} = 0$，所以

$$Q_V(N) = V^N$$

这时巨配分函数为

$$\mathscr{D} = \sum_{N=0}^{\infty} \frac{y^N}{N!} V^N = \mathrm{e}^{yV} \tag{5.12}$$

由

$$\frac{pV}{kT} = \ln \mathscr{D}$$

得到

$$\frac{p}{kT} = \frac{1}{V} \ln \mathscr{D} = y$$

$$\rho = \frac{\mathscr{N}}{V} = \frac{\partial}{\partial \ln y} \frac{p}{kT} = y$$

由此可得理想气体的状态方程

$$p = \rho kT \tag{5.13}$$

这是显然的,因为在粒子之间无相互作用且粒子的热波长很小的情况下,无论是玻色子系统还是费米子系统,都趋向于理想气体。

由热波长的公式 $\lambda = \left(\frac{2\pi}{mkT}\right)^{\frac{1}{2}}\hbar$ 和 $y = \frac{qz}{\lambda^3}$,可以得到

$$z = \left(\frac{2\pi}{mkT}\right)^{\frac{3}{2}}\hbar^3 \frac{y}{q}$$

$$\ln z = \frac{\mu}{kT}$$

由此我们得到化学势为

$$\mu = kT\ln z = kT\left(\ln y - \ln q - \frac{3}{2}\ln kT + \frac{3}{2}\ln\frac{2\pi\hbar^2}{m}\right)$$

$$= kT\left(\ln p - \ln q - \frac{5}{2}\ln kT + \frac{3}{2}\ln\frac{2\pi\hbar^2}{m}\right) \tag{5.14}$$

则吉布斯函数为

$$G = \mathscr{N}\mu = \mathscr{N}kT\ln p - \frac{5}{2}\mathscr{N}kT\ln kT - \mathscr{N}kT\ln q + \frac{3}{2}\mathscr{N}kT\ln\frac{2\pi\hbar^2}{m} \tag{5.15}$$

由此可以计算热力学函数

$$S = -\left(\frac{\partial G}{\partial T}\right)_p = -\frac{G}{T} + \frac{5}{2}\mathscr{N}k + \frac{\mathscr{N}kT}{q}\frac{\mathrm{d}q}{\mathrm{d}T} \tag{5.16}$$

由内禀自由度的配分函数

$$q(T) = \sum_{\mathrm{intr},\alpha} \mathrm{e}^{-\frac{u_i(\alpha)}{kT}}$$

可以得到

$$\frac{\mathscr{N}kT}{q}\frac{\mathrm{d}q}{\mathrm{d}T} = \frac{\sum \mathscr{N}kT\frac{u}{kT^2}\mathrm{e}^{-\frac{u}{kT}}}{q}$$

$$= \frac{\mathscr{N}}{T}\frac{\sum u\mathrm{e}^{-\frac{u}{kT}}}{q} = \frac{\mathscr{N}}{T}<u> \tag{5.17}$$

式中,$\langle u \rangle$ 是粒子内禀自由度激发能的平均能。

系统的熵

$$S = -\mathcal{N}k\ln p + \mathcal{N}k\ln kT + \mathcal{N}k\ln\frac{q}{\lambda^3} + \frac{5}{2}\mathcal{N}k + \frac{\mathcal{N}\langle u\rangle}{T}$$

$$= \mathcal{N}k\ln\frac{V}{\mathcal{N}} + \frac{5}{2}\mathcal{N}k + \mathcal{N}k\ln\frac{q}{\lambda^3} + \frac{\mathcal{N}\langle u\rangle}{T} \tag{5.18}$$

系统的内能

$$E = G + TS - pV = \frac{3}{2}\mathcal{N}kT + \mathcal{N}\langle u\rangle$$

在分子运动论中或者玻尔兹曼经典统计力学里,只能得到$E = \frac{3}{2}\mathcal{N}kT$,而得不到与$\hbar$有关的常数项。我们这里的经典统计是以量子力学为基础的。一个重要的例子是,这里不存在玻尔兹曼经典统计力学里出现的吉布斯佯谬。

5.2.1　吉布斯佯谬

若气体分子间无相互作用,则系统的熵可以表示为

$$S = \mathcal{N}k\ln\left(\frac{V}{\mathcal{N}}\right) + \mathcal{N}f(T) \tag{5.19}$$

式(5.19)中第二项与体积无关。下面我们用此公式讨论吉布斯佯谬问题。

在一体积为V的容器中有两种不同的气体分子A和B,设每种分子有相同的内部自由度,即u相同;又假设分子之间,即无论是AA,BB,AB之间都没有相互作用,且$m_A = m_B = m$。

用一个薄膜将容积V分隔成V_A和V_B两部分,其中分别有N_A个A分子和N_B个B分子。薄膜可以交换热量,所以两边的温度相等;又因$\frac{N_A}{V_A} = \frac{N_B}{V_B}$,所以薄膜两边压强相等。问:当把薄膜撤去使A,B分子混合时,系统的熵将如何变化?

(1)如果分子A,B是不同的,即在量子力学的范围内是可以区分的。

对于A分子:

薄膜撤去前的熵

$$S_{1A} = N_A k\ln\frac{V_A}{N_A}$$

薄膜撤去后的熵

$$S_{2A} = N_A k\ln\frac{V}{N_A} = N_A k\ln\frac{V_A}{N_A} + N_A k\ln\frac{V}{V_A}$$

对于B分子:

薄膜撤去前的熵

$$S_{1B} = N_B k\ln\frac{V_B}{N_B}$$

薄膜撤去后的熵

$$S_{2B} = N_B k\ln\frac{V}{N_B} = N_B k\ln\frac{V_B}{N_B} + N_B k\ln\frac{V}{V_B}$$

所以

$$S_2 = S_1 + N_A k \ln \frac{V}{V_A} + N_B k \ln \frac{V}{V_B} > S_1 \tag{5.20}$$

即熵增加。这是必然的,因为两种分子都由较小的体积充满到了较大的体积,所以熵增加了。

(2)如果 A,B 是同一种分子,显然薄膜撤去前后的熵应当相等。因为 A,B 是全同粒子,它们是不可区分的,所以在薄膜撤去后的一个分子我们无法知道薄膜撤去前它是处于 V_A 还是 V_B 之中。因为薄膜撤去前后分子的密度不变,即

$$\frac{V}{N} = \frac{V_A}{N_A} = \frac{V_B}{N_B} = \frac{1}{\rho}$$

所以薄膜撤去前后的熵之差为

$$S_2 - S_1 = N k \ln \frac{V}{N} - N_A k \ln \frac{V_A}{N_A} - N_B k \ln \frac{V_B}{N_B} = 0 \tag{5.21}$$

由此我们得出结论:以量子力学为基础的统计理论,由于考虑了全同粒子的不可区分性,因此正确解释了以经典力学为基础的统计理论中出现的吉布斯佯谬问题。

5.2.2　分子内部自由度激发

下面讨论分子内部自由度激发的配分函数,以及对分子系统热力学函数的影响。

1. 单原子分子气体(例如氦气、氖气、氩气等惰性气体)

这种情况下只有原子的电子激发。令 ω_0 为原子基态的简并度,ω_i 为第 i 个激发态的简并度,u_i 为第 i 个激发态的激发能。因此有

$$q = \sum_{i=0}^{\infty} \mathrm{e}^{-\frac{u_i}{kT}} = \omega_0 + \omega_1 \mathrm{e}^{-\frac{u_1}{kT}} + \cdots + \omega_n \mathrm{e}^{-\frac{u_n}{kT}} \tag{5.22}$$

由于 u_i 是电子伏的量级,室温下 $kT \sim \frac{1}{40}$ eV,所以总有 $\mathrm{e}^{-\frac{u_i}{kT}} \ll 1$,但这并不意味着下式成立:

$$q = \omega_0 \tag{5.23}$$

虽然 $\mathrm{e}^{-\frac{u_i}{kT}} \ll 1$ 是必要条件,但不是充分条件。简并度 ω_i 可以很大使得 $\omega_i \mathrm{e}^{-\frac{y_i}{kT}}$ 不可忽略。当达到电离位 u_I 时,$\omega_I \to \infty$,则 $\omega_I \mathrm{e}^{-\frac{u_I}{kT}}$ 项成为主要项,这正是星际空间的原子都处于电离状态的原因。下面以类氢原子为例进行讨论。能级的能量 $\epsilon_n = -\frac{R_\infty}{n^2}$,其中 n 是主量子数,R_∞ 是里德伯常量。则 n 激发态的激发能

$$u_n = \epsilon_n - \epsilon_1 = R_\infty \left(1 - \frac{1}{n^2} \right)$$

它的简并度

$$\omega_n = 2n^2$$

要使 $q = \omega_0$ 正确,则必须满足条件

$$2 \sum_{n=1}^{n_0} n^2 \mathrm{e}^{-\frac{R}{kT} + \frac{R}{n^2 kT}} \ll 1$$

也即

$$n_0^2 \mathrm{e}^{-\frac{u_I}{kT}} \ll 1$$

得到 n_0 值的边界条件取决于原子间的距离 d，即原子的最大间距不能超过 d，通常采用

$$n_0^2 r_{\mathrm{B}} \sim d = \rho^{-\frac{1}{3}} \tag{5.24}$$

式中，r_{B} 是原子的彼尔半径。由于星际空间中密度非常小，这导致 $n_0^2 \mathrm{e}^{-\frac{u_I}{kT}}$ 成为内部自由度配分函数 q 的主要项，使得星际间的原子都处于电离状态。

从上面讨论可知，在平衡状态下要使原子电离，可以采用如下途径：

（1）提高温度，增大玻尔兹曼因子。

（2）降低压力，增大熵因子。

2. 双原子分子气体（例如氢气、氯化氢）

它们的内部自由度除了电子激发以外，还有转动和振动自由度。其内部自由度的激发能为

$$u = u_{\mathrm{e}} + u_{\mathrm{vib}} + u_{\mathrm{rot}} \tag{5.25}$$

实际上这些内部自由度之间是存在耦合的。但在低温下上式是很好的近似。所以内部自由度的配分函数为

$$q_{\mathrm{intr}} = \sum_{\mathrm{e}} \mathrm{e}^{-\frac{u_{\mathrm{e}}}{kT}} \sum_{\mathrm{vib}} \mathrm{e}^{-\frac{u_{\mathrm{vib}}}{kT}} \sum_{\mathrm{rot}} \mathrm{e}^{-\frac{u_{\mathrm{rot}}}{kT}} = q_{\mathrm{e}} q_{\mathrm{vib}} q_{\mathrm{rot}} \tag{5.26}$$

如果分子密度不太低（即不是星际空间的密度），则电子激发有

$$q_{\mathrm{e}} = \sum_{\mathrm{e}} \mathrm{e}^{-\frac{u_{\mathrm{e}}}{kT}} \approx \omega_0 \tag{5.27}$$

在通常室温下上式是一个好的近似。

对于振动自由度

$$u_{\mathrm{vib}} = n\hbar\omega, \ n = 0, 1, 2, \cdots$$

$$q_{\mathrm{vib}} = \sum_{n=0}^{\infty} \mathrm{e}^{-\frac{n\hbar\omega}{kT}} = \frac{1}{1 - \mathrm{e}^{-\frac{\hbar\omega}{kT}}} \tag{5.28}$$

借助量子力学，双原子分子的转动能为

$$u_{\mathrm{rot}} = \frac{\hbar^2}{2\mathscr{I}} \ell(\ell+1), \ell = 0, 1, 2, \cdots \tag{5.29}$$

式中，ℓ 是分子的转动角动量；$\mathscr{I}$ 是分子的转动惯量。因两个原子中心连线是分子的对称轴，绕此轴不存在量子力学意义上的转动，所以双原子分子只有两个独立的转动自由度。

（1）AA 型分子

例如 H_2，N_2 和 O_2 等，我们以氢分子为例进行讨论。

氢分子的势能

$$V = V_{\mathrm{pp}} + V_{\mathrm{ee}} + V_{\mathrm{ep}}$$

前两项是排斥相互作用，最后一项是吸引相互作用。

一个电子的自旋 $s = \frac{1}{2}$，两个电子的总自旋 $S = 1$ 或者 $S = 0$。当 $S = 1$ 时，自旋波函数是对称的，简并度 $\omega = 3$；当 $S = 0$ 时，自旋波函数是反对称的，简并度 $\omega = 1$。要使氢分子稳定，两个电子的波函数应主要定域在两质子之间，即两电子波函数的轨道部分应是对称的。因为两个电子的总波函数是反对称的，所以自旋波函数应取反对称的（$S = 0$，$\omega = 1$）。

两质子的总自旋函数可以为 $S_N = 1, \omega_N = 3$（称正氢）或者 $S_N = 0, \omega_N = 1$（称仲氢）。因为两质子的总波函数必须是反对称的，所以对于仲氢，轨道角动量应为 $\ell = 0, 2, 4, \cdots$。对于正氢，轨道角动量应为 $\ell = 1, 3, 5, \cdots$。

仲氢：

$$q_{\text{rot}} = \sum_{\ell = 0, 2, 4, \cdots} (2\ell + 1) e^{-\frac{\hbar^2 \ell(\ell+1)}{2 \mathscr{I} kT}}$$

正氢：

$$q_{rot} = 3 \sum_{\ell = 1, 3, 5, \cdots} (2\ell + 1) e^{-\frac{\hbar^2 \ell(\ell+1)}{2 \mathscr{I} kT}}$$

仲正氢统计混合气：

$$q_{\text{rot}} = \sum_{\ell = 0, 2, 4, \cdots} (2\ell + 1) e^{-\frac{\hbar^2 \ell(\ell+1)}{2 \mathscr{I} kT}} + 3 \sum_{\ell = 1, 3, 5, \cdots} (2\ell + 1) e^{-\frac{\hbar^2 \ell(\ell+1)}{2 \mathscr{I} kT}} \tag{5.30}$$

在低温时，此求和级数的收敛很快，可以直接逐项相加。

在高温时，$e^{\frac{\hbar^2}{2 \mathscr{I} kT}} \ll 1$，令 $x = \dfrac{\hbar^2 \ell(\ell + 1)}{2 \mathscr{I} kT}$，则

仲氢：

$$q_{\text{rot}} = \sum_{\ell = 0, 2, 4, \cdots} (2\ell + 1) e^{-\frac{\hbar^2 \ell(\ell+1)}{2 \mathscr{I} kT}} = \frac{1}{2} \sum_{\ell = 0, 2, 4, \cdots} (2\ell + 1) e^{-\frac{\hbar^2 \ell(\ell+1)}{2 \mathscr{I} kT}} \Delta \ell$$

$$= \frac{\mathscr{I} kT}{\hbar^2} \int_0^\infty e^{-x} dx = \frac{\mathscr{I} kT}{\hbar^2}$$

同样论证可得

正氢：

$$q_{\text{rot}} = \frac{3 \mathscr{I} kT}{\hbar^2}$$

$$(q_{\text{rot}})_{H_2} = \frac{4 \mathscr{I} kT}{\hbar^2} = \frac{\mathscr{I} kT}{\hbar^2} + \frac{3 \mathscr{I} kT}{\hbar^2} = \left(2 \times \frac{1}{2} + 1\right)^2 \frac{\mathscr{I} kT}{\hbar^2}$$

因为每个质子的自旋 $s = \dfrac{1}{2}$，它有 $2(2s + 1 = 2)$ 个态，两个质子可以有 $4(2s + 1)^2 = 4$ 个态。这和用耦合表象得到的结果 $1 + 3 = 4$ 完全相同。

所以对于 AA 型分子我们有

$$(q_{\text{rot}})_{\text{AA}} = (2s_A + 1)^2 \frac{\mathscr{I} kT}{\hbar^2} \tag{5.31}$$

式中，s_A 是原子核 A 的自旋。

（2）AB 型分子

$$(q_{\text{rot}})_{\text{AB}} = (2s_A + 1)(2s_B + 1) \sum_{\ell = 0}^{\infty} (2\ell + 1) e^{-\frac{\ell(\ell+1)\hbar^2}{2 \mathscr{I} kT}} \tag{5.32}$$

在高温时，令

$$x = \frac{\hbar^2 \ell(\ell + 1)}{2 \mathscr{I} kT}$$

并利用

$$d\ell(\ell + 1) = (2\ell + 1) d\ell$$

可以得到

$$\sum_{\ell=0}^{\infty} (2\ell + 1) e^{-\frac{\ell(\ell+1)\hbar^2}{2\mathscr{I}kT}} d\ell = \frac{2\mathscr{I}kT}{\hbar^2} \qquad (5.33)$$

所以 AB 型分子转动自由度的配分函数为

$$(q_{\text{rot}})_{AB} = (2s_A + 1)(2s_B + 1)\frac{2\mathscr{I}kT}{\hbar^2} \qquad (5.34)$$

显然,$(q_{\text{rot}})_{AA}$ 是 $(q_{\text{rot}})_{AB}$ 的一半。这容易由 A 与 A 是全同粒子来解释。

假定 A 是费米子:AA 核的波函数应是反对称的,如果自旋波函数是反对称的,则轨道角动量 ℓ 是偶数;如果自旋波函数是对称的,则轨道角动量 ℓ 是奇数。

假定 A 是玻色子:AA 核的波函数应是对称的,如果自旋波函数是反对称的,则轨道角动量 ℓ 是奇数;如果自旋波函数是对称的,则轨道角动量 ℓ 是偶数。

所以 A 无论是费米子还是玻色子,$(q_{\text{rot}})_{AA}$ 总是 $(q_{\text{rot}})_{AB}$ 的一半。

当高温时,无论是 AA 型分子,还是 AB 型分子,我们都有

$$\langle u_{\text{rot}} \rangle = NkT^2 \frac{\partial}{\partial T} \ln q_{\text{rot}} = NkT \qquad (5.35)$$

这是因为双原子分子有两个转动自由度,按能量均分定理,每个自由度有 $\frac{1}{2}kT$ 的能量。

5.3 非理想气体

N 粒子系统的势能

$$\mathscr{V}_N = \sum_{N \geq i \geq j \geq 1} u_{ij}$$

这里 $u_{ij} = u(r_{ij})$ 表示两粒子之间的相互作用势能,它只与分子间的距离有关,唯一的要求是势能衰减得要比 $\frac{1}{r^3}$ 快。由于分子间有相互作用,我们不能将这种气体视为理想气体。在高温条件下,对这种实际气体我们可以采用维里展开的方法来处理。首先列出要用到的经典统计公式:

$$\frac{p}{kT} = \frac{1}{V} \ln \mathscr{D} \qquad (5.36)$$

$$\mathscr{D} = \sum_{N=0}^{\infty} \frac{y^N}{N!} Q_V(N) \qquad (5.37)$$

$$Q_V(N) = \int e^{-\mathscr{V}_N} \prod_{i=1}^{N} d^3 r_i \qquad (5.38)$$

$$\rho = \frac{\partial}{\partial \ln y} \left(\frac{p}{kT} \right) \qquad (5.39)$$

$$y = \frac{q}{\lambda^3} e^{\frac{\mu}{kT}} \qquad (5.40)$$

$$\lambda = \hbar \sqrt{\frac{2\pi}{mkT}} \qquad (5.41)$$

这里 q 是分子内禀自由度的配分函数。

5.3.1　巨配分函数的累积展开式

记 $W_N(\boldsymbol{r}_1, \boldsymbol{r}_2, \cdots, \boldsymbol{r}_N) = \mathrm{e}^{-\frac{\mathscr{U}_N}{kT}}$

$$Q_V(N) = \iint \cdots \int W_N(\boldsymbol{r}_1, \boldsymbol{r}_2, \cdots, \boldsymbol{r}_N) \mathrm{d}^3 r_1 \mathrm{d}^3 r_2 \cdots \mathrm{d}^3 r_n \tag{5.42}$$

巨配分函数可以表示为

$$\mathscr{D} = \sum_{N=0}^{\infty} \frac{y^N}{N!} \iint \cdots \int W_N(\boldsymbol{r}_1, \boldsymbol{r}_2, \cdots, \boldsymbol{r}_N) \mathrm{d}^3 r_1 \mathrm{d}^3 r_2 \cdots \mathrm{d}^3 r_N \tag{5.43}$$

现在为巨配分函数定义一个累积展开表达式

$$\mathscr{D} = \exp\left[\sum_{\ell=1}^{\infty} \frac{y^\ell}{\ell!} \iint \cdots \int U_\ell(\boldsymbol{r}_1, \boldsymbol{r}_2, \cdots, \boldsymbol{r}_\ell) \mathrm{d}^3 r_1 \mathrm{d}^3 r_2 \cdots \mathrm{d}^3 r_\ell \right] \tag{5.44}$$

这里 U_ℓ 称为集团函数,或称为乌泽尔(Ursell)函数。

将式(5.43)和式(5.44)都展开成 y 的幂级数,并且令两式中 y 的同次幂的系数相等,容易得到

$$W_1(\boldsymbol{r}_1) = U_1(\boldsymbol{r}_1) \tag{5.45}$$

$$W_2(\boldsymbol{r}_1, \boldsymbol{r}_2) = U_2(\boldsymbol{r}_1, \boldsymbol{r}_2) + U_1(\boldsymbol{r}_1) U_1(\boldsymbol{r}_2) \tag{5.46}$$

$$\begin{aligned} W_3(\boldsymbol{r}_1, \boldsymbol{r}_2, \boldsymbol{r}_3) = U_3(\boldsymbol{r}_1, \boldsymbol{r}_2, \boldsymbol{r}_3) + U_1(\boldsymbol{r}_1) U_2(\boldsymbol{r}_2, \boldsymbol{r}_3) + U_1(\boldsymbol{r}_2) U_2(\boldsymbol{r}_1, \boldsymbol{r}_3) + \\ U_1(\boldsymbol{r}_3) U_2(\boldsymbol{r}_1, \boldsymbol{r}_2) + U_1(\boldsymbol{r}_1) U_1(\boldsymbol{r}_2) U_1(\boldsymbol{r}_3) \end{aligned} \tag{5.47}$$

等等。将上述方程组反解可得

$$U_1(\boldsymbol{r}_1) = W_1(\boldsymbol{r}_1) \tag{5.48}$$

$$U_2(\boldsymbol{r}_1, \boldsymbol{r}_2) = W_2(\boldsymbol{r}_1, \boldsymbol{r}_2) - W_1(\boldsymbol{r}_1) W_1(\boldsymbol{r}_2) \tag{5.49}$$

$$\begin{aligned} U_3(\boldsymbol{r}_1, \boldsymbol{r}_2, \boldsymbol{r}_3) = W_3(\boldsymbol{r}_1, \boldsymbol{r}_2, \boldsymbol{r}_3) - W_1(\boldsymbol{r}_1) W_2(\boldsymbol{r}_2, \boldsymbol{r}_3) - W_1(\boldsymbol{r}_2) W_2(\boldsymbol{r}_1, \boldsymbol{r}_3) - \\ W_1(\boldsymbol{r}_3) W_2(\boldsymbol{r}_1, \boldsymbol{r}_2) + 2 W_1(\boldsymbol{r}_1) W_1(\boldsymbol{r}_2) W_1(\boldsymbol{r}_3) \end{aligned} \tag{5.50}$$

等等。上面导出的累积展开表达式与 $W_N(\boldsymbol{r}_1, \boldsymbol{r}_2, \cdots, \boldsymbol{r}_N)$ 具体形式无关。令

$$f_{ij} = \mathrm{e}^{-\frac{u_{ij}}{kT}} - 1$$

因为当 $r_{ij} \rightarrow \infty$ 时,$u_{ij} \rightarrow 1$,所以此时,$f_{ij} \rightarrow 0$。

为便于标记,约定记号 $\prod\limits_{(i,j)} \equiv \prod\limits_{N>i>j>1}$。

下面我们讨论的系统,其 $W_N(\boldsymbol{r}_1, \boldsymbol{r}_2, \cdots, \boldsymbol{r}_N)$ 有形式

$$W_N(\boldsymbol{r}_1, \boldsymbol{r}_2, \cdots, \boldsymbol{r}_N) = \mathrm{e}^{-\frac{\mathscr{U}_N}{kT}} = \mathrm{e}^{-\frac{\sum u_{ij}}{kT}} = \prod_{(i,j)}(1 + f_{ij}) = 1 + \sum_{(i,j)} f_{ij} + \sum_{(i,j) \neq (i',j')} f_{ij} f_{i'j'} + \cdots \tag{5.51}$$

前几项为

$$W_1(\boldsymbol{r}_1) = 1 \tag{5.52}$$

$$W_2(\boldsymbol{r}_1, \boldsymbol{r}_2) = 1 + f_{12} \tag{5.53}$$

$$\begin{aligned} W_3(\boldsymbol{r}_1, \boldsymbol{r}_2, \boldsymbol{r}_3) &= (1 + f_{12})(1 + f_{13})(1 + f_{23}) \\ &= 1 + f_{12} + f_{13} + f_{23} + f_{12}f_{13} + f_{12}f_{23} + f_{13}f_{23} + f_{12}f_{23}f_{13} \end{aligned} \tag{5.54}$$

$$W_4(\boldsymbol{r}_1, \boldsymbol{r}_2, \boldsymbol{r}_3, \boldsymbol{r}_4) = (1 + f_{12})(1 + f_{13})(1 + f_{14})(1 + f_{23})(1 + f_{24})(1 + f_{34})$$

$$\begin{aligned}
= 1 &+ f_{12} + f_{13} + f_{14} + f_{23} + f_{24} + f_{34} + f_{12}f_{13} + f_{12}f_{14} + f_{12}f_{23} + f_{12}f_{24} + \\
&f_{12}f_{34} + f_{13}f_{14} + f_{13}f_{23} + f_{13}f_{24} + f_{13}f_{34} + f_{14}f_{23} + f_{14}f_{24} + f_{14}f_{34} + f_{23}f_{24} + \\
&f_{23}f_{34} + f_{23}f_{34} + f_{24}f_{34} + f_{13}f_{14}f_{34} + f_{12}f_{14}f_{24} + f_{12}f_{13}f_{23} + f_{23}f_{24}f_{34} + f_{12}f_{13}f_{14} + \\
&f_{12}f_{13}f_{24} + f_{12}f_{13}f_{34} + f_{12}f_{14}f_{23} + f_{12}f_{14}f_{34} + f_{12}f_{23}f_{24} + f_{12}f_{23}f_{34} + f_{12}f_{24}f_{34} + \\
&f_{13}f_{14}f_{23} + f_{13}f_{14}f_{24} + f_{13}f_{23}f_{24} + f_{13}f_{23}f_{34} + f_{13}f_{24}f_{34} + f_{14}f_{23}f_{24} + f_{14}f_{23}f_{34} + \\
&f_{14}f_{24}f_{34} + f_{12}f_{13}f_{14}f_{23} + f_{12}f_{13}f_{14}f_{24} + f_{12}f_{13}f_{14}f_{34} + f_{12}f_{13}f_{23}f_{24} + f_{12}f_{13}f_{23}f_{34} + \\
&f_{12}f_{13}f_{14}f_{34} + f_{12}f_{14}f_{23}f_{24} + f_{12}f_{14}f_{23}f_{34} + f_{12}f_{14}f_{24}f_{34} + f_{12}f_{23}f_{24}f_{34} + f_{13}f_{14}f_{23}f_{24} + \\
&f_{13}f_{14}f_{23}f_{34} + f_{13}f_{14}f_{24}f_{34} + f_{13}f_{23}f_{24}f_{34} + f_{14}f_{23}f_{24}f_{34} + f_{12}f_{13}f_{14}f_{23}f_{24} + \\
&f_{12}f_{13}f_{14}f_{23}f_{24} + f_{12}f_{13}f_{14}f_{24}f_{34} + f_{12}f_{13}f_{23}f_{24}f_{24} + f_{12}f_{14}f_{23}f_{24}f_{34} + f_{13}f_{14}f_{23}f_{24}f_{34} + \\
&f_{12}f_{13}f_{14}f_{23}f_{24}f_{34}
\end{aligned}$$
$$(5.55)$$

容易算出 $W_N(\mathbf{r}_1,\mathbf{r}_2,\cdots,\mathbf{r}_N)$ 展开式中的总项。令 N_c 表示从 N 中选出两个粒子的全部可能的组合总数,显然,$N < 2$ 时,$N_c = 0$;$N \geq 2$ 时,$N_c = \frac{1}{2}N(N-1)$。则 $W_N(\mathbf{r}_1,\mathbf{r}_2,\cdots,\mathbf{r}_n)$ 的展开式中总项数为 2^{N_c}。

$$N = 1 \text{ 时},2^{N_c} = 2^0 = 1$$
$$N = 2 \text{ 时},2^{N_c} = 2^1 = 2$$
$$N = 3 \text{ 时},2^{N_c} = 2^3 = 8$$
$$N = 4 \text{ 时},2^{N_c} = 2^6 = 64$$
$$N = 5 \text{ 时},2^{N_c} = 2^{10} = 1\ 024$$

由 W_1,W_2,W_3,W_4 的展开式,可以得到集团函数 U_1,U_2,U_3,U_4 如下

$$U_1(\mathbf{r}_1) = 1 \tag{5.56}$$
$$U_2(\mathbf{r}_1,\mathbf{r}_2) = f_{12} \tag{5.57}$$
$$U_3(\mathbf{r}_1,\mathbf{r}_2,\mathbf{r}_3) = f_{12}f_{13} + f_{12}f_{23} + f_{13}f_{23} + f_{12}f_{23}f_{13} \tag{5.58}$$

$$\begin{aligned}
U_4(\mathbf{r}_1,\mathbf{r}_2,\mathbf{r}_3,\mathbf{r}_4) = &f_{12}f_{13}f_{14} + f_{12}f_{13}f_{24} + f_{12}f_{13}f_{34} + f_{12}f_{14}f_{23} + f_{12}f_{14}f_{34} + f_{12}f_{23}f_{24} + f_{12}f_{23}f_{34} + \\
&f_{12}f_{24}f_{34} + f_{13}f_{14}f_{23} + f_{13}f_{14}f_{34} + f_{13}f_{23}f_{24} + f_{13}f_{23}f_{34} + f_{13}f_{24}f_{34} + f_{14}f_{23}f_{24} + \\
&f_{14}f_{24}f_{34} + f_{14}f_{24}f_{34} + f_{12}f_{13}f_{23} + f_{12}f_{13}f_{14}f_{24} + f_{12}f_{13}f_{14}f_{34} + f_{12}f_{13}f_{23}f_{24} + \\
&f_{12}f_{13}f_{23}f_{34} + f_{12}f_{13}f_{24}f_{34} + f_{12}f_{14}f_{23}f_{24} + f_{12}f_{14}f_{23}f_{34} + f_{12}f_{14}f_{24}f_{34} + f_{12}f_{23}f_{24}f_{34} + \\
&f_{12}f_{14}f_{23}f_{24} + f_{13}f_{14}f_{23}f_{34} + f_{13}f_{14}f_{24}f_{34} + f_{13}f_{23}f_{24}f_{34} + f_{12}f_{13}f_{23}f_{24}f_{34} + \\
&f_{12}f_{14}f_{23}f_{24}f_{24} + f_{13}f_{14}f_{23}f_{24}f_{34} + f_{12}f_{13}f_{14}f_{23}f_{24}f_{34}
\end{aligned}$$
$$(5.59)$$

随着 N 的增大,$W_N(\mathbf{r}_1,\mathbf{r}_2,\cdots,\mathbf{r}_N)$ 和 $U_N(\mathbf{r}_1,\mathbf{r}_2,\cdots,\mathbf{r}_N)$ 的项数迅速增加而变得非常复杂。因为巨配分函数中包含有任意大 N 值的项,我们需要对于 $W_N(\mathbf{r}_1,\mathbf{r}_2,\cdots,\mathbf{r}_N)$ 和 $U_N(\mathbf{r}_1,\mathbf{r}_2,\cdots,\mathbf{r}_N)$ 函数中的各项进行分类标记,采用图论方法是方便的。

$$W_N(\mathbf{r}_1,\mathbf{r}_2,\cdots,\mathbf{r}_N) = \sum (\text{全部不同的 } N\text{-粒子图})$$

一个 N-粒子图的画法:画 N 个圆圈,每个圆圈标上一个数字代表粒子,然后用任意多(包括零)条线将它们联结起来,唯一的限制是两圆之间不能有多于一条的连线。若两个 N-粒子图的联结方式不同,则将它们视为不同的图。令 N-粒子图中每对粒子 ij 之间的连线代表 f_{ij},则一个图代表一个表达式。很容易得到 N-粒子图的总数目,$W_N(\mathbf{r}_1,\mathbf{r}_2,\cdots,\mathbf{r}_N)$ 的展开形式中有多少项,则有多少个 N-粒子图。

集团函数 $U_N(\mathbf{r}_1,\mathbf{r}_2,\cdots,\mathbf{r}_N)$ 也可以用图来表示。

$$U_\ell(\boldsymbol{r}_1, \boldsymbol{r}_2, \cdots, \boldsymbol{r}_\ell) = \sum (\text{全部不同的 } \ell - \text{集团})$$

一个 ℓ – 集团是这样一个 ℓ – 粒子图,其中编了号的圆圈都是互相联结的。也就是说,在一个 ℓ – 集团图中必须能从任意一个编号圆圈出发,沿着连线连续地到达其他所有编号圆圈。

显然,集团一定是图,但是图不一定是集团。例如,图 5.1 给出 $W_3(\boldsymbol{r}_1, \boldsymbol{r}_2, \boldsymbol{r}_3)$ 的展开式及相应的图形表示。它共有 8 个图,上一排的 4 个图是图但不是集团,下一排的 4 个图是图又是集团。

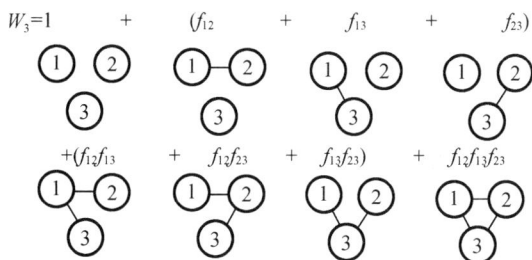

图 5.1　W_3 的图形表示

为了简化图形表示,可以将拓扑性质相同的多个图形用一个图表示,例如,图 5.2 是图 5.1 的简化表示,图前数字表示此图代表的图的数目(只有一个图时,图前不标数字)。

图 5.2　W_3 的图形简化表示

前面已经得到集团函数 $U_4(\boldsymbol{r}_1, \boldsymbol{r}_2, \boldsymbol{r}_3, \boldsymbol{r}_4)$ 的表达式,它共有 38 项,即 38 个集团,可用 38 个图表示。将拓扑性质相同的图形用一个图表示,而图 5.3 即是这 38 个图的简化图形表示。

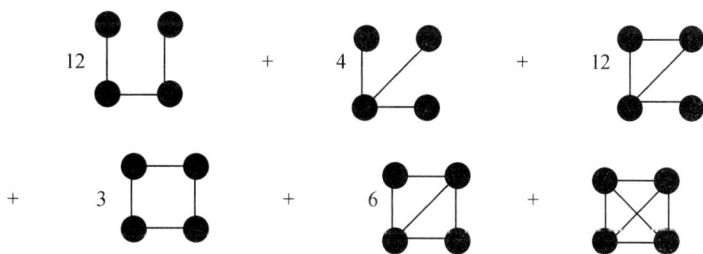

图 5.3　U_4 的图形简化表示

集团又可以分成两类:可约集团和不可约集团。在一个集团中,若去掉某一根连线后变成两个非接图,则该集团称为可约集团,否则称为不可约集团。图 5.3 中的上一排是可约集团,而下一排是不可约集团。

定义不可约集团函数

$$V_\ell(\boldsymbol{r}_1, \boldsymbol{r}_2, \cdots, \boldsymbol{r}_\ell) = \Sigma(\text{全部不同的不可约 } \ell - \text{集团})$$

例如函数 V_4 是图 5.3 中的下一排不可约集团之和。

定义

$$b_\ell = \frac{1}{\ell! V}\int \left(\prod_{i=1}^{\ell} \mathrm{d}^3 r_i\right) U_\ell(\boldsymbol{r}_1, \boldsymbol{r}_2, \cdots, \boldsymbol{r}_\ell) \tag{5.60}$$

容易看出

$$b_1 = \frac{1}{V}\int U_1(\boldsymbol{r}_1)\mathrm{d}^3 r_1 = 1 \tag{5.61}$$

$$b_2 = \frac{1}{2!V}\int U_2(\boldsymbol{r}_1,\boldsymbol{r}_2)\mathrm{d}^3 r_1 \mathrm{d}^3 r_2 = \frac{1}{2!V}\int f_{12}\mathrm{d}^3 r_1 \mathrm{d}^3 r_2 \tag{5.62}$$

$$b_3 = \frac{1}{3!V}\int U_3(\boldsymbol{r}_1,\boldsymbol{r}_2,\boldsymbol{r}_3)\mathrm{d}^3 r_1 \mathrm{d}^3 r_2 \mathrm{d}^3 r_3$$
$$= \frac{1}{3!V}\int (f_{12}f_{13}+f_{12}f_{23}+f_{13}f_{23}+f_{12}f_{23}f_{13})\mathrm{d}^3 r_1 \mathrm{d}^3 r_2 \mathrm{d}^3 r_3 \tag{5.63}$$

$b_\ell = b_\ell(V,T)$，并且假定当 $V\to\infty$ 时，极限 $b_\ell(\infty,T)$ 存在。

梅耶第一定理

$$\frac{p}{kT} = \sum_{\ell=1}^{\infty} b_\ell(V,T) y^\ell \tag{5.64}$$

$$\rho = \sum_{\ell=1}^{\infty} \ell b_\ell(V,T) y^\ell \tag{5.65}$$

证明 巨配分函数的累积展开式(5.44)是作为集团函数的定义给出的。借助 b_ℓ 的定义式(5.60)直接可得

$$\mathscr{D} = \mathrm{e}^{V\sum_\ell b_\ell y^\ell} \tag{5.66}$$

现在反过来，借助集团函数和 b_ℓ 的定义，可由式(5.43)来证明累积展开式(5.44)成立。

将 N 个不同数字的点分成 n_ℓ 个群，每个群有 ℓ 个点，问共有多少种分法。显然，所有分法都必须满足条件

$$\sum_\ell \ell \times n_\ell = N \tag{5.67}$$

首先解出满足此条件的各种可能的数字集合 $\{n_\ell\} \equiv (n_1, n_2, \cdots, n_N)$，也称为一个 $\{n_\ell\}$ 分布。上面的问题等价：对于固定的一个 $\{n_\ell\}$ 分布，求分法总数。

因为 N 点的排列共有 $N!$ 种可能，同一个群中 ℓ 个点的不同排列属于同一种分法，两个以上相同的群彼此交换也不改变分法，所以分法总数

$$N_{\mathrm{f}} = \frac{N!}{\prod_\ell n_\ell!(\ell!)^{n_\ell}} \tag{5.68}$$

固定一种分法，第一 ℓ 点的群都对应一 ℓ 点的集团，则对应的因子积 $\prod_{(i,j)} f_{ij}$ 是函数 W_N 展开式中的一项。

分法固定后，因每个 ℓ 点的群都对应不同 ℓ 点的集团(因此也是不同点的图)，将这些不同集团的图因子积加起来再积分就得到

$$\prod_\ell (b_\ell V \ell!)^{n_\ell} \tag{5.69}$$

与分布 $\{n_\ell\}$ 相应的分法总数相乘得到

$$\frac{N!}{\prod_\ell n_\ell!(\ell!)^{n_\ell}} \times \prod_\ell (b_\ell V \ell!)^{n_\ell} = N! \prod_\ell \frac{(b_\ell V)^{n_\ell}}{n_\ell!} \tag{5.70}$$

将各种 $\{n_\ell\}$ 分布的贡献相加即得到

$$Q_V(N) = \sum_{\{n_\ell\}} N! \prod_\ell \frac{(b_\ell V)^{n_\ell}}{n_\ell!} \tag{5.71}$$

为清楚地理解上式的意义，我们以 $N = 3$ 为例进行说明，这时 ℓ 可取值：$\ell = 1,2,3$。

第一种分布 $\{n_\ell\} \equiv (n_1 = 3, n_2 = 0, n_3 = 0)$，固定此种分布的分法数目 $N_f = \frac{3!}{3! \times 1} = 1$，此种分布的集团积分给出 $(b_1 V)^3 = V^3$；

第二种分布 $\{n_\ell\} \equiv (n_1 = 1, n_2 = 1, n_3 = 0)$，固定此种分布的分法数目 $N_f = \frac{3!}{1 \times 2!} = 3$，此种分布的集团积分给出 $(b_1 V)(b_2 V 2!) = 2b_2 V^2$；

第三种分布 $\{n_\ell\} \equiv (n_1 = 0, n_2 = 0, n_3 = 3)$，固定此种分布的分法数目 $N_f = \frac{3!}{3!} = 1$，此种分布的集团积分给出 $(b_3 V 3!)$。

将这三种情况相加则可得到 $Q_V(3)$。

利用等式 $\sum_\ell \ell \times n_\ell = N$，巨额分函数可以表示为

$$\mathscr{D} = \sum_N \frac{y^N}{N!} Q_V(N) = \sum_N \sum_{\{n_\ell\}} \prod_\ell \frac{(b_\ell y^\ell V)^{n_\ell}}{n_\ell!}$$

由于这里 N 是趋向无穷多的，所以约束条件 $\sum_\ell \ell \times n_\ell = N$ 可以解除，而对 N 和 $\{n_\ell\}$ 的求和可用 $n_\ell = 0,1,2,\cdots$ 的独立求和代替，所以

$$\mathscr{D} = \sum_{n_\ell = 0,1,2,\cdots} \prod_\ell \frac{(b_\ell y^\ell V)^{n_\ell}}{n_\ell!} \tag{5.72}$$

将 $\sum_{n_\ell = 0,1,2,\cdots}$ 与 $\prod_\ell$ 的顺序调换，得到巨配分函数的累积展开表达式

$$\mathscr{D} = \prod_\ell \sum_{\{n_\ell = 0,1,2,\cdots\}} \frac{(b_\ell y^\ell V)^{n_\ell}}{n_\ell!} = \prod_\ell e^{b_\ell y^\ell V} = e^{V \sum_\ell b_\ell y^\ell} \tag{5.73}$$

由此可得

$$\frac{p}{kT} = \frac{1}{V} \ln \mathscr{D} = \sum_{\ell=1}^\infty b_\ell y^\ell \tag{5.74}$$

$$\rho = \frac{\partial}{\partial \ln y} \frac{p}{kT} = \sum_{\ell=1}^\infty \ell b_\ell y^\ell \tag{5.75}$$

梅耶第一定理得证。

5.3.2 状态方程的维里展开

定义

$$\beta_k = \frac{1}{k!} \frac{1}{V} \int \prod_{i=1}^{k+1} d^3 r_i V_{k+1}(\boldsymbol{r}_1, \boldsymbol{r}_2, \cdots, \boldsymbol{r}_{k+1}) \tag{5.76}$$

式中 $V_{k+1}(\boldsymbol{r}_1, \boldsymbol{r}_2, \cdots, \boldsymbol{r}_{k+1})$ 是 $k + 1$ 点不可约集团函数。

梅耶第二定理

$$\frac{p}{kT} = \rho\left(1 - \sum_{k=1}^{\infty} \frac{k}{k+1} \beta_k \rho^k\right) = \rho - \frac{1}{2}\beta_1\rho^2 - \frac{2}{3}\beta_2\rho^2 - \cdots = B_1\rho + B_2\rho^2 + B_3\rho^3 + \cdots$$

$$(5.77)$$

式中，$B_1 = 1$，$B_2 = -\frac{1}{2}\beta_1$，$B_3 = -\frac{2}{3}\beta_2\rho^3$，$\cdots$ 称为维里系数。如果将梅耶第一定理中的参数 y 消除，就可以得到梅耶第二定理。

由梅耶第一定理中 ρ 的方程可得 y 满足方程

$$y = \rho - 2b_2y^2 - 3b_3y^3 - 4b_4y^4 - \cdots \qquad (5.78)$$

可用迭代方法求解此方程。

精确到 ρ 的线性项

$$y = \rho$$

$$\frac{p}{kT} = b_1y = b_1\rho$$

而 $b_1 = 1$，所以我们有

$$p = \rho kT \qquad (5.79)$$

此即理想气体的状态方程。

精确到 ρ^2 项，将 $y = \rho$ 代入式(5.78)的右边，可以得到

$$y = \rho - 2b_2\rho^2$$

将此 y 代入式(5.74)，保留到 ρ^2 项，有

$$\frac{p}{kT} = y + b_2y^2 = \rho - 2b_2\rho^2 + b_2(\rho - 2b_2\rho^2)^2 = \rho - b_2\rho^2 \qquad (5.80)$$

借助 b_2 和 β_1 的定义，显然有

$$b_2 = \frac{1}{2V}\int d^3r_1 d^3r_2 f_{12} = \frac{1}{2}\frac{1}{V}\int d^3r_1 d^3r_2 f_{12} = \frac{1}{2}\beta_1 \qquad (5.81)$$

精确到 ρ^2 项的状态方程

$$\frac{p}{kT} = \rho - \frac{1}{2}\beta_1\rho^2 \qquad (5.82)$$

精确到 ρ^3 项，将 $y = \rho - 2b_2\rho^2$ 代入式(5.78)的右边，可以得到

$$y = \rho - 2b_2y^2 - 3b_3y^3 = \rho - 2b_2(\rho - 2b_2\rho^2)^2 + 3b_3(\rho - 2b_2\rho^2)^3$$

即

$$y = \rho - 2b_2\rho^2 - (3b_3 - 8b_2^2)\rho^3$$

将此式代入式(5.74)，保留到 ρ^3 项，有

$$\frac{p}{kT} = y + b_2y^2 + b_3y^3 = \rho - 2b_2\rho^2 - (3b_3 - 8b_2^2)\rho^3 + b_2[\rho - 2b_2\rho^2 - (3b_3 - 8b_2^2)\rho^3]^2 +$$

$$b_3[\rho - 2b_2\rho^2 - (3b_3 - 8b_2^2)\rho^3]^3 = \rho - b_2\rho^2 - 2(b_3 - 2b_2^2)\rho^3 \qquad (5.83)$$

借助 b_3 和 β_1 的定义

$$b_3 = \frac{1}{3!V}\int (f_{12}f_{13} + f_{12}f_{23} + f_{13}f_{23} + f_{12}f_{23}f_{13}) d^3r_1 d^3r_2 d^3r_3$$

$$= \frac{1}{2!V}\int (f_{12}f_{13}) d^3r_1 d^3r_{12} d^3r_{13} + \frac{1}{3!V}\int f_{12}f_{23}f_{13} d^3r_1 d^3r_2 d^3r_3$$

$$= \frac{1}{2}\left(\int f_{12}\right)^2 + \frac{1}{3}\beta_2 = \frac{1}{2}(2b_2)^2 + \frac{1}{3}\beta_2$$

所以

$$-2(b_3 - 2b_2^2) = -\frac{2}{3}\beta_2$$

精确到 ρ^3 项的状态方程为

$$\frac{p}{kT} = \rho - \frac{1}{2}\beta_1\rho^2 - \frac{2}{3}\beta_2\rho^3 \tag{5.84}$$

精确到 ρ^4 项, 完全类似地推导可以得到

$$\frac{p}{kT} = \rho - b_2\rho^2 - 2(b_3 - 2b_2^2)\rho^3 - (-2b_2^3 + 9b_2b_3 - 3b_4)\rho^4 \tag{5.85}$$

借助 b_4 和 β_3 的定义

$$b_4 = \frac{1}{4!V}\int [12f_{12}f_{23}f_{34} + 4f_{21}f_{23}f_{24} + 12f_{12}f_{23}f_{13}f_{24} + V_4(\boldsymbol{r}_1, \boldsymbol{r}_2, \boldsymbol{r}_2, \boldsymbol{r}_4)]\mathrm{d}^3r_1\mathrm{d}^3r_2\mathrm{d}^3r_3\mathrm{d}^3r_4$$

$$= \frac{1}{24}[16(2b_2)^3 + 12(2b_2)(2\beta_2) + 6\beta_3]$$

$$= \frac{1}{24}\{16(2b_2)^3 + 12(2b_2)[3(b_3 - 2b_2^2)] + 6\beta_3\}$$

$$= \frac{1}{24}(-16b_2^3 + 72b_2b_3 + 6\beta_3)$$

$$= \frac{1}{3}(-2b_2^3 + 9b_2b_3) + \frac{1}{4}\beta_3$$

得到

$$-\frac{3}{4}\beta_3 = -(-2b_2^3 + 9b_2b_3 - 3b_4)$$

精确到 ρ^4 项的状态方程

$$\frac{p}{kT} = \rho - \frac{1}{2}\beta_1\rho^2 - \frac{2}{3}\beta_2\rho^3 - \frac{3}{4}\beta_3\rho^4 \tag{5.86}$$

梅耶第二定理的严格数学证明很复杂, 这里不给出证明。我们只用逐项检验的方法来理解定理的正确性。

5.3.3　硬球相互作用的维里系数

硬球相互作用:

$$u(r_{12}) = \begin{cases} \infty, & r_{12} < d \\ 0, & r_{12} > d \end{cases} \tag{5.87}$$

$$f_{12} = \mathrm{e}^{-\frac{u_{12}}{kT}} - 1 = \begin{cases} -1, & r_{12} < d \\ 0, & r_{12} > d \end{cases} \tag{5.88}$$

$$b_2 = \frac{1}{2V}\int \mathrm{d}^3r_1\mathrm{d}^3r_2 f_{12} = \frac{1}{2}\int \mathrm{d}^3r_{12}f_{12} = -\frac{4\pi}{2}\int_0^d r_{12}^2\mathrm{d}r_{12} = -\frac{2\pi}{3}d^3 \tag{5.89}$$

第二维里系数

$$B_2 = -b_2 = \frac{2\pi}{3}d^3$$

下面计算第三维里系数：

$$B_3 = -\frac{2}{3}\beta_2 = -\frac{1}{3V}\int d^3r_1 d^3r_2 d^3r_3 f_{12}f_{13}f_{23}$$

$$= -\frac{1}{3}\int d^3r_{12} d^3r_{13} f(r_{12})f(r_{13})f(\mid \boldsymbol{r}_{12}-\boldsymbol{r}_{13}\mid) \tag{5.90}$$

用以下两种方法计算表达式(5.90)。

(1) 借助傅里叶变换

$$g(q) = \left(\frac{1}{2\pi}\right)^{\frac{3}{2}}\int d^3r e^{-i\boldsymbol{q}\cdot\boldsymbol{r}} f(r) = \left(\frac{1}{2\pi}\right)^{\frac{3}{2}} 2\pi \int_0^\infty r^2 dr \int_{-1}^1 dx e^{-i\boldsymbol{q}\cdot\boldsymbol{r}x}$$

$$= \left(\frac{2}{\pi}\right)^{\frac{1}{2}}\int_0^\infty dr \frac{r}{q}\sin(qr)f(r) = -\left(\frac{2}{\pi}\right)^{\frac{1}{2}}\int_0^d dr \frac{r}{q}\sin(qr)$$

$$= -d^2 \frac{J_{\frac{3}{2}}(qd)}{}f(r) \tag{5.91}$$

反变换给出

$$f(r) = \left(\frac{1}{2\pi}\right)^{\frac{3}{2}}\int d^3q e^{i\boldsymbol{q}\cdot\boldsymbol{r}} g(q) \tag{5.92}$$

所以有

$$f(\mid \boldsymbol{r}_1-\boldsymbol{r}_2\mid) = \left(\frac{1}{2\pi}\right)^{\frac{3}{2}}\int d^3q e^{i\boldsymbol{q}\cdot(\boldsymbol{r}_1-\boldsymbol{r}_2)} g(q) \tag{5.93}$$

式中，$J_{\frac{3}{2}}(x)$ 是半整数柱贝赛尔函数。将式(5.93)代入式(5.90)可以得到

$$B_3 = -\frac{1}{3}\int d^3r_{12} d^3r_{13} f(r_{12})f(r_{13})f(\mid \boldsymbol{r}_{12}-\boldsymbol{r}_{13}\mid) \tag{5.94}$$

$$\frac{1}{3}(2\pi)^{\frac{3}{2}}\int d^3q g^3(q) = \frac{4\pi}{3}(2\pi)^{\frac{3}{2}}d^6 \int_0^\infty dx [J_{\frac{3}{2}}(x)]^3 x^{-\frac{5}{2}} = \frac{5}{18}\pi^2 d^6 \tag{5.95}$$

(2) 用几何方式

由式(5.90)可知，当3个条件 $r_{12} \leq R$，$r_{13} \leq R$ 及 $\mid \boldsymbol{r}_{12}-\boldsymbol{r}_{13}\mid \leq R$ 同时满足时，被积函数对积分才有贡献。在以 O_1 为球心、半径为 R 的球内取点 O_2，令 $r_1 = O_1O_2$，再以 O_2 为球心画半径为 R 的球，容易看出同时满足以上3个条件的区域是两个球的重叠部分。下面我们计算两球重叠部分的体积。

当 O_2 取定时(图5.4)

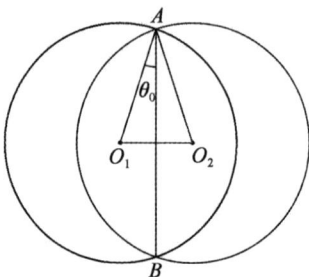

图5.4　重叠的两个球体示意图

$$\cos \theta_0 = \frac{r_1}{2R}, \quad h^2 = R^2 - \frac{r_1^2}{4}$$

$$\Delta \Omega = \int_0^{\theta_0} \sin \theta \mathrm{d}\theta \int_0^{2\pi} \mathrm{d}\phi = 2\pi (1 - \cos \theta_0) = 2\pi \left(1 - \frac{r_1}{2R}\right) \tag{5.96}$$

O_1 球的 AO_1B 部分的体积

$$\Delta V_1 = \frac{R^3}{3}\Delta \Omega = \frac{2\pi}{3}R^3 \left(1 - \frac{r_1}{2R}\right) \tag{5.97}$$

圆锥体的 AO_1B 部分的体积

$$\Delta V_2 = \frac{1}{3}\frac{r_1}{2}\pi h^2 = \frac{\pi}{6}r_2 \left(R^2 - \frac{r_1^2}{4}\right) \tag{5.98}$$

由此可得两球重叠部分的体积

$$\Delta V = 2(\Delta V_1 - \Delta V_2) = 2\left[\frac{2\pi}{3}R^3 \left(1 - \frac{r_1}{2R}\right) - \frac{\pi}{6}r_1 \left(R^2 - \frac{r_1^2}{4}\right)\right]$$

$$= \frac{4\pi}{3}R^3 \left(1 - \frac{r_1}{2R}\right) - \frac{\pi}{3}r_1 \left(R^2 - \frac{r_1^2}{4}\right) \tag{5.99}$$

O_2 取遍 O_1 球的所有点,则有

$$B_3 = \frac{4\pi}{3}\int_0^R r_1^2 \mathrm{d}r_1 \Delta V$$

$$= \frac{4\pi}{3}\int_0^R r_1^2 \mathrm{d}r_1 \left[\frac{4\pi}{3}R^3 \left(1 - \frac{r_1}{2R}\right) - \frac{\pi}{3}r_1 \left(R^2 - \frac{r_1^2}{4}\right)\right]$$

$$= \frac{4\pi}{3}\left[\frac{4\pi}{3}R^3 \left(\frac{R^3}{3} - \frac{R^3}{8}\right) - \frac{\pi}{3}\left(\frac{R^6}{4} - \frac{R^6}{24}\right)\right]$$

$$= \frac{4\pi}{3}R^6 \left(\frac{4\pi}{3}\frac{5}{24} - \frac{\pi}{3}\frac{5}{24}\right) = \frac{4\pi^2}{3}\frac{5}{24}R^6 = \frac{5}{18}\pi^2 d^6 \tag{5.100}$$

两种方法计算结果一样。

第6章 相变理论

6.1 有限体积系统

在第 4 章我们了解到,自由玻色子系统在低温时出现玻色凝聚,系统的热力学函数出现不连续性,即系统发生相变。实际上,凝聚在自然界中是普遍存在的。为了理解相变发生的机制,我们首先讨论有限体积系统的情况。不失一般性,可假定粒子之间存在硬球相互作用,记此有限体积 V 中可放置的最大粒子数为 N_0,这时匹配分函数是有限项多项式

$$\mathscr{D}_V = \sum_{N=0}^{N_0} \frac{y^N}{N!} Q_V(N) = 1 + yV + \cdots + y^{N_0} Q_V(N_0) \tag{6.1}$$

由系数表达式可知,多项式(6.1)的系数 $Q_V(N)$ 都是正值,所以代数方程

$$\mathscr{D}_V = 1 + yV + \cdots y^{N_0} Q_V(N_0) = 0 \tag{6.2}$$

没有正实数解,即方程的 N_0 个根 $y_i(i = 1,2,\cdots,N_0)$ 没有一个根在正实轴上(图 6.1)。

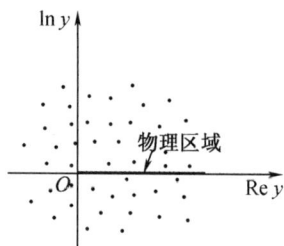

图 6.1 方程 $1 + yV + \cdots + y^{N_0} Q_V(N_0) = 0$ 无正实数解

在 y 的复平面内可以将多项式 $\mathscr{D}_V$ 进行因式分解

$$\mathscr{D}_V = \prod_{i=1}^{N_0} \left(1 - \frac{y}{y_i}\right) \tag{6.3}$$

由式(6.1)可知,在系统符合物理的区域(y 是正实数),$D_V > 1$,$\mathscr{D}_V$ 取的对数也是解析的。

$$\frac{p}{kT} = \frac{1}{V} \ln \mathscr{D}_V = \frac{1}{V} \sum_{i=1}^{N_0} \ln\left(1 - \frac{y}{y_i}\right) \tag{6.4}$$

其中,$y_i \neq$ 实数。由此可知,在系统符合物理的区域,压强 p 是 y 的正的实连续递增解析函数。由关系式

$$\rho_V = \frac{\partial}{\partial \ln y} \frac{p}{kT} = \frac{1}{V} \sum_{i=1}^{N_0} \frac{1}{1 - \frac{y}{y_i}} \left(-\frac{y}{y_i}\right) \tag{6.5}$$

可知,ρ_V 的极点 y_i 在非物理区,所以在物理区内 ρ_V 也是解析的。

由比体积 $v = \frac{1}{\rho}$ 可知,压强 p 是比体积 v 的解析函数 $p = p(v,T)$。

下面我们证明

$$\rho_V > 0 \tag{6.6}$$

且为有限实数；

$$\frac{\partial \rho_V}{\partial \ln y} > 0 \tag{6.7}$$

且为有限实数。

证明

$$\rho_V = \frac{\partial}{\partial \ln y} \frac{p}{kT} = \frac{1}{V} \frac{1}{\mathscr{D}} \frac{\partial \mathscr{D}}{\partial \ln y} = \frac{1}{V} \frac{1}{\mathscr{D}} \sum_{N=0}^{N_0} \frac{y^N}{N!} Q_V(N) N = \frac{\langle N \rangle}{V} \tag{6.8}$$

因为 N 的最大值是 N_0，所以 $\langle N \rangle$ 是正的有限实数，由此得到

$$\rho_V > 0 \tag{6.9}$$

且为有限实数。又因为

$$\frac{\partial \rho_V}{\partial \ln y} = \frac{1}{V} \frac{1}{\mathscr{D}} \frac{\partial^2 \mathscr{D}}{\partial (\ln y)^2} - \frac{1}{V} \frac{1}{\mathscr{D}^2} \left(\frac{\partial \mathscr{D}^2}{\partial \ln y} \right)$$

$$= \frac{1}{V} (\langle N^2 \rangle - \langle N \rangle^2) = \frac{1}{V} (N - \langle N \rangle)^2$$

由于有限系统粒子数的涨落不可能为零，它是正的有限值，所以

$$\frac{\partial \rho_V}{\partial \ln y} > 0 \tag{6.10}$$

且有限，由此得到

$$\left(\frac{\partial p_V}{\partial \rho_V} \right)_T = \frac{kT \frac{\partial}{\partial \ln y} \left(\frac{p_V}{kT} \right)_T}{\frac{\partial \rho_V}{\partial \ln y}} = \frac{kT \rho_V}{\frac{\partial \rho_V}{\partial \ln y}} > 0 \tag{6.11}$$

公式右端的分子、分母均大于零，所以 $\left(\frac{\partial p_V}{\partial \rho_V} \right)_T > 0$，且有限，故压强 p 是粒子密度 ρ_V 的正的实递增解析函数。由比体积 $v = \frac{1}{\rho}$，所以压强 p 是比体积 v 的正的实递降解析函数 $p = p(v, T)$，在 $p - v$ 图上只会出现图 6.2(a) 的情况，而不会出现图 6.2(b) 的情况。

由以上讨论我们得出结论：有限体积粒子系统没有相变发生。

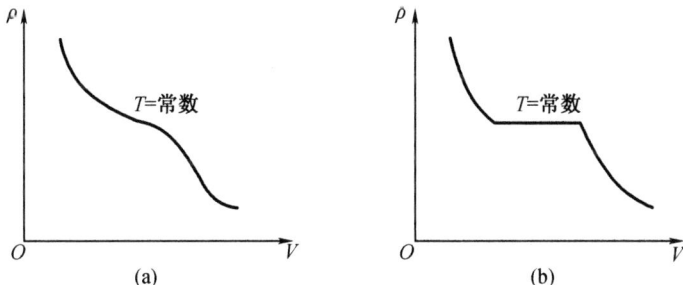

图 6.2　$\rho - V$ 曲线

6.2　容积为无限时的极限

为了讨论系统的相变机制,下面给出两个定理,但这里不作证明。

定理一　当 y 是正实数时,在符合物理区域内,极限

$$\lim_{V \to \infty} \frac{1}{V} \ln \mathscr{D}_V = \frac{p}{kT} \tag{6.12}$$

存在,且是 y 的单调连续递增函数。

定理二　在 y 的复平面内,有一包含一段正实轴的区域 R,其中对于任何体积 V 都没有方程 $\mathscr{D}_V = 0$ 的根(图6.3),则在区域 R 内,极限

$$\lim_{V \to \infty} \frac{1}{V} \ln \mathscr{D}_V$$

$$\left(\frac{\partial}{\partial \ln y} \right)^n \lim_{V \to \infty} \frac{1}{V} \ln \mathscr{D}_V \, (n = 1, 2, \cdots)$$

都存在,且是 y 的解析函数。

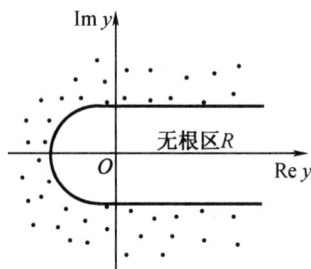

图6.3　区域 R 内没有 $\mathscr{D}_V(y) = 0$ 的根

另外,在区域 R 内,运算 $\left(\dfrac{\partial}{\partial \ln y} \right)^n$ 与 $\lim\limits_{V \to \infty}$ 对易,即

$$\left(\frac{\partial}{\partial \ln y} \right)^n \lim_{V \to \infty} \frac{1}{V} \ln \mathscr{D}_V = \lim_{V \to \infty} \left(\frac{\partial}{\partial \ln y} \right)^n \frac{1}{V} \ln \mathscr{D}_V$$

借助这两个定理,我们可以讨论相变发生机制。

当 $V \to \infty$ 时,假定 $\mathscr{D}_V = 0$ 根趋近于实轴的点 y_t(图6.4(a)),由定理知 p 是 y 的单调连续函数,所以在 $p - y$ 图上最多在 y_t 点出现扭曲(图6.4(b)),即斜率不同,则在 $\rho - y$ 曲线上就出现类似于图6.5(a)的跳跃现象,在 $p - v$ 曲线上就出现图6.5(b)所示的形状,即发生一级相变。如果根向实轴的两点逼近,则相应的情况如图6.6所示。

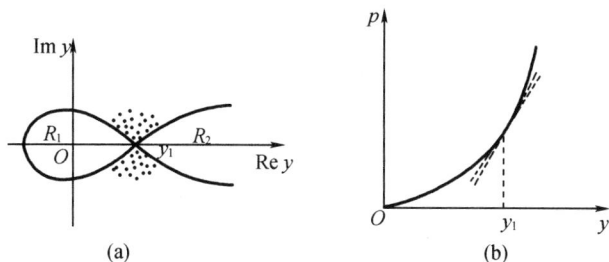

图 6.4　相变机制 1

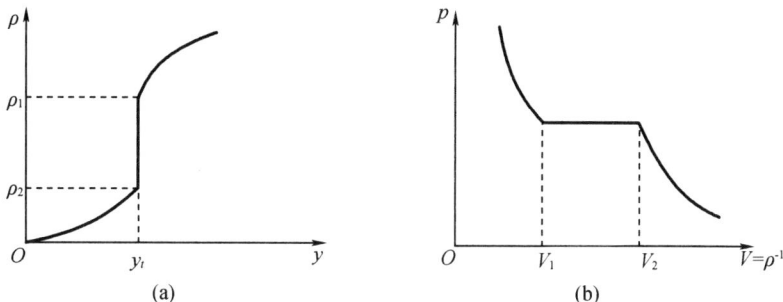

图 6.5　相变机制 2

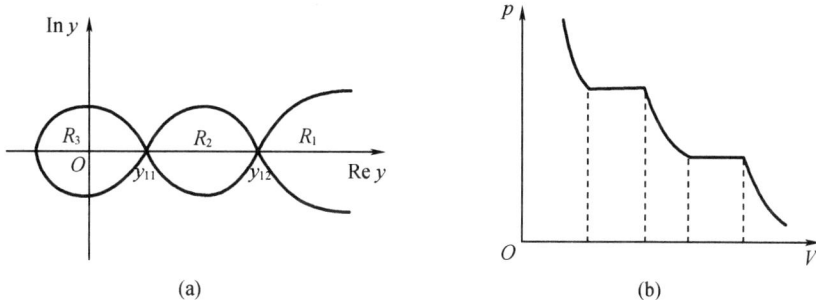

图 6.6　多级相变

6.3　一个简单的数学模型

为了更清楚地理解系统的相变机制,我们考虑一个简单的数学模型。假定有限系统的巨配分函数为

$$\mathscr{D}(V,y) = \frac{(1+y)^V(1-y^V)}{1-y} \tag{6.13}$$

并令 V 是整数,则方程

$$\mathscr{D}(V,y) = 0 \tag{6.14}$$

有 V 个根,容易看出所有根都在单位圆上(图 6.7),即

$$y = -1$$

和

$$y_k = e^{i2\pi k}, k = 1, 2, \cdots, V - 1$$

对于任何有限的 $V, y = 1$ 不是方程的根。

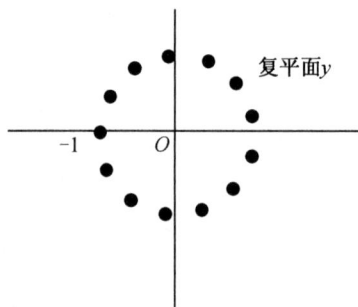

图6.7　有限时多项式的根都在单位圆上

当 $V \to \infty$ 时,方程的根无限靠近正实轴 $(y = 1)$。这时函数 $\frac{1}{V}\mathscr{D}(V, y)$ 对于 $y > 1$ 和 $y < 1$ 有不同的极限。

当 $y < 1$ 时,

$$\lim_{V \to \infty} \frac{1}{V} \ln \mathscr{D}(V, y) = \lim_{V \to \infty} \frac{1}{V} \ln \left[\frac{(1 + y)^V (1 - y)^V}{1 - y} \right]$$

$$= \lim_{V \to \infty} \frac{1}{V} [V \ln(1 + y) + \ln(1 - y^V) - \ln(1 - y)]$$

$$= \ln(1 + y) \quad \lim_{V \to \infty} \frac{1}{V} \ln \mathscr{D}(V, y) = \lim_{V \to \infty} \frac{1}{V} \ln \left[\frac{(1 + y)^V (1 - y^V)}{1 - y} \right]$$

$$= \lim_{V \to \infty} \frac{1}{V} \ln \left[y^V \frac{(1 + y)^V \left(\frac{1}{y^V} - 1 \right)}{1 - y} \right] = \ln y + \ln(1 + y)$$

由此得到

$$\frac{p}{kT} = \begin{cases} \ln(1 + y), & y < 1 \\ \ln y + \ln(1 + y), & y > 1 \end{cases} \tag{6.15}$$

可以看出,压强 p 在 $y = 1$ 处是连续的。

借助比体积公式

$$\frac{1}{v} = y \frac{\partial}{\partial y} \left(\frac{p}{kT} \right)$$

可以得到

$$\frac{1}{v} = \begin{cases} \dfrac{y}{1 + y}, & y < 1 \\ \dfrac{2y + 1}{1 + y}, & y > 1 \end{cases} \tag{6.16}$$

即在 $y = 1$ 处比体积不连续,画出 $p - V$ 曲线,如图6.5(b)所示。

当 $y = 1$ 时,比体积 v 可以取 $\frac{2}{3} \sim 2$ 之间的任何值,即系统发生凝聚。

由此我们得到系统的状态方程

$$\frac{p}{kT} = \begin{cases} \ln \dfrac{v}{v-1}, & v > 2 \\[2mm] \ln 2, & \dfrac{2}{3} < v < 2 \\[2mm] \ln \dfrac{v(1-v)}{(2v-1)^2}, & \dfrac{1}{2} < v < \dfrac{2}{3} \end{cases} \tag{6.17}$$

显然,状态方程呈现一级相变所具有的特征。很容易检验,对于 $\frac{1}{V}\ln \mathscr{D}(V,y)$,先取 $\lim\limits_{V\to\infty}$ 再取 $\frac{\partial}{\partial y}$,或者先取 $\frac{\partial}{\partial y}$ 再取 $\lim\limits_{V\to\infty}$ 得到的结果相同。

6.4　有序无序转变、Ising 模型和格气

6.4.1　有序无序转变

锌铜合金是简单的晶体,它属于一种体立方结构,可以看作由 α 和 β 两种简单的立方格子组成,其形状如图 6.8 所示。实验发现,当温度高于临界温度,即 $T > T_c$ 时,这种晶体的结构对于 α 和 β 是对称的,即发现 Zn 在 α(或β) 位置上的概率等于发现 Cu 在 α(或β) 位置上的概率。这种状态称为无序状态。

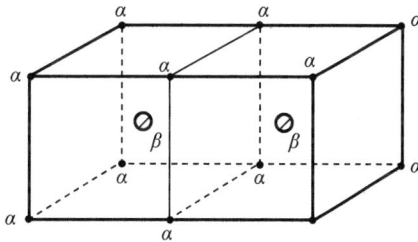

图 6.8　α,β 立方结构晶体

如果温度低于临界温度,即 $T < T_c$ 时,则发现 Zn 在 α 位置上的概率不等于发现 Cu 在 α 位置上的概率,发现 Zn 在 β 位置上的概率也不等于发现 Cu 在 β 位置上的概率,但是 Zn 在 α 位置上的概率等于 Cu 在 β 位置上的概率。这种结论通过 X 射线的衍射实验得到了证实。取入射的 X 射线在 α,β 和 z 轴构成的平面内(图 6.9),如果 $T > T_c$,则各种原子都随机地处于晶格上,对于入射的 X 射线来说,晶面 1 和晶面 2 没有差别,令晶面 1 和晶面 2 之间的间隔为 d,Bragg 衍射公式给出

$$\sin \theta = \frac{n\lambda}{2d}$$

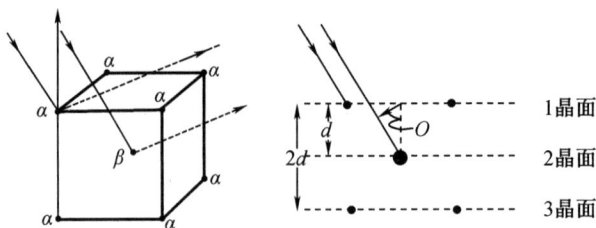

图 6.9　晶体衍射

于是 X 射线产生若干衍射线。

如果 $T < T_c$，原子在晶体上各就各位，这时晶面 1 和晶面 3 相同，这两个晶面之间的间隔为 $2d$，因而按照公式

$$\sin\theta' = \frac{n\lambda}{4d}$$

产生更多的衍射线。这样 X 射线衍射实验证实：当 $T > T_c$ 时，α 和 β 等价；当 $T < T_c$ 时，α 和 β 不等价。另外，实验测量到不同温度下锌铜合金的比热容（图 6.10），当温度高于或低于临界温度（$T_c = 742$ K）时，比热容都是有限的；但当温度 $T \to T_c$ 时，比热容趋近于无限大，如图 6.10 所示，类似于 ^{4}He 的 λ 相变。

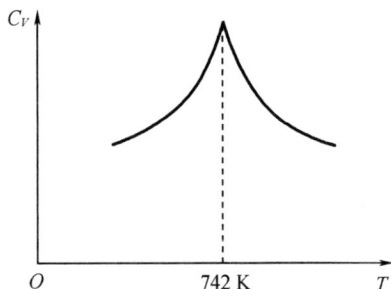

图 6.10　不同温度下锌铜合金的比热容

以上讨论的是两种原子核数目相同的合金。对于原子核数目不同的合金，例如 Au_3Cu 也有类似的现象发生。用有序 – 无序模型的平衡态统计理论可以较好地描述这些有序 – 无序转换的相变现象。作为最简单的例子，假定由两种不同的物体 A 和 B 构成点阵，例如锌铜合金，并假设物体间只有最邻近的相互作用，我们用 V_{AB} 表示物体 A 和 B 之间的相互作用能量，用 V_{AA} 表示物体 A 和 A 之间的相互作用能量，用 V_{BB} 表示物体 B 和 B 之间的相互作用能量。

当系统温度在绝对零度（$T = 0$ K）时，若 $V_{AB} > \dfrac{1}{2}(V_{AA} + V_{BB})$，则整个点阵将形成一些 A – A 相连的区域和 B – B 相连的区域。若 $V_{AB} < \dfrac{1}{2}(V_{AA} + V_{BB})$，则点阵中 A 和 B 互为近邻的交错排列对能量有利，因而形成 A – B 交错排列的点阵。这两种情况都是有序的。当温度升高时，热能将使物体 A 和 B 的位置无规化。当温度超过某一温度时，整个点阵中 A 和 B 在晶格点

上的分布变为完全无规,即系统发生相变。

规定以下符号:

N_{AA}—— 近邻为 AA 原子的总近邻对数;

N_{AB}—— 近邻为 AB 原子的总近邻对数;

N_{BB}—— 近邻为 BB 原子的总近邻对数;

N_A——A 原子的总数;

N_B——B 原子的总数;

$\mathscr{N}$—— 总格点数;

ϵ_{AA}——AA 原子近邻的相互作用能;

ϵ_{AB}——AB 原子近邻的相互作用能;

ϵ_{BB}——BB 原子近邻的相互作用能。

先让 A 原子向它邻近的格点引出连线,显然每对 AA 原子有两条连线,令 n 表示原子的邻近格点数。例如,一维圆链或无限长一维直线链格点 $n = 2$,对于二维点 $n = 4$。我们有

$$2N_{AA} + N_{AB} = nN_A$$

同理,只让 B 原子向邻近格点引出连线,则有

$$2N_{BB} + N_{AB} = nN_B$$

可以借助 N_{AA}, N_A 表示势能函数

$$N_{AB} = nN_A - 2N_{AA}$$

$$N_{BB} = \frac{1}{2}(nN_B - N_{AB})$$

$$= \frac{1}{2}[n(\mathscr{N} - N_A) - (nN_A - 2N_{AA})]$$

$$= \frac{1}{2}(n\mathscr{N} - 2nN_A + 2N_{AA})$$

$$= \frac{1}{2}n\mathscr{N} - nN_A + N_{AA}$$

则有序 - 无序转变体系的势能

$$U_{o-d} = \epsilon_{AA}N_{AA} + \epsilon_{BB}N_{BB} + \epsilon_{BB}N_{AB}$$

$$= \epsilon_{AA}N_{AA} + \epsilon_{BB}\left(\frac{1}{2}n\mathscr{N} - nN_A + N_{AA}\right) + \epsilon_{AB}(nN_A - 2N_{AA})$$

$$= N_{AA}(\epsilon_{AA} + \epsilon_{BB} - 2\epsilon_{AB}) + nN_A(\epsilon_{AB} - \epsilon_{BB}) + \frac{1}{2}n\mathscr{N}\epsilon_{BB} \tag{6.18}$$

有序 - 无序体系的配分函数

$$Q_{o-d} = e^{-\frac{F_{o-d}}{kT}} = e^{-\frac{U_{o-d}}{kT}} \tag{6.19}$$

式中,F_{o-d} 是有序 - 无序转变体系的亥姆霍兹自由能。

6.4.2　Ising 模型

Ising 模型(图 6.11)是与材料的铁磁性和反铁磁性有关的一种简单近似模型。如果晶格上粒子的自旋取 z 方向,则两自旋粒子的耦合可以近似地表示为

$$s_i \cdot s_j \approx (s_z)_i (s_z)_j \tag{6.20}$$

这里 s_i 和 s_j 是量子力学的自旋,$(s_z)_i = \pm \dfrac{1}{2}$,因而可将 $(s_z)_i$ 写成自旋向上或者自旋向下,分别用 ↑ 或者 ↓ 来表示。忽略掉非邻近自旋之间的相互作用,则系统的相互作用能可以表示为线性表达式。

$$\downarrow - \downarrow - \uparrow - \uparrow - \downarrow - \uparrow$$
$$\uparrow - \downarrow - \downarrow - \downarrow - \uparrow - \downarrow$$
$$\uparrow - \downarrow - \uparrow - \downarrow - \downarrow - \downarrow$$
$$\downarrow - \downarrow - \uparrow - \uparrow - \downarrow - \uparrow$$
$$\uparrow - \uparrow - \uparrow - \downarrow - \uparrow - \uparrow$$

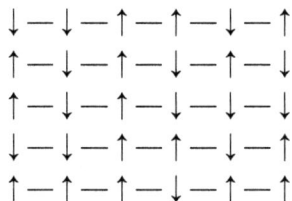

图 6.11 Ising 模型

假定每一个格点可以放一个自旋向上或者自旋向下的粒子,且存在沿 z 方向的外加磁场 H。

规定以下符号:

$N_\uparrow$ —— 自旋向上的粒子总数;

$N_\downarrow$ —— 自旋向下的粒子总数;

$N_{\uparrow\uparrow}$ —— 自旋均向上的近邻对数;

$N_{\downarrow\downarrow}$ —— 自旋均向下的近邻对数;

$N_{\uparrow\downarrow}$ —— 自旋相反的近邻对数;

$\varepsilon_{\uparrow\uparrow}$ —— 自旋向上的近邻相互作用能;

$\varepsilon_{\downarrow\downarrow} (= \varepsilon_{\uparrow\uparrow})$ —— 自旋向下的近邻相互作用能;

$\varepsilon_{\uparrow\downarrow}$ —— 自旋相反的近邻相互作用能。

则此自旋系统的相互作用能

$$U_{\text{Ising}} = (N_{\uparrow\uparrow} + N_{\downarrow\downarrow})\varepsilon_{\uparrow\uparrow} + N_{\uparrow\downarrow}\varepsilon_{\uparrow\downarrow} + \mu H(N_\downarrow - N_\uparrow) \tag{6.21}$$

这里磁场 H 沿 z 轴方向,μ 是粒子的磁矩。

借助与有序 - 无序模型同样的论证,有

$$2N_{\uparrow\uparrow} + N_{\uparrow\downarrow} = nN_\uparrow$$
$$2N_{\downarrow\downarrow} + N_{\uparrow\downarrow} = nN_\downarrow$$
$$N_{\uparrow\downarrow} = nN_\uparrow - 2N_{\uparrow\uparrow}$$
$$N_{\downarrow\downarrow} = \frac{1}{2}(nN_\downarrow - N_{\uparrow\downarrow})$$
$$= \frac{1}{2}[n(\mathcal{N} - N_\uparrow) + 2N_{\uparrow\uparrow} - nN_\uparrow]$$
$$= \frac{1}{2}(n\mathcal{N} - 2nN_\uparrow + 2N_{\uparrow\uparrow})$$
$$= \frac{1}{2}n\mathcal{N} - nN_\uparrow + N_{\uparrow\uparrow}$$

得到自旋系统的相互作用能(也即此自旋系统的总能量)

$$U_{\text{Ising}} = (N_{\uparrow\uparrow} + N_{\downarrow\downarrow})\varepsilon_{\uparrow\uparrow} + N_{\uparrow\downarrow}\varepsilon_{\uparrow\downarrow} + \mu H(N_\uparrow - N_\downarrow)$$

$$= N_{\uparrow\uparrow}(2\varepsilon_{\uparrow\uparrow} - 2\varepsilon_{\uparrow\downarrow}) + N_{\uparrow}(-n\varepsilon_{\uparrow\uparrow} + n\varepsilon_{\uparrow\downarrow} - 2\mu H) + \frac{n}{2}\mathscr{N}\varepsilon_{\uparrow\uparrow} + \mathscr{N}\mu H \tag{6.22}$$

自旋系统的配分函数为

$$Q_{\text{Ising}} = \sum_{\text{all distr}} e^{\frac{-F_{\text{Ising}}}{kT}} = \sum_{\text{all distr}} e^{\frac{-U_{\text{Ising}}}{kT}}$$

式中,F_{Ising} 表示此自旋体系的亥姆霍兹自由能。

配分函数可详细地表示为

$$Q_{\text{Ising}}(\mathscr{N})$$
$$= e^{-\frac{\mathscr{N}\left(\frac{1}{2}n\varepsilon_{\uparrow\uparrow} + \mu H\right)}{kT}} \sum_{N_{\uparrow}=0}^{\mathscr{N}} e^{-\frac{N_{\uparrow}}{kT}(-n\varepsilon_{\uparrow\uparrow} + n\varepsilon_{\uparrow\downarrow} - 2\mu H)} \sum_{N_{\uparrow\uparrow}} c_1(N_{\uparrow}, N_{\uparrow\uparrow}) e^{-\frac{2N_{\uparrow\uparrow}}{kT}(\varepsilon_{\uparrow\uparrow} - \varepsilon_{\uparrow\downarrow})} \tag{6.23}$$

式中,$c_1(N_{\uparrow}, N_{\uparrow\uparrow})$ 表示当 $N_{\uparrow}$ 和 $N_{\uparrow\uparrow}$ 给定后一切可能的组态数。

令 $\varepsilon_{\uparrow\uparrow} = \epsilon, \varepsilon_{\uparrow\downarrow} = -\epsilon$,则

$$U_{\text{Ising}} = (4\epsilon)N_{\uparrow\uparrow} - 2(n\epsilon + \mu H)N_{\uparrow} + \left(\frac{n}{2}\epsilon + \mu H\right)\mathscr{N} \tag{6.24}$$

$$Q_{\text{Ising}}(\mathscr{N}) = e^{-\frac{\mathscr{N}\left(\frac{1}{2}n\epsilon + \mu H\right)}{kT}} \sum_{N_{\uparrow}=0}^{\mathscr{N}} e^{\frac{2(\epsilon + \mu H)N_{\uparrow}}{kT}} \sum_{N_{\uparrow\uparrow}} c_1(N_{\uparrow}, N_{\uparrow\uparrow}) e^{-\frac{4\epsilon N_{\uparrow\uparrow}}{kT}} \tag{6.25}$$

容易看出,在 Ising 模型中,令外场 $H = 0$ 并用 A 代替 $\uparrow$,用 B 代替 $\downarrow$,则这时 Ising 模型与有序 – 无序模型等价。

6.4.3 格气模型

格气模型(图6.12)是将 N 个不可分辨的粒子放在 N 个周期性的晶格点上,并规定每个晶格点最多只能放一个粒子,且每个粒子也只与最邻近的粒子有相互作用。N 个可分辨粒子系统的配分函数是

$$Q_N = = \left(\frac{1}{2\pi}\right)^{3N} \int \prod d^3 p_i e^{-\frac{p_i^2}{2mkT}} \times \prod^N d^3 r_i e^{-\frac{U}{kT}} \simeq \frac{1}{\lambda^{3N}} \sum e^{-\frac{U}{kT}} \tag{6.26}$$

这里 $\lambda = \sqrt{\frac{2\pi}{mkT}}\hbar$。

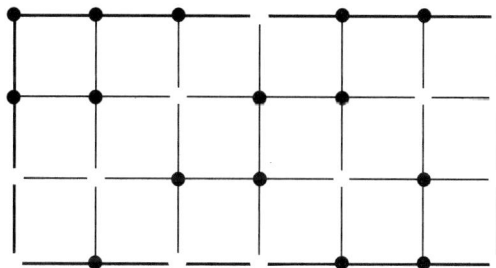

图 6.12 格气模型

在经典统计中,粒子的动量与位置无关,所以对动量的积分和对坐标空间的积分可以分开。对动量空间的积分给出因子 $\frac{1}{\lambda^{3N}}$;对坐标空间的积分可以变积分为对格点的求和。

令晶格中最近格点的距离为 a,处于 i,j 格点上的粒子的相互作用能为

$$u_{ij} = \begin{cases} \infty, & r_{ij} = 0 \\ u_g, & r_{ij} = a \\ 0, & r_{ij} = \text{其他距离} \end{cases} \tag{6.27}$$

$$U_g = \sum_{i<j}^{N} u_{ij} \tag{6.28}$$

取定 N 个全同粒子,放在 $\mathcal{N}$ 个格点上,每个格点最多放一个粒子,令最邻近(距离为 a)粒子对的数目为 N_p,记 (N, N_p) 为 N 和 N_p 给定的一切可能的组态数。

格气模型的巨配分函数可表示为

$$\mathcal{D}_g = \sum_{N=0}^{\mathcal{N}} \frac{y^N}{N!} Q_V(N) \tag{6.29}$$

其中

$$y = \frac{z}{\lambda^3} \tag{6.30}$$

$$Q_V(N) = \sum_{N_p} c_g(N, N_p) e^{-\frac{U_g}{kT}} \tag{6.31}$$

$$U_g = N_p u_g \tag{6.32}$$

需要指出,N 个全同粒子在晶格上指定后,它们之间的互换并不给出新的态,而 $c_g(N, N_p)$ 包含了这种互换,所以在巨配分函数中出现因子 $\frac{1}{N!}$。

格气模型相当于把粒子看作硬球。

当惰性气体达到临界温度时,分子彼此排列得很紧,密度很大,类似于格气模型。

比较 U_{o-d} 与 U_{Ising},除了 Ising 模型中多了与磁场有关的一项 $\mathcal{N}\mu H$ 以外,其他各项彼此对应。这三种模型的相互作用都是线性关系,所以可以找出它们之间的联系,即有了一种模型的表示,就可以找出另外两种模型的表示。

下面讨论格气模型与 Ising 模型的关系。规定粒子自旋 ↑ 的格子放格气的粒子,粒子自旋 ↓ 的格子是空格,所以 $N = N_\uparrow$ 是格气的粒子数。N_p 表示存在相互作用的最邻近粒子对的数目,很明显 $N_p = N_{\uparrow\uparrow}$。

我们得到

$$U_g = (2\varepsilon_{\uparrow\uparrow} - 2\varepsilon_{\uparrow\downarrow})$$

$$U_{Ising}(\mathcal{N}) = N_{\uparrow\uparrow}(2\varepsilon_{\uparrow\uparrow} - 2\varepsilon_{\uparrow\downarrow}) + N_\uparrow(-n\varepsilon_{\uparrow\uparrow} + n\varepsilon_{\uparrow\downarrow} - 2\mu H) + \frac{n}{2}\mathcal{N}\varepsilon_{\uparrow\uparrow} + \mathcal{N}\mu H$$

$$= U_g - [n(\varepsilon_{\uparrow\uparrow} - \varepsilon_{\uparrow\downarrow}) + 2\mu H]N + \left(\frac{n}{2}\varepsilon_{\uparrow\uparrow} + \mu H\right)\mathcal{N} \tag{6.33}$$

令 $y = e^{\frac{[n(\varepsilon_{\uparrow\uparrow} - \varepsilon_{\uparrow\downarrow}) + 2\mu H]}{kT}}$,则

$$Q_{Ising}(\mathcal{N})$$

$$= e^{-\frac{\mathcal{N}\left(\frac{1}{2}n\varepsilon_{\uparrow\uparrow} + \mu H\right)}{kT}} \sum_{N_\uparrow=0}^{\mathcal{N}} e^{-\frac{N_\uparrow}{kT}(-n\varepsilon_{\uparrow\uparrow} - n\varepsilon_{\uparrow\downarrow} - 2\mu H)} \sum_{N_{\uparrow\uparrow}} c_I[N_\uparrow, N_{\uparrow\uparrow} e^{-\frac{2N_{\uparrow\uparrow}}{kT}(\varepsilon_{\uparrow\uparrow} - \varepsilon_{\uparrow\downarrow})}]$$

$$= e^{-\frac{\mathcal{N}\left(\frac{1}{2}n\varepsilon_{\uparrow\uparrow} + \mu H\right)}{kT}} \sum_{N=0}^{\mathcal{N}} [e^{\frac{[n(\varepsilon_{\uparrow\uparrow} - \varepsilon_{\uparrow\downarrow}) + 2\mu H]}{kT}})^N \frac{1}{N!} \sum_{N_p} c_g(N, N_p) e^{-\frac{U_g}{kT}}$$

$$= e^{-\frac{\mathscr{N}\left(\frac{1}{2}n\varepsilon_{\uparrow\uparrow}+\mu H\right)}{kT}} \sum_{N=0}^{\mathscr{N}} \frac{\gamma^N}{N!} \sum_{N_p} c_g(N,N_p) e^{-\frac{U_g}{kT}}$$

$$= e^{-\frac{\mathscr{N}\left(\frac{1}{2}n\varepsilon_{\uparrow\uparrow}+\mu H\right)}{kT}} \mathscr{D}_g(\mathscr{N}) \tag{6.34}$$

所以格气模型的巨配分函数与 Ising 模型的配分函数有简单关系:

$$\mathscr{D}_g(\mathscr{N}) = Q_{Ising}(\mathscr{N}) e^{\frac{\frac{1}{2}n\varepsilon_{\uparrow\uparrow}+\mu H}{kT}\mathscr{N}} \tag{6.35}$$

6.5　Ising 模型的平均场近似

为计算简便,取

$$\varepsilon_{\uparrow\uparrow} = \varepsilon_{\downarrow\downarrow} = \epsilon$$
$$\varepsilon_{\uparrow\downarrow} = -\epsilon$$

则对于格气

$$u_g = 4\epsilon$$

$\epsilon < 0$ 对应于铁磁性物质;$\epsilon > 0$ 对应于反铁磁性物质。

在这样规定的条件下,有

$$U_{Ising} = (4\epsilon)N_{\uparrow\uparrow} - 2(n\epsilon + \mu H)N_{\uparrow} + \left(\frac{n}{2}\epsilon + \mu H\right)\mathscr{N} \tag{6.36}$$

平均场近似的基本假定是

$$\frac{N_{\uparrow\uparrow}}{\frac{1}{2}n\mathscr{N}} = \left(\frac{N_{\uparrow}}{\mathscr{N}}\right)^2$$

则可得到

$$U_{Ising} = 2n\epsilon\left(\frac{N_{\uparrow}}{\mathscr{N}}\right)^2 \mathscr{N} - 2(n\epsilon + \mu H)N_{\uparrow} + \left(\frac{n}{2}\epsilon + \mu H\right)\mathscr{N} \tag{6.37}$$

这样 U_{Ising} 只与 $N_{\uparrow}$ 有关,且是非线性的。

定义磁化强度

$$M = \frac{N_{\uparrow}}{\mathscr{N}} - \frac{N_{\downarrow}}{\mathscr{N}}$$

并借助公式

$$1 = \frac{N_{\uparrow}}{\mathscr{N}} + \frac{N_{\downarrow}}{\mathscr{N}}$$

可以得到

$$\frac{N_{\uparrow}}{\mathscr{N}} = \frac{1}{2}(1 + M)$$

$$\frac{N_{\downarrow}}{\mathscr{N}} = \frac{1}{2}(1 - M)$$

$$\frac{U_{Ising}}{\mathscr{N}} = 2n\epsilon \frac{1}{4}(1 + M)^2 - 2(n\epsilon + \mu H)\frac{1}{2}(1 + M) + \left(\frac{n}{2}\epsilon + \mu H\right)$$

$$= -\mu H M + \frac{1}{2} n\epsilon M^2 \tag{6.38}$$

给定 $N_\uparrow$ 和 M，则 U_{Ising} 确定，但格点上的自旋取向并不能确定，共有 $\dfrac{\mathscr{N}!}{N_\uparrow!(\mathscr{N}-N_\uparrow)!}$ 种可能的方式给出相同的能量 U_{Ising}，所以

$$Q_{\text{Ising}}(\mathscr{N}) = \sum_{N_\uparrow=0}^{\mathscr{N}} e^{-\frac{U_{\text{Ising}}}{kT}} \frac{\mathscr{N}!}{N_\uparrow!(\mathscr{N}-N_\uparrow)!} = \sum_{N_\uparrow=0}^{\mathscr{N}} Q_{N_\uparrow} \tag{6.39}$$

当 $N_\uparrow \gg 1$ 和 $\mathscr{N} \gg 1$ 时，在取 $Q_{\text{Ising}}(\mathscr{N})$ 的对数时只需取 $Q_{N_\uparrow}$ 中最大项的对数就可以了。例如，假定 $A_1 > A_2 > A_3 > \cdots$，则

$$\lim_{n\to\infty} \frac{1}{n}\ln[(A_1)^n + (A_2)^n + (A_3)^n + \cdots] = \lim_{n\to\infty} \frac{1}{n}\ln[(A_1)^n] = \ln A_1$$

利用此性质和斯特灵公式，可以得到

$$\frac{1}{\mathscr{N}}\ln Q_{\text{Ising}}(\mathscr{N}) = -\frac{1}{\mathscr{N}}\frac{U_{\text{Ising}}}{kT} - \frac{N_\uparrow}{\mathscr{N}}\ln\frac{N_\uparrow}{\mathscr{N}} - \frac{N_\downarrow}{\mathscr{N}}\ln\frac{N_\downarrow}{\mathscr{N}}$$

$$= -\frac{1}{\mathscr{N}}\frac{U_{\text{Ising}}}{kT} - \frac{1+M}{2}\ln\frac{1+M}{2} - \frac{1-M}{2}\ln\frac{1-M}{2} \tag{6.40}$$

由 $\dfrac{\partial}{\partial M}\left[\dfrac{1}{\mathscr{N}}\ln Q_{\text{Ising}}(\mathscr{N})\right] = 0$ 可得到

$$\frac{\mu H}{kT} - \frac{n\epsilon}{kT}M - \frac{1}{2}\ln\frac{1+M}{1-M} = 0 \tag{6.41}$$

令

$$\phi = \frac{\mu H}{kT} - \frac{n\epsilon}{kT}M$$

由式(6.43)有

$$\phi = \frac{1}{2}\ln\frac{1+M}{1-M}$$

$$\frac{1+M}{1-M} = e^{2\phi}$$

$$M(e^{2\phi}+1) = e^{2\phi} - 1$$

由此得到关于 M 的 Brrag - William 方程

$$\frac{\mu H}{kT} - \frac{n\epsilon}{kT}M = \tanh^{-1}M \tag{6.42}$$

作为例子，下面讨论铁磁性物质的性质。

对于铁磁性物质，$\epsilon = \epsilon_{\uparrow\uparrow} < 0$，取 $H = 0$，令 $T_c = -\dfrac{n\epsilon}{k}$，则由式(6.44)得到

$$M = \tanh\left(\frac{T_c}{T}M\right) \tag{6.43}$$

由图6.13可以看出，当 $T > T_c$ 时，直线与曲线相交于 $M = 0$；当 $T < T_c$ 时，直线与曲线有3个交点，$M = 0$，以及 $M = \pm m$。

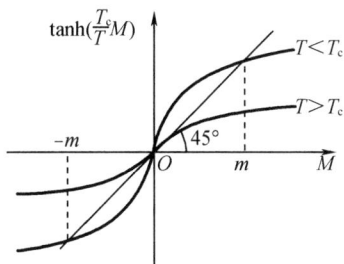

图 6.13　*B - W* 方程的解

利用式(6.43),可以得到亥姆霍兹自由能

$$\frac{F_{\mathrm{Ising}}}{\mathcal{N}} = -\frac{kT}{\mathcal{N}}\ln Q_{\mathrm{Ising}} = -\mu HM + \frac{1}{2}n\epsilon M^2 + \frac{kT}{2}\ln\frac{1-M^2}{4} + \frac{kT}{2}\ln\frac{1+M}{1-M}$$

$$= -\frac{1}{2}n\epsilon M^2 + \frac{kT}{2}\ln\frac{1-M^2}{4} \tag{6.44}$$

能量

$$\frac{E_{\mathrm{Ising}}}{\mathcal{N}} = -\frac{1}{\mathcal{N}}\frac{\partial}{\partial\left(\frac{1}{kT}\right)}\ln Q_{\mathrm{Ising}} = -\mu HM + \frac{1}{2}n\epsilon M^2 \tag{6.45}$$

熵

$$\frac{1}{\mathcal{N}}S_{\mathrm{Ising}} = \frac{1}{\mathcal{N}}\cdot\frac{E_{\mathrm{Ising}}-F_{\mathrm{Ising}}}{T} = -\frac{k}{2}\ln\frac{1-M^2}{4} - \frac{k}{2}\ln\frac{1+M}{1-M}$$

$$= \frac{k}{2}\ln\frac{1-M^2}{4} - \frac{1}{T}\mu HM + \frac{1}{T}n\epsilon M^2 \tag{6.46}$$

这表示不论磁化强度是正还是负,只要温度低于 T_c,该磁性物质的热力学函数 F,E,S 均有一个数值,即存在着相变。

在平均场近似下,所得结果与维数无关。以后将证明一维 Ising 模型不会发生相变,只有二维和三维模型才存在相变。这表明平均场近似于简单。但用这种近似研究临界现象的指数规律时,却能够得到与二维 Ising 模型的严格解和三维 Ising 模型的数字解相近的结果。因此平均场近似是一种值得参考的简单近似方法。

下面讨论临界指数。

1. 临界磁化强度

当 $T = T_c(1-\tau)$,$\tau\to 0^+$ 时,即系统温度稍比 T_c 低一点儿时,有

$$M = \tanh\frac{M}{1-\tau} \tag{6.47}$$

$$\tanh^{-1}M = \frac{M}{1-\tau} \tag{6.48}$$

将上式展开

$$M + \frac{1}{3}M^3 + \cdots = M(1+\tau+\cdots) \tag{6.49}$$

所以临界磁化强度为

$$M = \sqrt{3\tau}$$

2. 临界比热容

由能量公式

$$\frac{E_{\text{Ising}}}{\mathcal{N}} = -\mu HM + \frac{1}{2}n\epsilon M^2$$

比热容

$$c = \frac{\partial}{\partial T}\frac{E_{\text{Ising}}}{\mathcal{N}} = -\mu H + n\epsilon M$$

当 $T > T_c$ 时,有 $M = 0$,若磁场 $H = 0$,则 $c = 0$;

当 $T < T_c$ 时,$c = \frac{1}{\mathcal{N}}\frac{\partial E}{\partial T} = -\frac{3}{2}n\epsilon\frac{1}{T_c} = \frac{3}{2}k$,其中 $T_c = -\frac{n\epsilon}{k}$。

比热容随温度的变化见图 6.14。

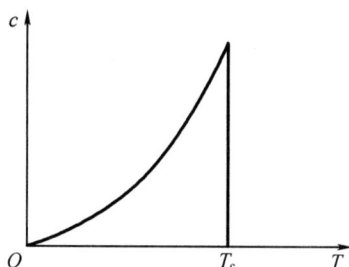

图 6.14　平均场近似下的热容

3. 临界磁化率

在磁场 $H = 0$ 附近,磁化率 $\chi = \left(\frac{\partial M}{\partial H}\right)_H = 0$。

由公式

$$\frac{\mu H}{kT} - \frac{n\epsilon}{kT}M = \tanh^{-1}M = M + \frac{1}{3}M^3 + \frac{1}{5}M^5 + \cdots$$

对 H 求微商

$$\frac{\mu}{kT} - \frac{T_c}{T}\frac{\partial M}{\partial H} = \frac{\partial M}{\partial H} + M^2\frac{\partial M}{\partial H} + M^4\frac{\partial M}{\partial H} + \cdots$$

$$\frac{\mu}{kT} = \frac{\partial M}{\partial H}\left(1 - \frac{T_c}{T} + M^2 + M^4 + \cdots\right)$$

当 $T > T_c$ 时,若磁场 $H \to 0$,$M \to 0$,则有

$$\frac{\mu}{kT} = \chi\left(1 - \frac{T_c}{T}\right)$$

得到

$$\chi = \frac{\mu}{T - T_c}$$

表示当 $T \to T_c^+$ 时,χ 以 $\frac{1}{T - T_c}$ 的方式 $\to \infty$。

当 $T > T_c$ 时,可令 $T = T_c(1 - \tau)$,$\tau \to 0^+$。

$$\frac{\mu}{kT} + \frac{1}{1-\tau}\frac{\partial M}{\partial H} = \frac{\partial M}{\partial H} + 3\tau\frac{\partial M}{\partial H} + \cdots$$

$$\frac{\mu}{kT} = 2\tau\frac{\partial M}{\partial H}$$

$$\chi = \frac{\partial M}{\partial H} = \frac{\mu}{2kT_c}\frac{1}{\tau}$$

当 $\tau \to 0$ 时,$\chi \to \infty$。

4. 临界的 H 与 M 的关系

先把温度固定在 $T = T_c$ 处,再把磁场 H 逐渐减小至 0,则有

$$\frac{\mu H}{kT_c} + M = M + \frac{1}{3}M^3 + \cdots$$

$$\frac{\mu H}{kT_c} = \frac{1}{3}M^3$$

$$H = \frac{kT_c}{3\mu}M^3$$

下面分别用 $\alpha, \beta, \gamma, \delta$ 描述临界指数。

对临界比热容 c,定义 α,即当 $H = 0$ 时

$$c = \begin{cases} A_+|\tau|^{-\alpha^+}, & T \to T_c^+ \\ A_-|\tau|^{-\alpha^-}, & T \to T_c^- \end{cases}$$

对临界磁化强度,定义 β

$$M \propto \tau^\beta, \quad T \to T_c$$

对临界磁化率,定义 γ

$$\chi \propto \begin{cases} |\tau|^{-\gamma^+}, & T \to T_c^+ \\ |\tau|^{-\gamma^-}, & T \to T_c^- \end{cases}$$

由临界的 H 与 M 的关系定义 δ

$$H \propto M^\delta$$

平均场近似给出

$$\alpha^+ = \alpha^- = 0, \quad \beta = \frac{1}{2}, \quad \gamma^+ = \gamma^- = 1, \quad \delta = 3$$

二维 Ising 模型的严格解和三维 Ising 模型的数字解给出的值有所不同,对于所有情况,临界指数都能很好地满足关系式

$$\alpha + 2\beta + \gamma = 2$$
$$\alpha + \beta(\delta + 1) = 2$$

其物理原因仍需探讨。

6.6　一维 Ising 模型严格解

一维 Ising 模型的相互作用能

$$U_{\text{Ising}} = \varepsilon \sum_{\{n\}} s_i s_j - \mu H \sum_i s_i \tag{6.50}$$

式中,求和符号 $\sum_{\{n\}}$ 表示最邻近格点求和。

配分函数

$$Q_{\text{Ising}}(N) = \sum_{s_i = \pm 1} e^{-\frac{U_{\text{Ising}}}{kT}} = e^{-\frac{1}{kT}\left[-\varepsilon(s_0 s_1 + s_1 s_2 + \cdots) - \mu H(s_1 + s_2 + \cdots)\right]} \tag{6.51}$$

定义 2×2 的阵 $\boldsymbol{P}_m$,其矩阵元为

$$\langle s_m \mid \boldsymbol{P}_m \mid s_0 \rangle = \sum \exp\left[-\frac{\varepsilon(s_0 s_1 + s_1 s_2 + \cdots + s_{m-1} s_m)}{kT} + \frac{\mu H}{kT}(s_1 + s_2 + \cdots + s_m)\right] \tag{6.52}$$

式中,求和符号 $\sum$ 表示对 $s_i = \pm 1 (i = 1, 2, \cdots, m-1)$ 求和。

记 $x = e^{-\frac{\varepsilon}{kT}}, y = e^{\frac{\mu H}{kT}}$,则

$$\langle s_m \mid \boldsymbol{P}_m \mid s_0 \rangle = \sum_{s_1, s_2, \cdots, s_{m-1}} x^{s_0 s_1 + \cdots + s_{m-1} s_m} y^{s_1 + s_2 + \cdots + s_m} \tag{6.53}$$

当 $m = 1$ 时,有

$$\langle s_1 \mid \boldsymbol{P}_1 \mid s_0 \rangle = e^{-\frac{\varepsilon}{kT} s_0 s_1} e^{\frac{\mu H}{kT}(s_1)} = x^{s_0 s_1} y^{s_1}$$

容易得到 2×2 的矩阵

$$\boldsymbol{P}_1 = \begin{pmatrix} xy & \dfrac{y}{x} \\[2mm] \dfrac{1}{xy} & \dfrac{x}{y} \end{pmatrix} \begin{matrix} \leftarrow s_1 = 1 \\[2mm] \leftarrow s_1 = -1 \end{matrix} \tag{6.54}$$

$$\begin{matrix} \uparrow & \uparrow \\ s_0 = 1 & s_0 = -1 \end{matrix}$$

当 $m = 2$ 时,有

$$\begin{aligned} \langle s_2 \mid \boldsymbol{P}_2 \mid s_0 \rangle &= \sum_{s_1 = \pm 1} e^{-\frac{\varepsilon}{kT}(s_0 s_1 + s_1 s_2)} e^{\frac{\mu H}{kT}(s_1 + s_2)} \\ &= \sum_{s_1 = \pm 1} e^{-\frac{\varepsilon}{kT} s_1 s_2} e^{\frac{\mu H}{kT} s_2} \langle s_1 \mid e^{-\frac{\varepsilon}{kT} s_0 s_1} e^{\frac{\mu H}{kT} s_1} \mid s_0 \rangle \\ &\quad \sum_{s_1 = \pm 1} x^{s_1 s_2} y^{s_2} \langle s_1 \mid \boldsymbol{P}_1 \mid s_0 \rangle \end{aligned} \tag{6.55}$$

又可表示为

$$\left. \begin{aligned} \langle s_2 = 1 \mid \boldsymbol{P}_2 \mid s_0 \rangle &= xy \langle s_1 = 1 \mid \boldsymbol{P}_1 \mid s_0 \rangle + \frac{y}{x} \langle s_1 = -1 \mid \boldsymbol{P}_1 \mid s_0 \rangle \\ \langle s_2 = -1 \mid \boldsymbol{P}_2 \mid s_0 \rangle &= \frac{1}{xy} \langle s_1 = 1 \mid \boldsymbol{P}_1 \mid s_0 \rangle + \frac{x}{y} \langle s_1 = -1 \mid \boldsymbol{P}_1 \mid s_0 \rangle \end{aligned} \right\} \tag{6.56}$$

由此得到

$$P_2 = \begin{pmatrix} xy & \dfrac{y}{x} \\ \dfrac{1}{xy} & \dfrac{x}{y} \end{pmatrix} \begin{pmatrix} xy & \dfrac{y}{x} \\ \dfrac{1}{xy} & \dfrac{x}{y} \end{pmatrix} = P_1 P_1 = P_1^2 \tag{6.57}$$

以此类推,可以得到

$$P_N = P_1 P_{N-1} = P_1^N \tag{6.58}$$

对于一维 Ising 模型,可以采用圆链形式,如图 6.15 所示,令

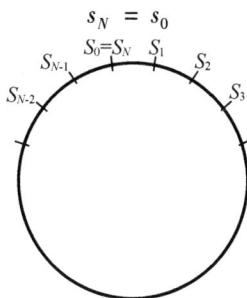

图 6.15　一维圆链 Ising 模型

则圆链的配分函数

$$Q_{\text{Ising}}(N) = \sum_{s_N = s_0 = \pm 1} \langle s_N \mid P_N \mid s_0 \rangle = \text{Tr}(P_N) = Tr(P_1^N) \tag{6.59}$$

对于一维空 N 个格点的直线链(图 6.16)

$$Q_{\text{Ising}}(N) = \sum_{s_0 = \pm 1, s_{N-1} = \pm 1} y^{s_0} \langle s_{N-1} \mid P_{N-1} \mid s_0 \rangle$$

$$= (1,1) P_{N-1} \begin{pmatrix} y \\ \dfrac{1}{y} \end{pmatrix} = \text{Tr}\left[P_{N-1} \begin{pmatrix} y & y \\ \dfrac{1}{y} & \dfrac{1}{y} \end{pmatrix} \right] \tag{6.60}$$

直线链与圆链的配分函数的求解方法类似,下面我们给出圆链的配分函数的解析解。

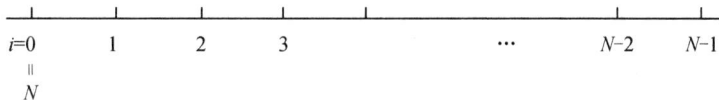

图 6.16　一维直线链 Ising 模型

定义二维对角矩阵

$$T = \begin{pmatrix} \dfrac{1}{\sqrt{y}} & 0 \\ 0 & \sqrt{y} \end{pmatrix}$$

则

$$T^{-1} = \begin{pmatrix} \sqrt{y} & 0 \\ 0 & \dfrac{1}{\sqrt{y}} \end{pmatrix}$$

$$Q_{\text{Ising}}(N) = \text{Tr}(\boldsymbol{P}_1^N) = \text{Tr}(\boldsymbol{T}^{-N}\boldsymbol{T}^N\boldsymbol{P}_1^N) = \text{Tr}(\boldsymbol{T}^N\boldsymbol{P}_1^N\boldsymbol{T}^{-N}) = \text{Tr}(\boldsymbol{T}\boldsymbol{P}_1\boldsymbol{T}^{-1})^N$$

$$\boldsymbol{T}\boldsymbol{P}_1\boldsymbol{T}^{-1} = \begin{pmatrix} \sqrt{y} & 0 \\ 0 & \dfrac{1}{\sqrt{y}} \end{pmatrix}\begin{pmatrix} xy & \dfrac{y}{x} \\ \dfrac{1}{xy} & \dfrac{x}{y} \end{pmatrix}\begin{pmatrix} \sqrt{y} & 0 \\ 0 & \dfrac{1}{\sqrt{y}} \end{pmatrix} = \begin{pmatrix} xy & \dfrac{1}{x} \\ \dfrac{1}{x} & \dfrac{x}{y} \end{pmatrix} \equiv \mathscr{H}$$

对于圆链的 Ising 模型,这种变换等价于将 U_{Ising} 改写为

$$U_{\text{Ising}} = \varepsilon \sum_{\{n\}} s_i s_j - \frac{1}{2}\mu H \sum_i (s_i + s_{i+1})$$

由此直接可得矩阵

$$\boldsymbol{P}_1 = \begin{pmatrix} xy & \dfrac{1}{x} \\ \dfrac{1}{x} & \dfrac{x}{y} \end{pmatrix} \equiv \mathscr{H}$$

假定矩阵 $\mathscr{H}$ 的本征值为 λ_+, λ_-,它们是方程

$$(xy - \lambda)\left(\frac{x}{y} - \lambda\right) - \frac{1}{x^2} = 0 \tag{6.61}$$

的解,此为准二次代数方程

$$\lambda^2 - \lambda x\left(y + \frac{1}{y}\right) + x^2 - \frac{1}{x^2} = 0$$

我们得到

$$\lambda_\pm = \frac{1}{2}\left\{x\left(y + \frac{1}{y}\right) \pm \left[x^2\left(y + \frac{1}{y}\right)^2 - 4\left(x^2 - \frac{1}{x^2}\right)\right]^{\frac{1}{2}}\right\}$$

$$= \frac{1}{2}\left\{x\left(y + \frac{1}{y}\right) \pm \left[x^2\left(y - \frac{1}{y}\right)^2 + \frac{4}{x^2}\right]^{\frac{1}{2}}\right\}$$

$$= x\cosh\frac{\mu H}{kT} \pm \sqrt{x^2\sinh^2\frac{\mu H}{kT} + \frac{1}{x^2}} \tag{6.62}$$

因为

$$x^2\left(y - \frac{1}{y}\right)^2 + \frac{4}{x^2} > 0$$

所以 $\lambda_+ > \lambda_-$,则有

$$Q(N) = Tr\begin{pmatrix} \lambda_+^N & 0 \\ 0 & \lambda_-^N \end{pmatrix} = \lambda_+^N + \lambda_-^N \tag{6.63}$$

由此可知,当 $N \to \infty$ 时,$Q(N) \to \lambda_+^N$。

定义系统的磁化密度

$$M = \frac{\langle N_\uparrow - N_\downarrow \rangle}{N} \tag{6.64}$$

则有

$$M = \frac{\partial}{\partial\left(\dfrac{\mu H}{kT}\right)}\frac{1}{N}\ln Q(N) = \frac{\partial}{\partial\left(\dfrac{\mu H}{kT}\right)}\frac{1}{N}\ln \lambda_+$$

$$= \frac{1}{\lambda_+} \left[x\sinh\frac{\mu H}{kT} + \frac{x^2 \sinh\frac{\mu H}{kT}\cosh\frac{\mu H}{kT}}{\sqrt{x^2 \sinh^2\frac{\mu H}{kT} + \frac{1}{x^2}}} \right]$$

$$= \frac{x\sinh\frac{\mu H}{kT}}{\sqrt{x^2 \sinh^2\frac{\mu H}{kT} + \frac{1}{x^2}}} = \frac{\sinh\frac{\mu H}{kT}}{\sqrt{\sinh^2\frac{\mu H}{kT} + \mathrm{e}^{\frac{4\varepsilon}{kT}}}} \tag{6.65}$$

由此式可以看出,磁化强度具有以下性质:

(1) $M(-H) = -M(H)$。

(2) 若 $T \neq 0, T \to 0$,则当 $H = 0$ 时,$M = 0$;当 $H = \pm\infty$ 时,$M = \pm 1$。

可以看出,磁化强度具有对称形式。这里我们得到的磁化强度 M 是严格解,无论粒子数 N 是有限的或是无限的,此解都是正确的。下面我们用此模型的解讨论铁磁性和反铁磁性两种情况。

1. 铁磁性的情况

对于铁磁性物质,自旋方向相同时,系统能量最低,所以

$$\epsilon_{\uparrow\uparrow} = \epsilon < 0$$
$$\epsilon_{\uparrow\downarrow} = -\epsilon > 0$$

由上式知,当 $T \to 0$ 时,$\mathrm{e}^{\frac{4\epsilon}{kT}} \to 0$,所以磁化强度

$$M = \begin{cases} 1, & \mu H > 0 \\ -1, & \mu H < 0 \end{cases}$$

图 6 - 17 给出铁磁性物质的磁化强度 M 随 μH 的变化曲线。

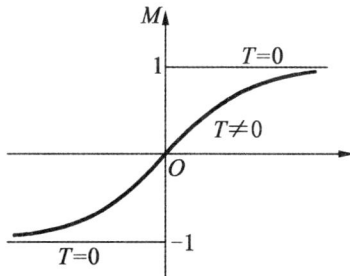

图 6.17　铁磁性物质的磁化强度 $M\mu H$ 的变化曲线

当 $H = 0$ 时,$y = 1$,则矩阵

$$\boldsymbol{P} = \begin{pmatrix} x & \dfrac{1}{x} \\ \dfrac{1}{x} & x \end{pmatrix}$$

若 $T \to 0$,则

$$\boldsymbol{P}_1 = \begin{pmatrix} x & 0 \\ 0 & x \end{pmatrix}$$

$$\boldsymbol{P}_N = \begin{pmatrix} x^N & 0 \\ 0 & x^N \end{pmatrix}$$

两本征值之比

$$\frac{\lambda_+}{\lambda_-} \to 1$$

这表示当 $H = 0, T = 0$ 时,磁化强度出现跳跃:

$$H = 0_+, M = 1$$

$$H = 0_-, M = -1$$

矩阵表示的物理意义:矩阵元 $(\boldsymbol{P}_N)_{11}$ 相应于所有格点上的自旋都向上 $\uparrow\uparrow\uparrow\cdots\uparrow$;矩阵元 $(\boldsymbol{P}_N)_{22}$ 相应于所有格点上的自旋的自旋都向下 $\downarrow\downarrow\cdots\downarrow$。

2. 反铁磁性的情况

对于反铁磁性物质,两粒子的自旋反平行时能量最低,即

$$\epsilon_{\uparrow\downarrow} = -\epsilon < 0$$

或写为

$$\epsilon > 0$$

当 $T \to 0$ 时,$e^{\frac{\epsilon}{kT}} \to \infty$,若 $\frac{\mu H}{kT} > 0$,则

$$M = \frac{\sinh\frac{\mu H}{kT}}{\sqrt{\sinh^2\frac{\mu H}{kT} + e^{\frac{4\varepsilon}{kT}}}} \to \frac{e^{\frac{\mu H}{kT}}}{\sqrt{e^{\frac{2\mu H}{kT}} + 4e^{\frac{4\varepsilon}{kT}}}} = \begin{cases} 1, & \mu H > 2\epsilon \\ 0, & \mu H < 2\epsilon \end{cases}$$

若 $\frac{\mu H}{kT} < 0$,则

$$M = \frac{\sinh\frac{\mu H}{kT}}{\sqrt{\sinh^2\frac{\mu H}{kT} + e^{\frac{4\varepsilon}{kT}}}} \to \frac{-e^{\frac{-\mu H}{kT}}}{\sqrt{e^{\frac{2\mu H}{kT}} + 4e^{\frac{4\varepsilon}{kT}}}} = \begin{cases} -1, & |\mu H| > 2\epsilon \\ 0, & |\mu H| < 2\epsilon \end{cases}$$

图 6-18 给出反铁磁性物质的磁化强度 M 随 μH 的变化曲线。容易看出,磁化强度曲线也是左右对称的,即 $M(-H) = -M(H)$。当温度 $T \to 0$,而 $-\mu H$ 在 $[0-2\epsilon]$ 区间变化时,磁化强度为0,相应的格点自旋排列为 $\uparrow\downarrow\uparrow\downarrow\cdots$,系统的能量 $E_{M=0} = N\epsilon$。

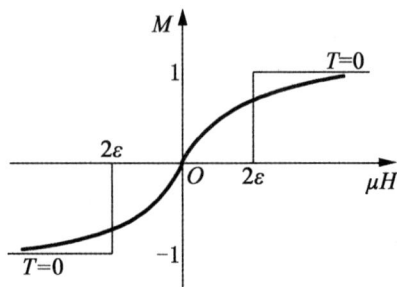

图 6.18 反铁磁性物质的磁化强度 M 随 μH 的变化曲线

6.7　二维 Ising 模型严格解

二维 Ising 模型的格点数 $L \times n = N$，其中 L 是总行数，n 是总列数。二维模型可以想象为一个大救生圈，图 6.19 是它的一个剖面，其中每个自旋 $s_i^\ell = \pm 1$，第 0 列等于第 n 列，$s_1^\ell = s_{n+1}^\ell$。

令 $S^\ell \equiv (s_1^\ell, \cdots, s_n^\ell)$，它共有 2^n 个值。

处理二维模型与处理一维 Ising 模型的方法相同，只需把一维的格点变成一行，然后逐行相加求和即可。

假定只有邻近格点之间才有相互作用，则系统相互作用能

$$U = \epsilon \sum s_i^\ell s_{i'}^{\ell'} \tag{6.66}$$

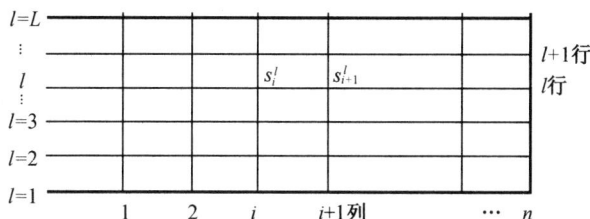

图 6.19　二维 Ising 模型的一个剖面

上式中的求和包括所有可能的最近邻格点之间相互作用的项（共有 $2^{L \times n}$ 项）。

系统配分函数

$$Q = \mathrm{e}^{-\frac{U}{kT}} \tag{6.67}$$

定义矩阵 $\boldsymbol{M}_1, \boldsymbol{M}_2$

$$\langle S^{\ell+1} \mid \boldsymbol{M}_1 \mid S^\ell \rangle = \mathrm{e}^{-\frac{\epsilon}{kT} \sum\limits_{i=1}^{n} (s_i^{\ell+1} + s_i^\ell)} \tag{6.68}$$

$S^{\ell+1}$ 共有 2^n 个值，即矩阵 $\boldsymbol{M}_1$ 有 2^n 行，S^ℓ 共有 2^n 个值，表示矩阵 $\boldsymbol{M}_1$ 有 2^n 列，所以矩阵 $\boldsymbol{M}_1$ 是 $2^n \times 2^n$ 维矩阵。

$$\langle S^\ell \mid \boldsymbol{M}_2 \mid S^\ell \rangle = \mathrm{e}^{-\frac{\epsilon}{kT} \sum\limits_{i=1}^{n} (s_i^\ell s_{i+1}^\ell)} \tag{6.69}$$

因为 $\boldsymbol{M}_2$ 矩阵元的表达式中初末态的 ℓ 相等，表示同一行中最邻近格点之间作用能共有 2^n 项。为了运算方便，可以将它们视为 $2^n \times 2^n$ 维矩阵 $\boldsymbol{M}_2$ 的对角元，矩阵的其他元素为 0。

可以证明二维 Ising 模型的配分函数可表示为

$$Q_{L \times n} = \mathrm{Tr}(\boldsymbol{M}_1 \boldsymbol{M}_2)^L \tag{6.70}$$

下面证明式(6.70)。

证明　定义算符 $\boldsymbol{P}_m$

$$\langle S^m \mid \boldsymbol{P}_m \mid S^0 \rangle = \sum_{S^1, \cdots, S^{m-1}} x^{A_m} \tag{6.71}$$

式中，$x = \mathrm{e}^{-\frac{\epsilon}{kT}}$；$A_m = \sum\limits_{\ell=0}^{m-1} \sum\limits_{j=1}^{n} (s_j^{\ell+1} s_j^\ell + s_j^\ell s_{j+1}^\ell)$。

当 $m = 1$ 时

$$\langle S^1 \mid \boldsymbol{P}_1 \mid S^0 \rangle = x^{A_1} \tag{6.72}$$

式中

$$A_1 = \sum_{i=1}^{n} (s_i^1 s_i^0 + s_i^0 s_{i+1}^0)$$

比较 P_1 与 M_1, M_2 的定义,容易看出

$$\boldsymbol{P}_1 = \boldsymbol{M}_1 \boldsymbol{M}_2$$

当 $m = 2$ 时

$$\langle S^2 \mid \boldsymbol{P}_2 \mid S^0 \rangle = \sum_{S^1} x^{A_2} = \sum_{S^1} \langle S^2 \mid \boldsymbol{P}_2 \mid S^1 \rangle \langle S^1 \mid \boldsymbol{P}_2 \mid S^0 \rangle = \langle S^2 \mid \boldsymbol{P}_1^2 \mid S^0 \rangle$$

$$\boldsymbol{P}_2 = \boldsymbol{P}_1^2 = (\boldsymbol{M}_1 \boldsymbol{M}_2)^2$$

类推可以得到

$$\boldsymbol{P}_L = (\boldsymbol{M}_1 \boldsymbol{M}_2)^L$$

所以式(6.70)

$$\boldsymbol{Q}_{L \times n} = \mathrm{Tr}(\boldsymbol{M}_1 \boldsymbol{M}_2)^L \tag{6.73}$$

得证。

当 $L \to \infty$,$L \times n$ 矩阵就是 $\infty \times n$ 矩阵,它的本征值就是解 $2^n \times 2_n$ 矩阵本征值的问题。

此问题的解析解是著名的昂萨格解。昂萨格采用的主要步骤是先把 $2^n \times 2_n$ 矩阵变成 $2n \times 2n$ 矩阵,然后再把它变成周期或赝周期矩阵。由于求解周期性矩阵本征值的方法是已知的,因此我们可方便地解析求得所有的本征值。

6.7.1　矩阵直接乘积和 $\boldsymbol{\Gamma}$ - 矩阵

首先将 $\mathrm{e}^{-\frac{\epsilon}{kT}(s_i^{\ell+1} s_i^{\ell})}$ 表示为矩阵形式

$$\begin{pmatrix} \mathrm{e}^{-\frac{\epsilon}{kT}} & \mathrm{e}^{\frac{\epsilon}{kT}} \\ \mathrm{e}^{\frac{\epsilon}{kT}} & \mathrm{e}^{-\frac{\epsilon}{kT}} \end{pmatrix} \begin{matrix} \leftarrow s_i^{\ell+1} = 1 \\ \leftarrow s_i^{\ell+1} = -1 \end{matrix} \tag{6.74}$$

$$\begin{matrix} \uparrow & \uparrow \\ s_i^{\ell} = 1 & s_i^{\ell} = -1 \end{matrix}$$

而

$$\begin{pmatrix} \mathrm{e}^{-\frac{\epsilon}{kT}} & \mathrm{e}^{\frac{\epsilon}{kT}} \\ \mathrm{e}^{\frac{\epsilon}{kT}} & \mathrm{e}^{-\frac{\epsilon}{kT}} \end{pmatrix} = \begin{pmatrix} x & \dfrac{1}{x} \\ \dfrac{1}{x} & x \end{pmatrix} = \alpha \mathrm{e}^{\beta \sigma_x} \tag{6.75}$$

$\boldsymbol{\sigma}_x$ 是泡利矩阵,且有

$$\alpha \cosh \beta = \mathrm{e}^{-\frac{\epsilon}{kT}}, \quad \alpha \sinh \beta = \mathrm{e}^{\frac{\epsilon}{kT}}$$

$$\tanh \beta = \mathrm{e}^{\frac{2\epsilon}{kT}}, \quad \alpha^2 = \mathrm{e}^{-\frac{2\epsilon}{kT}} - \mathrm{e}^{\frac{2\epsilon}{kT}}$$

泡利矩阵

$$\boldsymbol{\sigma}_x = \begin{pmatrix} 0 & 1 \\ 1 & 0 \end{pmatrix}, \boldsymbol{\sigma}_y = \begin{pmatrix} 0 & -i \\ i & 0 \end{pmatrix}, \boldsymbol{\sigma}_z = \begin{pmatrix} 1 & 0 \\ 0 & -1 \end{pmatrix}, \boldsymbol{I} = \begin{pmatrix} 1 & 0 \\ 0 & 1 \end{pmatrix}$$

$$\boldsymbol{\sigma}_x \boldsymbol{\sigma}_y = i\boldsymbol{\sigma}_z$$

为了方便简化定义矩阵直接积

$$(\ell \times \ell) \text{ 维矩阵 } \boldsymbol{A} = (\boldsymbol{A}_{\alpha\alpha'})$$

$$(m \times m) \text{ 维矩阵 } \boldsymbol{B} = (\boldsymbol{B}_{\beta\beta'})$$

矩阵与矩阵的直积 $\boldsymbol{A} \times \boldsymbol{B} = ((\boldsymbol{A} \times \boldsymbol{B})_{\alpha\beta,\alpha'\beta'}) = (\boldsymbol{A}_{\alpha\alpha'} \boldsymbol{B}_{\beta\beta'})$

直积有性质:$\boldsymbol{A},\boldsymbol{C}$ 是 $(\ell \times \ell)$ 维矩阵,$\boldsymbol{B},\boldsymbol{D}$ 是 $m \times m$ 维矩阵,则有

$$\left.\begin{array}{l} (\boldsymbol{A} \times \boldsymbol{B}) \cdot (\boldsymbol{C} \times \boldsymbol{D}) = (\boldsymbol{A} \cdot \boldsymbol{C}) \times (\boldsymbol{B} \cdot \boldsymbol{D}) \\ (\boldsymbol{\sigma}_x)_i = \boldsymbol{I} \times \boldsymbol{I} \times \cdots \times \boldsymbol{\sigma}_x \times \boldsymbol{I} \times \cdots \times \boldsymbol{I} \\ (\boldsymbol{\sigma}_z)_i = \boldsymbol{I} \times \boldsymbol{I} \times \cdots \times \boldsymbol{\sigma}_z \times \boldsymbol{I} \times \cdots \times \boldsymbol{I} \end{array}\right\} \tag{6.76}$$

借助泡利矩阵的直积能够将矩阵 M_1, M_2 分别表示

$$\boldsymbol{M}_1 = \alpha^n e^{\beta \sum_{i=1}^{n} (\boldsymbol{\sigma}_x)_i} \tag{6.77}$$

$$\boldsymbol{M}_2 = e^{\beta'[(\boldsymbol{\sigma}_x)_0 (\boldsymbol{\sigma}_x)_1 + \cdots + (\boldsymbol{\sigma}_x)_{n-1} (\boldsymbol{\sigma}_x)_n]} \tag{6.78}$$

式中,$\beta' = e^{-\frac{\epsilon}{kT}}$。

证明 若 $n = 1$,借助式(6.75)可直接得到

$$\boldsymbol{M}_1 = \alpha e^{\beta \sigma_x}$$

若 $n = 2$

$$S^{\ell+1} = (s_1^{\ell+1}, s_2^{\ell+1}), \quad s_1^{\ell+1} = \pm 1, \quad s_2^{\ell+1} = \pm 1$$

$$S^{\ell} = (s_1^{\ell}, s_2^{\ell}), \quad s_1^{\ell} = \pm 1, \quad s_2^{\ell} = \pm 1$$

$$(\boldsymbol{\sigma}_x)_1 = \boldsymbol{\sigma}_x \times \boldsymbol{I}$$

$$(\boldsymbol{\sigma}_x)_2 = \boldsymbol{I} \times \boldsymbol{\sigma}_x$$

$$\langle S^{\ell+1} | \boldsymbol{M}_1 | S^{\ell} \rangle = (e^{-\frac{\epsilon}{kT} s_1^{\ell+1} s_1^{\ell}})(e^{-\frac{\epsilon}{kT} s_2^{\ell+1} s_2^{\ell}}) = [\alpha e^{\beta(\boldsymbol{\sigma}_x)_1}][\alpha e^{\beta(\boldsymbol{\sigma}_x)_2}] = \alpha^2 e^{\beta[(\boldsymbol{\sigma}_x)_1 + (\boldsymbol{\sigma}_x)_2]}$$

$$(\boldsymbol{\sigma}_z)_1 = \boldsymbol{\sigma}_z \times \boldsymbol{I} = \begin{pmatrix} \boldsymbol{\sigma}_z & 0 \\ 0 & \boldsymbol{\sigma}_z \end{pmatrix} = \begin{pmatrix} 1 & 0 & 0 & 0 \\ 0 & -1 & 0 & 0 \\ 0 & 0 & 1 & 0 \\ 0 & 0 & 0 & -1 \end{pmatrix}$$

$$(\boldsymbol{\sigma}_z)_2 = \boldsymbol{I} \times \boldsymbol{\sigma}_z = \begin{pmatrix} \boldsymbol{I} & 0 \\ 0 & -\boldsymbol{I} \end{pmatrix} = \begin{pmatrix} 1 & 0 & 0 & 0 \\ 0 & 1 & 0 & 0 \\ 0 & 0 & -1 & 0 \\ 0 & 0 & 0 & -1 \end{pmatrix}$$

$$(\boldsymbol{\sigma}_z)_1 (\boldsymbol{\sigma}_z)_2 = \begin{pmatrix} \boldsymbol{\sigma}_z & 0 \\ 0 & \boldsymbol{\sigma}_z \end{pmatrix} \begin{pmatrix} \boldsymbol{I} & 0 \\ 0 & -\boldsymbol{I} \end{pmatrix} = \begin{pmatrix} \boldsymbol{\sigma}_z & 0 \\ 0 & -\boldsymbol{\sigma}_z \end{pmatrix} = \begin{pmatrix} 1 & 0 & 0 & 0 \\ 0 & -1 & 0 & 0 \\ 0 & 0 & -1 & 0 \\ 0 & 0 & 0 & 1 \end{pmatrix}$$

$$\langle S^{\ell} | \boldsymbol{M}_2 | S^{\ell} \rangle = e^{-\frac{\epsilon}{kT} s_1^{\ell} s_2^{\ell}}$$

$$\boldsymbol{M}_2 = \begin{pmatrix} x & 0 & 0 & 0 \\ 0 & -x & 0 & 0 \\ 0 & 0 & -x & 0 \\ 0 & 0 & 0 & x \end{pmatrix} = x^{(\boldsymbol{\sigma}_z)_1 (\boldsymbol{\sigma}_z)_2} \tag{6.79}$$

例如

$$e^{\beta'\sigma_z} = I + \beta'\sigma_z + \frac{1}{2}\beta'^2 I + \frac{1}{3!}\beta'^3\sigma_z + \cdots$$

$$\begin{pmatrix} 1 + \beta' + \frac{1}{2}\beta'^2 + \frac{1}{3!}\beta'^3 + \cdots & 0 \\ 0 & 1 - \beta' + \frac{1}{2}\beta'^2 - \frac{1}{3!}\beta'^3 + \cdots \end{pmatrix} = \begin{pmatrix} e^{\beta'} & 0 \\ 0 & (e^{\beta'})^{-1} \end{pmatrix}$$

即有

$$x^{\sigma_x} = \begin{pmatrix} x & 0 \\ 0 & x^{-1} \end{pmatrix}$$

采用同样方法可以证明式(6.79)。

容易看出矩阵 $M_1 M_2$ 是 $2^n \times 2^n$ 维的, 即我们需要解 $2^n \times 2^n$ 维矩阵的本征值问题。

下面将问题化为解 $2n \times 2n$ 维矩阵的本征值问题。

首先引入 Γ - 矩阵:

一般情况 n

$$\left.\begin{aligned}
\Gamma_1 &= \sigma_z \times I \times I \times \cdots \times I \\
\Gamma_2 &= \sigma_y \times I \times I \times \cdots \times I \\
\Gamma_3 &= \sigma_x \times \sigma_z \times I \times \cdots \times I \\
\Gamma_4 &= \sigma_x \times \sigma_y \times I \times \cdots \times I \\
\Gamma_5 &= \sigma_x \times \sigma_x \times I \times \cdots \times I \\
&\cdots\cdots\cdots\cdots \\
\Gamma_{2n-1} &= \sigma_x \times \sigma_x \times \cdots \times \sigma_x \times \sigma_z \\
\Gamma_{2n} &= \sigma_x \times \sigma_x \times \cdots \times \sigma_x \times \sigma_y \\
\Gamma_{2n+1} &= \sigma_x \times \sigma_x \times \cdots \times \sigma_x \times \sigma_x
\end{aligned}\right\} \tag{6.80}$$

当 $n = 1$ 时,

$$\left.\begin{aligned}
\Gamma_1 &= \sigma_z \\
\Gamma_2 &= \sigma_y \\
\Gamma_3 &= \sigma_x
\end{aligned}\right\} \tag{6.81}$$

当 $n = 2$ 时,

$$\left.\begin{aligned}
\Gamma_1 &= \sigma_z \times I \\
\Gamma_2 &= \sigma_y \times I \\
\Gamma_3 &= \sigma_x \times \sigma_z \\
\Gamma_4 &= \sigma_x \times \sigma_y \\
\Gamma_5 &= \sigma_x \times \sigma_x
\end{aligned}\right\} \tag{6.82}$$

Γ - 矩阵有性质

(1) $$\{\Gamma_i, \Gamma_j\} = 2\delta_{ij} \tag{6.83}$$

$$\Gamma_2\Gamma_3 = (\sigma_y \times I)(\sigma_x \times \sigma_z) = \sigma_y\sigma_x \times \sigma_z$$

$$\Gamma_3\Gamma_2 = (\sigma_x \times \sigma_z)(\sigma_y \times I) = \sigma_x\sigma_y \times \sigma_z$$

$$\boldsymbol{\sigma}_x \boldsymbol{\sigma}_y = -\boldsymbol{\sigma}_y \boldsymbol{\sigma}_x$$
$$\boldsymbol{\varGamma}_2^2 = \boldsymbol{\sigma}_y^2 = 1$$

所以

$$\{\boldsymbol{\varGamma}_i, \boldsymbol{\varGamma}_j\} = 2\delta_{ij}$$

$\boldsymbol{\varGamma}$ - 矩阵是厄密矩阵。

(2)
$$\boldsymbol{\varGamma}_i^+ = \boldsymbol{\varGamma}_i \tag{6.84}$$

(3)
$$\boldsymbol{\varGamma}_{2n+1} = (\mathrm{i})^n \boldsymbol{\varGamma}_1 \boldsymbol{\varGamma}_2 \cdots \boldsymbol{\varGamma}_{2n} \tag{6.85}$$

$$\boldsymbol{\sigma}_z \boldsymbol{\sigma}_y = -\mathrm{i}\boldsymbol{\sigma}_x$$

$$\boldsymbol{\varGamma}_1 \boldsymbol{\varGamma}_2 \cdots \boldsymbol{\varGamma}_{2n} = (-\mathrm{i}\boldsymbol{\sigma}_x) \times (-\mathrm{i}\boldsymbol{\sigma}_x) \times \cdots = (-\mathrm{i})^n \boldsymbol{\varGamma}_{2n+1}$$

所以

$$\boldsymbol{\varGamma}_{2n+1} = (\mathrm{i})^n \boldsymbol{\varGamma}_1 \boldsymbol{\varGamma}_2 \cdots \boldsymbol{\varGamma}_{2n}$$

借助 $\boldsymbol{\varGamma}$ - 矩阵, 可以将 $\boldsymbol{M}_1 \boldsymbol{M}_2$ 表示为

$$\boldsymbol{M}_1 \boldsymbol{M}_2 = \frac{\alpha^2}{2} \big[(1 + \boldsymbol{\varGamma}_{2n+1}) \boldsymbol{M}_+ + (1 - \boldsymbol{\varGamma}_{2n+1}) \boldsymbol{M}_- \big] \tag{6.86}$$

式中

$$\boldsymbol{M}_\pm = \mathrm{e}^{\mathrm{i}\beta(\boldsymbol{\varGamma}_1\boldsymbol{\varGamma}_2 + \boldsymbol{\varGamma}_3\boldsymbol{\varGamma}_4 + \cdots + \boldsymbol{\varGamma}_{2n-1}\boldsymbol{\varGamma}_{2n})} \times \mathrm{e}^{\mathrm{i}\beta'(\boldsymbol{\varGamma}_2\boldsymbol{\varGamma}_3 + \boldsymbol{\varGamma}_4\boldsymbol{\varGamma}_5 + \cdots + \boldsymbol{\varGamma}_{2n-2}\boldsymbol{\varGamma}_{2n-1} \mp \boldsymbol{\varGamma}_{2n}\boldsymbol{\varGamma}_1)} \tag{6.87}$$

证明　由 $\boldsymbol{\varGamma}$ - 矩阵定义可知

$$\begin{aligned}
\boldsymbol{\varGamma}_1\boldsymbol{\varGamma}_2 &= (\boldsymbol{\sigma}_z \times I \times I \times \cdots \times I)(\boldsymbol{\sigma}_y \times I \times I \times \cdots \times I) = \boldsymbol{\sigma}_z\boldsymbol{\sigma}_y \times I \times I \times \cdots \times I \\
&= (-\mathrm{i}\boldsymbol{\sigma}_x)_1 \times I \times I \times \cdots \times I = -\mathrm{i}(\boldsymbol{\sigma}_x)_1 \\
\boldsymbol{\varGamma}_3\boldsymbol{\varGamma}_4 &= (\boldsymbol{\sigma}_x \times \boldsymbol{\sigma}_z \times I \times \cdots \times I)(\boldsymbol{\sigma}_x \times \boldsymbol{\sigma}_y \times I \times \cdots \times I) = (\boldsymbol{\sigma}_x \times \boldsymbol{\sigma}_z)(\boldsymbol{\sigma}_x \times \boldsymbol{\sigma}_y) \times I \times \cdots \times I \\
&= (\boldsymbol{\sigma}_x\boldsymbol{\sigma}_x) \times (\boldsymbol{\sigma}_z\boldsymbol{\sigma}_y) \times I \times \cdots \times I = I \times (-\mathrm{i}\boldsymbol{\sigma}_x) \times I \times \cdots \times I = -\mathrm{i}(\boldsymbol{\sigma}_x)_2 \\
&\qquad\qquad\qquad\qquad \cdots\cdots\cdots\cdots
\end{aligned}$$

$$\begin{aligned}
\boldsymbol{\varGamma}_{2n-1}\boldsymbol{\varGamma}_{2n} &= I \times I \times \cdots \times I \times (-\mathrm{i}\boldsymbol{\sigma}_x) = -\mathrm{i}(\boldsymbol{\sigma}_x)_n \\
\boldsymbol{\varGamma}_2\boldsymbol{\varGamma}_3 &= \boldsymbol{\sigma}_y\boldsymbol{\sigma}_x \times \boldsymbol{\sigma}_z \times I \times \cdots \times I = -\mathrm{i}\boldsymbol{\sigma}_z \times \boldsymbol{\sigma}_z \times I \times \cdots \times I = -\mathrm{i}(\boldsymbol{\sigma}_z)_1 (\boldsymbol{\sigma}_z)_2 \\
\boldsymbol{\varGamma}_4\boldsymbol{\varGamma}_5 &= -\mathrm{i}(\boldsymbol{\sigma}_z)_2 (\boldsymbol{\sigma}_z)_3 \\
\boldsymbol{\varGamma}_{2n-2}\boldsymbol{\varGamma}_{2n-1} &= -\mathrm{i}(\boldsymbol{\sigma}_z)_{n-1} (\boldsymbol{\sigma}_z)_n \\
\boldsymbol{\varGamma}_{2n}\boldsymbol{\varGamma}_{2n+1} &= (I \times I \times \cdots \times I) \times (-\mathrm{i}\boldsymbol{\sigma})_z = -\mathrm{i}(\boldsymbol{\sigma})_N \\
\boldsymbol{\varGamma}_{2n}\boldsymbol{\varGamma}_{2n+1}\boldsymbol{\varGamma}_1 &= \boldsymbol{\varGamma}_1\boldsymbol{\varGamma}_{2n}\boldsymbol{\varGamma}_{2n+1} = -\mathrm{i}(\boldsymbol{\sigma}_z)_n (\boldsymbol{\sigma}_z)_1
\end{aligned}$$

借助这些矩阵, 式(6.77) 和式(6.78) 可以分别表示为

$$\boldsymbol{M}_1 = \alpha^n \mathrm{e}^{\mathrm{i}\beta(\boldsymbol{\varGamma}_1\boldsymbol{\varGamma}_2 + \boldsymbol{\varGamma}_3\boldsymbol{\varGamma}_4 + \cdots + \boldsymbol{\varGamma}_{2n-1}\boldsymbol{\varGamma}_{2n})} \tag{6.88}$$

$$\boldsymbol{M}_2 = \mathrm{e}^{\mathrm{i}\beta'(\boldsymbol{\varGamma}_2\boldsymbol{\varGamma}_3 + \boldsymbol{\varGamma}_4\boldsymbol{\varGamma}_5 + \cdots + \boldsymbol{\varGamma}_{2n-2}\boldsymbol{\varGamma}_{2n-1} + \boldsymbol{\varGamma}_{2n}\boldsymbol{\varGamma}_{2n+1}\boldsymbol{\varGamma}_1)} \tag{6.89}$$

如果 $i \neq \alpha \neq i+1$, 则 $[\boldsymbol{\varGamma}_i\boldsymbol{\varGamma}_{i+1}, \boldsymbol{\varGamma}_\alpha] = 0$, $\boldsymbol{\varGamma}_{2n}\boldsymbol{\varGamma}_{2n+1}\boldsymbol{\varGamma}_1$ 与 $\boldsymbol{\varGamma}_2\boldsymbol{\varGamma}_3, \boldsymbol{\varGamma}_4\boldsymbol{\varGamma}_5, \cdots$ 都对易, 所以可以把 $\mathrm{e}^{\mathrm{i}\beta'\boldsymbol{\varGamma}_{2n}\boldsymbol{\varGamma}_1\boldsymbol{\varGamma}_{2n+1}}$ 项从括号内拿出来, 则

$$\boldsymbol{M}_2 = \mathrm{e}^{\mathrm{i}\beta'(\boldsymbol{\varGamma}_2\boldsymbol{\varGamma}_3 + \boldsymbol{\varGamma}_4\boldsymbol{\varGamma}_5 + \cdots + \boldsymbol{\varGamma}_{2n-2}\boldsymbol{\varGamma}_{2n-1})} \mathrm{e}^{-\mathrm{i}\beta'\boldsymbol{\varGamma}_{2n}\boldsymbol{\varGamma}_1\boldsymbol{\varGamma}_{2n+1}} \tag{6.90}$$

下面证明关系式

$$\mathrm{e}^{\mathrm{i}\beta'\boldsymbol{\varGamma}_{2n}\boldsymbol{\varGamma}_1\boldsymbol{\varGamma}_{2n+1}} = \frac{1}{2} \big[(1 + \boldsymbol{\varGamma}_{2n+1}) \mathrm{e}^{-\mathrm{i}\beta'\boldsymbol{\varGamma}_{2n}\boldsymbol{\varGamma}_1} + (1 - \boldsymbol{\varGamma}_{2n+1}) \mathrm{e}^{\mathrm{i}\beta'\boldsymbol{\varGamma}_{2n}\boldsymbol{\varGamma}_1} \big] \tag{6.91}$$

因为 $[\boldsymbol{\varGamma}_{2n}\boldsymbol{\varGamma}_1, \boldsymbol{\varGamma}_{2n+1}] = 0$, 容易得到 $\boldsymbol{\varGamma}_{2n+1}$ 的本征值为 ± 1, 相对应的本征波函数为 $|\pm\rangle$, 即

$$\boldsymbol{\varGamma}_{2n+1} | \pm \rangle = \pm | \pm \rangle$$

则有

$$e^{-i\beta'\Gamma_{2n}\Gamma_1\Gamma_{2n+1}}\mid\pm\rangle = [1 - i\beta'\Gamma_{2n}\Gamma_1\Gamma_{2n+1} + \frac{1}{2}(-i\beta')^2(\Gamma_{2n}\Gamma_1)^2(\Gamma_{2n+1})^2)\cdots]\mid\pm\rangle$$

$$= [1 \mp i\beta'\Gamma_{2n}\Gamma_1 \pm \frac{1}{2}(-i\beta')^2(\Gamma_{2n}\Gamma_1)^2)\cdots]\mid\pm\rangle$$

$$= e^{\mp i\beta'\Gamma_{2n}\Gamma_1}\mid\pm\rangle$$

另外,将式(6.91)右边作用于波函数

$$\frac{1}{2}[(1+\Gamma_{2n+1})e^{-i\beta'\Gamma_{2n}\Gamma_1} + (1-\Gamma_{2n+1})e^{i\beta'\Gamma_{2n}\Gamma_1}]\mid\pm\rangle = e^{\mp i\beta'\Gamma_{2n}\Gamma_1}\mid\pm\rangle$$

所以关系式(6.91)成立。借助式(6.91)我们有

$$M_2 = e^{i\beta'(\Gamma_2\Gamma_3+\Gamma_4\Gamma_5+\cdots+\Gamma_{2n-2}\Gamma_{2n-1})}e^{-i\beta'\Gamma_{2n}\Gamma_1\Gamma_{2n+1}}$$

$$= \frac{1}{2}e^{i\beta'(\Gamma_2\Gamma_3+\Gamma_4\Gamma_5+\cdots+\Gamma_{2n-2}\Gamma_{2n-1}\mp\Gamma_{2n}\Gamma_1)}(1+\Gamma_{2n+1}) + (1+\Gamma_{2n+1}) \tag{6.92}$$

借助式(6.88)、式(6.89)和式(6.91),可以证明式(6.86)正确。

6.7.2　正交变换

n 个费米子系统,有 n 个消灭和产生算符 a_i 和 a_i^+,若设

$$a_i = \frac{1}{2}(\Gamma_{2i-1} + i\Gamma_{2i+1})$$

$$a_i^+ = \frac{1}{2}(\Gamma_{2i-1} - i\Gamma_{2i+1})$$

现存在如下对易关系

$$\{a_i, a_j^+\} = \delta_{ij}$$

$$\{a_i, a_j\} = \{a_i^+, a_j^+\} = 0$$

在 $2n$ 维空间中引入正交变换 R

$$\Gamma_\alpha' = \sum_{\beta=1}^{2n} R_{\alpha\beta}\Gamma_\beta$$

正交变换满足

$$R_{i\alpha}R_{j\alpha} = \delta_{ij}$$

$$R\widetilde{R} = I$$

则

$$\det(R\widetilde{R}) = [\det(R)]^2 = 1$$

所以正交矩阵的行列式

$$\det(R) = \pm 1$$

变化后的 Γ' 矩阵仍满足

$$\{\Gamma_\alpha', \Gamma_\beta'\} = 2\delta_{\alpha\beta}$$

$$\Gamma_{2n+1}' = (i)^n \Gamma_1'\Gamma_2'\cdots\Gamma_{2n}'$$

$$= (i)^n \sum_{\alpha_1\alpha_2\cdots} R_{1\alpha_1}R_{2\alpha_2}\cdots R_{2n\alpha_{2n}}\Gamma_{\alpha_1}\Gamma_{\alpha_2}\cdots\Gamma_{\alpha_{2n}}$$

$$= (\mathrm{i})^n \sum_{\alpha_1\alpha_2\cdots} (-1)^P \boldsymbol{R}_{1\alpha_1}\boldsymbol{R}_{2\alpha_2}\cdots\boldsymbol{R}_{2n\alpha_{2n}}\boldsymbol{\Gamma}_1\boldsymbol{\Gamma}_2\cdots\boldsymbol{\Gamma}_{2n} = \det(\boldsymbol{R})\boldsymbol{\Gamma}_{2n+1}$$

对于每一个 $2n \times 2n$ 维空间正交变换矩阵 $\boldsymbol{R}$,一定有一个 $2^n \times 2^n$ 维的矩阵 $\boldsymbol{S}(\boldsymbol{R})$,它满足

$$\boldsymbol{\Gamma}'_\alpha = \sum_{\beta=1}^{2n} \boldsymbol{R}_{\alpha\beta}\boldsymbol{\Gamma}_\beta = \boldsymbol{S}(\boldsymbol{R})\boldsymbol{\Gamma}_\alpha\boldsymbol{S}(\boldsymbol{R})^{-1} \tag{6.93}$$

$$\boldsymbol{S}(\boldsymbol{R}_1)\boldsymbol{S}(\boldsymbol{R}_2) = \boldsymbol{S}(\boldsymbol{R}_1\boldsymbol{R}_2) \tag{6.94}$$

证明　首先令 $\boldsymbol{R}$ 是无穷小变换,即

$$\boldsymbol{R} = 1 + \varepsilon$$

则有

$$(1+\varepsilon)(1+\tilde{\varepsilon}) = 1$$

由此可得

$$\varepsilon = \tilde{\varepsilon}$$

所以

$$\varepsilon_{\alpha\beta} = -\tilde{\varepsilon}_{\beta\alpha}$$

可取

$$\boldsymbol{S}(\boldsymbol{R}) = \boldsymbol{I} - \frac{1}{4}\varepsilon_{ij}\boldsymbol{\Gamma}_i\boldsymbol{\Gamma}_j$$

式中已采用爱因斯坦求和约定,即下标相同表示从 1 到 $2n$ 求和,则有

$$\boldsymbol{S}(\boldsymbol{R})^{-1} = \boldsymbol{I} + \frac{1}{4}\varepsilon_{ij}\boldsymbol{\Gamma}_i\boldsymbol{\Gamma}_j$$

$$\boldsymbol{S}(\boldsymbol{R})\boldsymbol{\Gamma}_\alpha\boldsymbol{S}(\boldsymbol{R})^{-1} = \boldsymbol{\Gamma}_\alpha - \frac{1}{4}\varepsilon_{ij}(\boldsymbol{\Gamma}_i\boldsymbol{\Gamma}_j\boldsymbol{\Gamma}_\alpha - \boldsymbol{\Gamma}_\alpha\boldsymbol{\Gamma}_i\boldsymbol{\Gamma}_j)$$

容易看出:

若 $i \neq \alpha \neq j$,则 $\boldsymbol{\Gamma}_i\boldsymbol{\Gamma}_j\boldsymbol{\Gamma}_\alpha - \boldsymbol{\Gamma}_\alpha\boldsymbol{\Gamma}_i\boldsymbol{\Gamma}_j = 0$;

若 $i = \alpha \neq j$,则 $\boldsymbol{\Gamma}_i\boldsymbol{\Gamma}_j\boldsymbol{\Gamma}_\alpha - \boldsymbol{\Gamma}_\alpha\boldsymbol{\Gamma}_i\boldsymbol{\Gamma}_j = -2\boldsymbol{\Gamma}_i$;

若 $i \neq \alpha = jj$,则 $\boldsymbol{\Gamma}_i\boldsymbol{\Gamma}_j\boldsymbol{\Gamma}_\alpha - \boldsymbol{\Gamma}_\alpha\boldsymbol{\Gamma}_i\boldsymbol{\Gamma}_j = 2\boldsymbol{\Gamma}_j$。

由此得到

$$\boldsymbol{S}(\boldsymbol{R})\boldsymbol{\Gamma}_\alpha\boldsymbol{S}(\boldsymbol{R})^{-1} = \boldsymbol{\Gamma}_\alpha + \varepsilon_{\alpha j}\boldsymbol{\Gamma}_j \tag{6.95}$$

若

$$\boldsymbol{R} = \prod_\alpha \boldsymbol{R}_\alpha$$

则每个 $\boldsymbol{R}_\alpha$ 是一个无穷小正交变换,有

$$\boldsymbol{S}(\boldsymbol{R}) = \prod_\alpha \boldsymbol{S}(\boldsymbol{R}_\alpha)$$

例如

$$\begin{aligned}
\boldsymbol{\Gamma}'_1 &= \cos\theta\boldsymbol{\Gamma}_1 - \sin\theta\boldsymbol{\Gamma}_2 \\
\boldsymbol{\Gamma}'_2 &= \sin\theta\boldsymbol{\Gamma}_1 + \cos\theta\boldsymbol{\Gamma}_2 \\
\boldsymbol{\Gamma}'_\alpha &= \boldsymbol{\Gamma}_\alpha, \alpha = 3,4,\cdots,2n
\end{aligned} \tag{6.96}$$

它表示二维空间的转动,若 θ 是无穷小转角,则有

$$\varepsilon_{12} = -\theta = -\varepsilon_{21}$$

$$S = 1 - \frac{1}{4}\varepsilon_{12}\Gamma_1\Gamma_2 - \frac{1}{4}\varepsilon_{21}\Gamma_2\Gamma_1 = 1 + \frac{1}{2}\theta\Gamma_1\Gamma_2 \tag{6.97}$$

若 θ 是有限大小转角,则有

$$\left.\begin{array}{l} S = \mathrm{e}^{\frac{1}{2}\theta\Gamma_1\Gamma_2} \\ \Gamma_1' = S\Gamma_1 S^{-1} \\ \Gamma_2' = S\Gamma_2 S^{-1} \end{array}\right\} \tag{6.98}$$

将式(6.98)对 θ 进行微分,得到

$$\frac{\mathrm{d}\Gamma_1'}{\mathrm{d}\theta} = S\left[\frac{\Gamma_1\Gamma_2}{2}, \Gamma_1\right]S^{-1} = -\Gamma_2'$$

$$\frac{\mathrm{d}\Gamma_2'}{\mathrm{d}\theta} = S\left[\frac{\Gamma_1\Gamma_2}{2}, \Gamma_2\right]S^{-1} = -\Gamma_1'$$

与式(6.96)相一致。

上面已经将 S 和 Γ 建立了联系,只要得到了 R 的本征值,就得到了 S 的本征值,这样也就得到了 $M_1 M_2$ 的本征值。

我们知道定理:任何一个 $2n \times 2n$ 维空间的正交矩阵 R 都可以通过相似变换变成区对角矩阵 D,即总可以找到 T,使得 $R = TDT^{-1}$,矩阵 D 是区对角的,而 $T\tilde{T} = 1$。

例如

$$D = \begin{pmatrix} \cos\theta_1 & -\sin\theta_1 & 0 & 0 \\ \sin\theta_1 & \cos\theta_1 & 0 & 0 \\ 0 & 0 & \cos\theta_2 & -\sin\theta_2 \\ 0 & 0 & \sin\theta_2 & \cos\theta_2 \end{pmatrix}$$

是区对角矩阵。

由此可得

$$S(R) = S(T)S(D)S(T)^{-1}$$

$$S(D) = \mathrm{e}^{\frac{1}{2}\theta_1\Gamma_1\Gamma_2 + \frac{1}{2}\theta_2\Gamma_3\Gamma_4 + \cdots + \frac{1}{2}\theta_n\Gamma_{2n-1}\Gamma_{2n}} = \mathrm{e}^{-\frac{\mathrm{i}}{2}\theta_i(\sigma_x)_i} \tag{6.99}$$

容易看出,$S(R)$ 的本征值共有 2^n 个,因为在 $\prod_{j=1}^{n}\mathrm{e}^{\pm\frac{\mathrm{i}}{2}\theta_j}$ 中共有 2^n 个 ± 号,这样就把 2^n 维空间的大矩阵变到 $2n$ 维空间来求解。

对于二维 Ising 模型,$M_\pm$ 是某种 $R_\pm$ 的 $S(R_\pm)$,因为

$$[M_\pm, \Gamma_{2n+1}] = 0$$

又因

$$(1 + \Gamma_{2n+1})(1 - \Gamma_{2n+1}) = 0$$

所以

$$[(1 + \Gamma_{2n+1})M_+, (1 - \Gamma_{2n+1})M_-] = 0 \tag{6.100}$$

则可以得到结论:若 $\Gamma_{2n+1} = 1$,则 $M_1 M_2$ 的本征值等于 M_+ 的本征值;若 $\Gamma_{2n+1} = -1$,则 $M_1 M_2$ 的本征值等于 M_- 的本征值。所以我们的任务就变成求 $2n \times 2n$ 的矩阵 $R_\pm$ 的本征值。

以下运算是把问题化为 2 维矩阵求解。

6.7.3　周期矩阵

$$M_{\pm} = e^{i\beta\,(\Gamma_1\Gamma_2+\Gamma_3\Gamma_4+\cdots+\Gamma_{2n-1}\Gamma_{2n})}\,e^{i\beta'(\Gamma_2\Gamma_3+\Gamma_4\Gamma_5+\cdots+\Gamma_{2n-2}\Gamma_{2n-1}\mp\Gamma_{2n}\Gamma_1)} \equiv S(R_{\pm}) \qquad (6.101)$$

令

$$A = \begin{pmatrix} \cosh 2\beta & -\operatorname{isinh} 2\beta \\ \operatorname{isinh} 2\beta & \cosh 2\beta \end{pmatrix}$$

$$B = \begin{pmatrix} \cosh 2\beta' & 0 \\ 0 & \cosh 2\beta' \end{pmatrix}$$

$$C = \begin{pmatrix} 0 & 0 \\ -\operatorname{isinh} 2\beta' & 0 \end{pmatrix}$$

$$C^{+} = \begin{pmatrix} 0 & \operatorname{isinh} 2\beta' \\ 0 & 0 \end{pmatrix}$$

$$R_0 = \begin{pmatrix} A & 0 & 0 & \cdots & 0 \\ 0 & A & 0 & \cdots & 0 \\ 0 & 0 & A & \cdots & 0 \\ \vdots & \vdots & \vdots & & \vdots \\ 0 & 0 & 0 & \cdots & A \end{pmatrix}$$

$$(R_1)_{\pm} = \begin{pmatrix} B & C & 0 & 0 & 0 & 0 & \cdots & \mp C^{+} \\ C^{+} & B & C & 0 & 0 & 0 & \cdots & 0 \\ 0 & C^{+} & B & C & 0 & 0 & \cdots & 0 \\ \vdots & \vdots & \vdots & \vdots & \vdots & \vdots & & \vdots \\ \mp C & 0 & 0 & 0 & 0 & \cdots & C^{+} & B \end{pmatrix}$$

得到

$$R_{\pm} = R_0 (R_1)_{\pm} = \begin{pmatrix} AB & AC & 0 & 0 & 0 & 0 & \cdots & \mp AC^{+} \\ AC^{+} & AB & AC & 0 & 0 & 0 & \cdots & 0 \\ 0 & AC^{+} & AB & AC & 0 & 0 & \cdots & 0 \\ \vdots & \vdots & \vdots & \vdots & \vdots & \vdots & & \vdots \\ \mp AC & 0 & 0 & 0 & 0 & \cdots & AC^{+} & AB \end{pmatrix} \qquad (6.102)$$

容易看出,此矩阵的每一行向右移一位恰是下一行。最后一位不改变符号的称周期矩阵,改变符号的称为赝周期矩阵。周期矩阵和赝周期矩阵的解法是固定的。

令 $R_{\pm}$ 的本征矢量为 $\boldsymbol{\psi}_{\pm}$,其本征态方程为 $R_{\pm}\boldsymbol{\psi}_{\pm} =$ 常数 $\boldsymbol{\psi}_{\pm}$,令

$$\boldsymbol{\psi}_{\pm} = \begin{pmatrix} \lambda\xi \\ \lambda^2\xi \\ \vdots \\ \lambda^n\xi \end{pmatrix}$$

式中 λ 是常数;$\xi = \begin{pmatrix} \xi_1 \\ \xi_2 \end{pmatrix}$,$\xi_i$ 是数。

容易得到

$$R_{\pm}\,\psi_{\pm} = \begin{pmatrix} (\lambda AB + \lambda^2 AC \mp \lambda^n AC^+)\xi \\ (\lambda AC^+ + \lambda^2 AB + \lambda^3 AC)\xi \\ (\lambda AC^+ + \lambda^2 AB + \lambda^3 AC)\xi \\ \cdots\cdots\cdots \\ (\mp \lambda AC + \lambda^{n-1} AC^+ + \lambda^n AB)\xi \end{pmatrix}$$

取 $\lambda^n = \mp 1$，则有

$$R_{\pm}\,\psi_{\pm} = \begin{pmatrix} (AB + \lambda AC + \frac{1}{\lambda}AC^+)\lambda\xi \\ (AB + \lambda AC + \frac{1}{\lambda}AC^+)\lambda^2\xi \\ \cdots\cdots\cdots \\ (AB + \lambda AC + \frac{1}{\lambda}AC^+)\lambda^n\xi \end{pmatrix}$$

令 $c = \cosh 2\beta, c' = \cosh 2\beta', s = \sinh 2\beta, s' = \sinh 2\beta'$，则

$$A = \begin{pmatrix} c & -is \\ is & c \end{pmatrix}$$

$$B = \begin{pmatrix} c' & 0 \\ 0 & c' \end{pmatrix}$$

$$C = \begin{pmatrix} 0 & 0 \\ -is' & 0 \end{pmatrix}, C^+ = \begin{pmatrix} 0 & is' \\ 0 & 0 \end{pmatrix}$$

取 $\lambda = e^{\frac{i\pi r}{n}}$，对于 $R_+, r = 1,3,5,\cdots,2n-1$；对于 $R_-, r = 0,2,\cdots,2n-2$。因此只需解 2×2 矩阵的本征值问题。

$$Z_r = AB + \lambda AC + \frac{1}{\lambda}AC^+ = AB + e^{\frac{i\pi r}{n}}AC + e^{\frac{-i\pi r}{n}}AC^+$$

$$= A\begin{pmatrix} c' & ie^{\frac{-i\pi r}{n}}s' \\ -ie^{\frac{i\pi r}{n}}s' & c' \end{pmatrix} = \begin{pmatrix} c & -is \\ is & c \end{pmatrix}\begin{pmatrix} c' & ie^{\frac{-i\pi r}{n}}s' \\ -ie^{\frac{i\pi r}{n}}s' & c' \end{pmatrix}$$

$\det Z_r = \det A(c'^2 - s'^2) = \det A(\cosh^2 2\beta' - \sinh^2 2\beta') = \det A = c^2 - s^2 = 1$

显然 $e^{i\theta_r}$ 是一个本征值，另一个本征值是 $e^{-i\theta_r}$。

本征值之积是 1，本征值之和是 z_r 的迹 . θ_r 满足

$$\cosh \theta_r = \frac{1}{2}Tr(Z_r) = cc' - ss'\cos\frac{\pi r}{n} \tag{6.103}$$

M_+ 的本征值为 $e^{\frac{1}{2}(\pm\theta_1\pm\theta_3\cdots\pm\theta_{2n-1})}$；$M_-$ 的本征值为 $e^{\frac{1}{2}(\pm\theta_0\pm\theta_2\cdots\pm\theta_{2n-2})}$。

因为 $[\Gamma_{2n+1}, M_{\pm}] = 0$，它们可以被同时对角化。

$$M = \frac{1}{2}[(1 + \Gamma_3)M_+ + (1 - \Gamma_3)M_-]$$

规定

$$\theta_0 = 2(\beta' - \beta)$$

可以验证,$\frac{1}{2}(1 + \boldsymbol{\Gamma}_{2n+1})$ 只选取 M_+ 的本征值

$$e^{\frac{1}{2}[\pm\theta_1 \pm \theta_3 \cdots \pm \theta_{2n-1}]}$$

中只有偶数个"-1"符号的那些值。$\frac{1}{2}(1 - \boldsymbol{\Gamma}_{2n+1})$ 对于 M_- 的本征值有类似选取。

例如 $n = 1$,有

$$\theta_0 = 2(\beta' - \beta)$$
$$\theta_1 = 2(\beta' + \beta) > 0$$

直接验证

$$\boldsymbol{M}_{\pm} = e^{i\beta}\boldsymbol{\Gamma}_1\boldsymbol{\Gamma}_2 e^{i\mp\beta'\boldsymbol{\Gamma}_2\boldsymbol{\Gamma}_1} = e^{i(\beta\pm\beta')\boldsymbol{\Gamma}_1\boldsymbol{\Gamma}_2}$$

$$\boldsymbol{\Gamma}_3 = i\boldsymbol{\Gamma}_1\boldsymbol{\Gamma}_2 = \begin{pmatrix} 1 & 0 \\ 0 & -1 \end{pmatrix}$$

因此

$$\boldsymbol{M}_{\pm} = e^{(\beta\pm\beta')\boldsymbol{\Gamma}_3}$$

所以

$$\boldsymbol{M}_1\boldsymbol{M}_2 = \frac{\alpha}{2}\left[(1 + \boldsymbol{\Gamma}_3)\boldsymbol{M}_+ + (1 - \boldsymbol{\Gamma}_3)\boldsymbol{M}_-\right] = \alpha\begin{pmatrix} e^{\beta+\beta'} & 0 \\ 0 & e^{\beta'-\beta} \end{pmatrix} = \alpha\begin{pmatrix} e^{\frac{\theta_1}{2}} & 0 \\ 0 & e^{\frac{\theta_2}{2}} \end{pmatrix}$$

有下列关系:

(1) 如果 β 和 β' 对换,则

$$\theta_0 \to -\theta_0, \theta_{i\neq 0} \to \theta_{i\neq 0}(\text{不变}), \theta_{i\neq 0} = \theta_{2n-i}$$

(2) $$\sinh 2\beta \sinh 2\beta' = 1$$

因为

$$\tanh \beta = e^{\frac{2\epsilon}{kT}} = e^{-2\beta'} < 1$$

$$\sinh 2\beta = \frac{2\tanh \beta}{1 - \tanh^2 \beta} = \frac{2e^{-2\beta'}}{1 - e^{-4\beta'}} = \frac{1}{\sinh 2\beta'}$$

所以

$$\sinh 2\beta \sinh 2\beta' = 1$$

(3) 定义

$$\sinh 2\beta_c = 1$$

如果令

$$\sinh 2\beta = \sinh 2\beta'$$

就可确定出现相变现象的临界温度 T_c(图 6.20)。

当 $T = 0$ 时,$\beta = 0$,$\beta' = \infty$;

当 $T = T_c$ 时,$\beta = \beta' = \beta_c$,$\sinh 2\beta_c = 1$;

当 $T > T_c$ 时,$\theta_0 = 2(\beta' - \beta) < 0$;

当 $T < T_c$ 时,$\theta_0 = 2(\beta' - \beta) > 0$。

$\theta_0 = 2(\beta' - \beta)$ 是一条直线,$\theta_{i\neq 0}$ 曲线是对称的(图 6.20)。

当 $n \to \infty$ 时,

$$\cosh\theta_{r+1} - \cosh\theta_r = \Delta\cosh\theta_r = \frac{\pi}{n}\sin\frac{r\pi}{n}\sinh 2\beta\sinh 2\beta' \sim O\left(\frac{1}{n}\right)$$

当 $0 \leqslant r \leqslant n$ 时，$\Delta\cosh\theta_r > 0$，所以 $\theta_0 < \theta_1 < \theta_2 < \cdots < \theta_n$，下凹曲线不断上升；当 $r \geqslant n$ 时，下凹曲线不断下降。

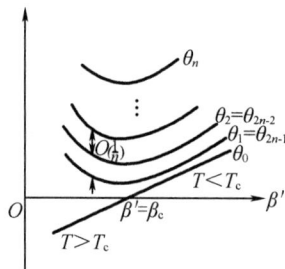

图 6.20　二维 Ising 模型的相变

M_+ 的最大本征值为

$$m_+ = e^{\frac{1}{2}(\theta_1 + \theta_3 + \cdots + \theta_{2n-1})}$$

M_- 的最大本征值为

$$m_- = e^{\frac{1}{2}(\theta_0 + \theta_2 + \cdots + \theta_{2n-2})}$$

所以

$$\frac{m_-}{m_+} = e^{\frac{1}{2}[(\theta_0-\theta_1)+(\theta_2-\theta_3)+\cdots+(\theta_{2n-2}-\theta_{2n-1})]}$$

又因为

$$\theta_2 - \theta_3 + \theta_{2n-2} - \theta_{2n-1} = \theta_2 - \theta_3 - \theta_2 - \theta_1 \sim O\left(\frac{1}{n^2}\right)$$

$$\theta_2 - \theta_3 + \theta_4 - \theta_5 + \theta_{2n-2} - \theta_{2n-1} \sim O\left(\frac{1}{n}\right)$$

当 $n \to \infty$ 时，$O\left(\dfrac{1}{n}\right) \to 0$，所以

$$\frac{m_-}{m_+} \to e^{\frac{1}{2}(\theta_0-\theta_1)}$$

高温时，$T > T_c$，$\theta_0 = 2(\beta' - \beta) < 0$

$$\lim_{n\to\infty} \frac{m_-}{m_+} = e^{\frac{1}{2}\theta_0} < 1$$

高温时，M 只有一个最大本征值 m_+；低温时，$\lim\limits_{n\to\infty}\dfrac{m_-}{m_+} \sim 1$。

由此，当 $n \to \infty$，$L \to \infty$ 时

$$Q_{L\times n} = \alpha^{nL}\begin{cases} 2m_+^L, & T < T_c \\ m_+^L, & T > T_c \end{cases}$$

得到昂萨格方程

$$\frac{\ln Q_{L\times n}}{nL} = \ln\alpha + \frac{1}{n}\ln m_+ = \ln\alpha + \frac{1}{2n}\sum_{r=\text{odd}}\theta_r \tag{6.104}$$

令 $\omega = \dfrac{r\pi}{N}, \Delta\omega = \dfrac{\Delta r\pi}{N}, \Delta r = 2$，所以 $\mathrm{d}\omega = \dfrac{2\pi}{N}$。

当 $N \to \infty$ 时，昂萨格方程可写成积分形式：

$$-\frac{F}{kT} = \frac{1}{N}\ln Q_N = \ln \alpha + \frac{1}{4\pi}\int_0^{2\pi}\theta(\omega)\mathrm{d}\omega \tag{6.105}$$

$$-F \to -F_c = kT_c(0.929\ 6)$$

比热容

$$C = k\frac{2}{\pi}(\ln \cot \frac{\pi}{8})^2(\ln \frac{\sqrt{2}}{\left|-\dfrac{\epsilon}{kT} + \dfrac{\epsilon}{kT_c}\right|} - 1 - \frac{\pi}{4}) \tag{6.106}$$

当 $\left|-\dfrac{\epsilon}{kT} + \dfrac{\epsilon}{kT_c}\right| = 0$ 时，出现对数的奇异点（图 6.21）。

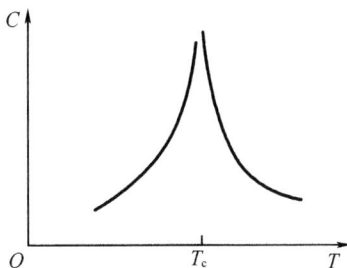

图 6.21   二维 Ising 模型的热容

第7章　非平衡态统计

力学系统如何由非平衡态到达平衡态仍然是物理学的前沿研究领域之一。平衡态的统计力学只用了一个基本假设就导出了全部热力学函数。在平衡态附近的热力学性质可以向平衡态展开得到结果。当系统远离平衡态时,将会遇到严重困难,目前这一领域仍有很多问题需要进一步研究。

7.1　刘　维　定　理

考虑一个自由度为 N 的相当大的力学系统,其经典哈密顿量为

$$H(p,q) = H(q_1,q_2,\cdots,q_N,p_1,p_2,\cdots,p_N) \tag{7.1}$$

式中,$q_1,q_2,\cdots,q_N$ 是广义坐标;$p_1,p_2,\cdots,p_N$ 是广义动量。

这个宏观的大系统在任何时刻都可以用 $2N$ 维相空间中的一个点来表示。这一点代表系统在给定时刻的所有广义坐标 $q_1,q_2,\cdots,q_N$ 和广义动量 $p_1,p_2,\cdots,p_N$。宏观系统随时间的变化由相空间中的一条轨迹来描述。

假定由 $\mathcal{N}$ 个相同的系统构成一个系综,用 $2N$ 维相空间中的点集表示。由于 N 是确定的,即相空间是确定的。当 $\mathcal{N}$ 趋近于无穷时,这些密集的点在 $2N$ 相空间中像流体一样运动,可以用流体力学来描述。在相空间中取小体积元

$$\mathrm{d}\tau = \prod_{\alpha=1}^{N} \mathrm{d}q_\alpha \mathrm{d}p_\alpha \tag{7.2}$$

令 $\rho(q_1,q_2,\cdots,q_N,p_1,p_2,\cdots,p_N,t)\mathrm{d}\tau$ 表示 t 时刻体积元 $\mathrm{d}\tau$ 中点的数目,ρ 代表点在相空间中的密度。随着时间的推移,这些点在相空间中运动。下面讨论密度的变化。为方便描述,我们采用 $2N$ 维坐标,令

$$x_\alpha = q_\alpha,\ \alpha = 1,2,\cdots,N$$
$$x_{\alpha+N} = p_\alpha,\ \alpha = 1,2,\cdots,N$$
$$i = 1,2,\cdots,N,N+1,\cdots,2N$$
$$\rho = \rho(x_i,t)$$

在相空间中速度为

$$v_\alpha = \dot{x}_\alpha = \dot{q}_\alpha,\ \alpha = 1,2,\cdots,N$$
$$v_{\alpha+N} = \dot{p}_\alpha,\ \alpha = 1,2,\cdots,N$$

由于系统中系统数目是守恒的,在 $2N$ 维相空间中取任意封闭的有限体积 V,包围它的封闭曲面为 S,则单位时间内体积 V 中点数的增加量为

$$\frac{\partial}{\partial t}\int_V \rho \mathrm{d}\tau \tag{7.3}$$

此数目必须等于从封闭曲面流入的点数,即

$$- \oint \rho \boldsymbol{v} \cdot \mathrm{d}\boldsymbol{S} \tag{7.4}$$

这里 $\mathrm{d}\boldsymbol{S}$ 沿曲面的外法线方向,所以我们有

$$\frac{\partial}{\partial t} \int_V \rho \mathrm{d}\tau = - \oint \rho \boldsymbol{v} \cdot \mathrm{d}\boldsymbol{S} \tag{7.5}$$

借助 $2N$ 维空间的高斯定理可得

$$\int_V \left[\frac{\partial \rho}{\partial t} + \sum_{i=1}^{2N} \frac{\partial(\rho v_i)}{\partial x_i} \right] \mathrm{d}\tau = 0 \tag{7.6}$$

体积 V 是任意的,所以

$$\frac{\partial \rho}{\partial t} + \sum_{i=1}^{2N} \frac{\partial(\rho v_i)}{\partial x_i} = 0 \tag{7.7}$$

由经典力学正则运动方程

$$\dot{q}_\alpha = \frac{\partial H}{\partial p_\alpha}, \quad \dot{p}_\alpha = - \frac{\partial H}{\partial q_\alpha}, \quad \alpha = 1, 2, \cdots, N \tag{7.8}$$

容易得到

$$\frac{\partial \dot{q}_\alpha}{\partial q_\alpha} + \frac{\partial \dot{p}_\alpha}{\partial p_\alpha} = 0, \quad \alpha = 1, 2, \cdots, N \tag{7.9}$$

结合式(7.7),此方程可以表示为

$$\sum_{i=1}^{2N} \frac{\partial v_i}{\partial x_i} = 0 \tag{7.10}$$

由此我们得到相密度满足的方程

$$\frac{\partial \rho(q_1, q_2, \cdots, q_N, p_1, p_2, \cdots, p_N, t)}{\partial t} = \sum_{i=1}^{2N} v_i \frac{\partial}{\partial x_i} \rho \tag{7.11}$$

此方程给出相空间固定点上相密度随时间的变化率。容易看出,在时间反演变换下 $t \rightarrow -t$,此方程不变。

　　下面讨论随体积元一起运动的相密度的变化率,由定义知

$$\frac{\mathrm{d}\rho(x, t)}{\mathrm{d}t} = \frac{\partial \rho}{\partial t} + \sum_{i=1}^{2N} v_i \frac{\partial \rho}{\partial x_i} \tag{7.12}$$

借助式(7.7)可得到

$$\frac{\mathrm{d}\rho(x, t)}{\mathrm{d}t} = \frac{\partial \rho}{\partial t} + \sum_{i=1}^{2N} v_i \frac{\partial \rho}{\partial x_i} + \sum_{i=1}^{2N} \rho \frac{\partial v_i}{\partial x_i} = 0 \tag{7.13}$$

它表示跟随流体　起运动,则发现流体密度是不变的,也即流体是不可压缩的。此特性也可以通过计算雅可比行列式看出来。令 $\mathrm{d}\tau_{t_0}$ 是 t_0 时刻相空间中的体积元,$\mathrm{d}\tau_t$ 是 t 时刻这一体积元的大小,则有

$$\mathrm{d}\tau_t = \mathscr{J}(t, t_0) \mathrm{d}\tau_{t_0} \tag{7.14}$$

$\mathscr{J}(t, t_0)$ 是雅可比行列式

$$\mathscr{J}(t, t_0) = \det \begin{pmatrix} \dfrac{\partial q_t}{\partial q_{t_0}} & \dfrac{\partial q_t}{\partial p_{t_0}} \\ \dfrac{\partial p_t}{\partial q_{t_0}} & \dfrac{\partial p_t}{\partial p_{t_0}} \end{pmatrix} \tag{7.15}$$

由于两个行列式的积等于矩阵之积的行列式,则

$$\mathscr{J}(t,t_0) = \mathscr{J}(t,t_1)\mathscr{J}(t_1,t_0) \tag{7.16}$$

现考虑 $\delta t = t - t_0$ 是小量的情况。

$$q_t = q_{t_0} + \dot{q}_{t_0}\delta t + \cdots \tag{7.17}$$

$$p_t = p_{t_0} + \dot{p}_{t_0}\delta t + \cdots \tag{7.18}$$

$$\mathscr{J}(t,t_0) = \det\begin{pmatrix} 1 + \dfrac{\partial \dot{q}_{t_0}}{\partial q_{t_0}}\delta t & \dfrac{\partial \dot{q}_{t_0}}{\partial p_{t_0}}\delta t \\[3mm] \dfrac{\partial \dot{p}_{t_0}}{\partial q_{t_0}}\delta t & 1 + \dfrac{\partial \dot{p}_{t_0}}{\partial p_{t_0}}\delta t \end{pmatrix} = 1 + \left(\dfrac{\partial \dot{q}_{t_0}}{\partial q_{t_0}} + \dfrac{\partial \dot{p}_{t_0}}{\partial p_{t_0}} \right)\delta t \tag{7.19}$$

由系统的正则运动方程可得

$$\left(\frac{\partial \dot{q}_{t_0}}{\partial q_{t_0}} + \frac{\partial \dot{p}_{t_0}}{\partial p_{t_0}} \right) = 0 \tag{7.20}$$

所以

$$\mathscr{J}(t,t_0) = 1 \tag{7.21}$$

或者

$$\mathscr{J}(t,0) = \mathscr{J}(0,0) = 1 \tag{7.22}$$

借助系统的正则运动方程可以将相密度满足的方程写为

$$\frac{\partial \rho}{\partial t} = -\hat{H}\rho \tag{7.23}$$

这里 $\hat{H}$ 是系统哈密顿量的泊松括号

$$\hat{H} = \sum_{i=1}^{N} \left(\frac{\partial H}{\partial p_i}\frac{\partial}{\partial q_i} - \frac{\partial H}{\partial q_i}\frac{\partial}{\partial p_i} \right) \tag{7.24}$$

则可以得到刘维方程

$$\mathrm{i}\frac{\partial \rho(q_1,q_2,\cdots,q_N,p_1,p_2,\cdots,p_N,t)}{\partial t} = \hat{L}\rho \tag{7.25}$$

式中 $\hat{L} = -\mathrm{i}\hat{H}$,称为刘维算符。

刘维方程的解为

$$\rho(q_1,q_2,\cdots,q_N,p_1,p_2,\cdots,p_N,t) = \mathrm{e}^{-\mathrm{i}\hat{L}t}\rho(q_1,q_2,\cdots,q_N,p_1,p_2,\cdots,p_N,0) \tag{7.26}$$

不随时间变化的密度 $\rho(q_1,q_2,\cdots,q_N,p_1,p_2,\cdots,p_N,0)$ 是初始条件。若密度不显含时间,则它满足定态刘维方程

$$\hat{L}\rho_{\mathrm{dt}} = 0 \tag{7.27}$$

这时,定态刘维方程的解 ρ_{dt} 是系统的稳定态。

容易证明刘维算符 $\hat{L}$ 是厄密算符,它的本征值为实数,所以刘维方程的解随时间是振荡的,不趋向于稳定的定态。这是因为刘维方程在时间反演变换下是不变的。

刘维定理对于经典统计力学有重要意义。如果在某一时刻相点分布是均匀的,则在任何时刻都是均匀的,这是密度守恒的自然结果。相密度的物理意义是某时刻在相等的体积内相点的

概率量度,相密度不变即表示等概率假设成立,所以刘维定理支持统计力学的等概率假设。下节我们将证明,由刘维定理可以推断出彭加勒周期的存在。

7.2　彭加勒定理

对于一个有限体积的宏观系统,假定其哈密顿量 $H(p^N,q^N)$ 是有界的,则它的广义坐标和广义动量均有界,这时可以证明存在彭加勒周期。

在 $t=0$ 时,系统在相空间中从点 P 出发,对于相空间中任意小的距离 ε,则系统在一有限时间间隔 $T(\varepsilon)$ 内,必然通过相空间中的另一点 P',而距离 $|PP'|<\varepsilon$,这就是彭加勒定理。

我们用反证法证明此定理。

假定定理是错误的,则表示在 $t_0=0$ 时,相空间中有一小容积 ω_0,在其中任取一点 P,在 $t_0=0$ 以后它的轨迹永不再回到容积 ω_0 内。

在 $t_0=0$ 时刻,取密集点占据相空间容积 ω_0;当 $t_0>0$ 时,这些点占据相空间容积 ω。由假设知 ω_0 内所有点流出,即容积 ω_0 与容积 ω 无共同点。令

$$\Omega_{tt'}(\omega)\equiv \text{在时间间隔}[t,t']\text{内},\omega\text{所占据的容积}$$

$$\Omega_{t_0t'}(\omega_0)\equiv \text{在时间间隔}[t_0,t']\text{内},\omega_0\text{所占据的容积}$$

显然,$\Omega_{tt'}(\omega)$ 是 $\Omega_{t_0t'}(\omega_0)$ 的子集,这可表示为

$$\Omega_{tt'}(\omega)\subset \Omega_{tt'}(\omega_0) \tag{7.28}$$

现在令 $t'\to\infty$,则 $\Omega_{0\infty}(\omega_0)$ 是在无限大的时间间隔内 ω_0 所占的体积,根据假定,系统的 p,q 有界,因而 $\Omega_{0\infty}(\omega_0)$ 是有限的,且其内部的相点形成均匀稳定流。$\Omega_{t\infty}(\omega)$ 是在无限大的时间间隔内 ω 所占的体积。根据刘维定理,相密度不变,这导致

$$\Omega_{0\infty}(\omega_0)=\Omega_{t\infty}(\omega) \tag{7.29}$$

根据假定,由 ω_0 流出的点不再回到 ω_0,有

$$\Omega_{0\infty}(\omega_0)-\Omega_{t\infty}(\omega)\geqslant \omega_0 \tag{7.30}$$

则式(7.29)与式(7.30)相矛盾,所以假定从 ω_0 内出发的点不再回到 ω_0 内是错误的,即彭加勒定理正确。

7.3　H 定　理

刘维方程(7.25)是时间反演不变的,若给定 $t=0$ 时系统的初始状态远离平衡态,则刘维方程的解不趋向于系统的稳定平衡态。H 定理回答在什么条件下系统由远离平衡态的初态趋向于平衡态。

假定系统由 $\mathscr{N}$ 个相同的系统组成,每个系统的哈密顿量 $H(i)$ 都是相同的,则系统的哈密顿量为

$$H_{\mathscr{N}}=\sum_{i=1}^{\mathscr{N}}H(i)+H_1 \tag{7.31}$$

式中,H_1 是系统之间的微扰。

令 $H(i) = H_0$,系统的定态薛定谔方程为

$$H_0 \phi_n = E_n \phi_n \qquad (7.32)$$

假定满足下列条件:

(1) 与 H_0 相比,H_1 是无穷小量。

可以假定 $(H_1)_{nn} = 0$,因为对角项总可吸收到 H_0 中。但是

$$(H_1)_{mn} \neq 0 \qquad (7.33)$$

它导致不同态之间的跃迁。

(2)H_1 使得不同系统的态的相位是无规的。在前面讨论正则系统和巨正则系综时没有用到这一条件。

在上述两个条件下,可以得到

$$\frac{\mathrm{d}N_n}{\mathrm{d}t} = \sum_{m \neq n} T_{mn}(N_m - N_n)$$
$$T_{mn} = T_{nm} \qquad (7.34)$$

式中,T_{mn} 是由微扰 H_1 引起的,它表示从 m 态跃迁到 n 态的概率。

现在构造函数

$$\mathscr{H} \equiv \sum_n N_n \ln N_n \qquad (7.35)$$

式中,N_n 代表处于 n 态的系统数

$$\sum_n N_n = \mathscr{N} \qquad (7.36)$$

是系统中系统的总数。

对 $\mathscr{H}$ 实施微分可以得到

$$\frac{\mathrm{d}\mathscr{H}}{\mathrm{d}t} = \sum_n^n \frac{\mathrm{d}N_n}{\mathrm{d}t}(\ln N_n - 1) = \sum_n \frac{\mathrm{d}N_n}{\mathrm{d}t} \ln N_n$$
$$= \sum_n \sum_{m \neq n} T_{mn}(N_m - N_n)\ln N_n$$
$$= \frac{1}{2} \sum_n \sum_m T_{mn}(N_m \ln N_n - N_n \ln N_n + N_n \ln N_m - N_m \ln N_m)$$
$$= -\frac{1}{2} \sum_n \sum_m T_{mn}(N_m - N_n)\ln \frac{N_m}{N_n} \qquad (7.37)$$

借助下列关系式

$$N_m > N_n, \ \ln \frac{N_m}{N_n} > 0$$

$$N_m < N_n, \ \ln \frac{N_m}{N_n} < 0$$

$$N_m = N_n, \ \ln \frac{N_m}{N_n} = 0$$

得到

$$\frac{\mathrm{d}\mathscr{H}}{\mathrm{d}t} \leqslant 0 \qquad (7.38)$$

所以 $\mathscr{H}$ 是时间的递减函数,只有当 $N_m = N_n$ 时,才有 $\frac{\mathrm{d}\mathscr{H}}{\mathrm{d}t} = 0$

下面考虑 $\mathscr{H}$ 与熵的关系。由

$$\Omega = \frac{\mathscr{N}!}{\prod_n N_n!}$$

$$\sum_n N_n = \mathscr{N} \tag{7.39}$$

则有

$$\ln\Omega = \mathscr{N}\ln\mathscr{N} - \mathscr{N} - \sum_n N_n\ln N_n + \sum_n N_n = \mathscr{N}\ln\mathscr{N} - \sum_n N_n\ln N_n \tag{7.40}$$

系统的熵

$$S = \frac{k}{\mathscr{N}}\ln\Omega = k\ln\mathscr{N} - \frac{k}{\mathscr{N}}\sum_n N_n\ln N_n = k\ln\mathscr{N} - \frac{k}{\mathscr{N}}\mathscr{H} \tag{7.41}$$

$$\frac{\mathrm{d}S}{\mathrm{d}t} = -\frac{k}{\mathscr{N}}\frac{\mathrm{d}\mathscr{H}}{\mathrm{d}t} \geq 0 \tag{7.42}$$

系统的熵单调上升，$\mathscr{H}$ 单调下降，此即 H 定理。它给出了热力学中熵增加的道理。

应当强调，使得 H 定理成立要有两个基本假设：(1) 一个大系统受到外来 H_1 扰动，而 H_1 与系统的能量相比是很小的，这一假定通常能量得到满足；(2) H_1 随机地使系统的相位无规化，这个假定是非常苛刻的条件，实际上是难以做到的。20 世纪 50 年代费米等人用当时的计算机对 64 个简谐振子进行了探讨，这些简谐振子之间存在弱的非线性耦合 H_1。计算机演示表明，只要给定了相互作用 H_1 的形式，不论它多么微弱，系统的相位都不再是随机的，因此 H 定理的基础需要进一步研究。

7.4　Ehrenfest 模型

彭加勒定理告诉我们，对于一个有限的系统，只要经过足够长的时间，系统就会回到与初始状态任意靠近的状态，它可以直接从运动方程的时间反演不变性得到。但 H 定理告诉我们，若系统满足 H 定理的条件，从任何初态出发，则随着时间的推移，系统的熵不断增加，经过足够长的时间，系统将趋向稳定的平衡态。看上去二者是矛盾的，这里引用一个具体的数学模型，计算结果表明彭加勒定理和 H 定理并不相矛盾。

有 A，B 两个盒子，在盒中放置编有 $2N$ 个号码的小球，如图 7.1 所示。在 $t = 0$ 时，n_0 个球置于 A 盒内，$2N - n_0$ 个小球置于 B 盒内；然后在这 $2N$ 个编码中任取一个号码（可采用随机抽样的办法），再将盒中与此号码相同的小球更换到另一盒子中，这个过程称为一步。

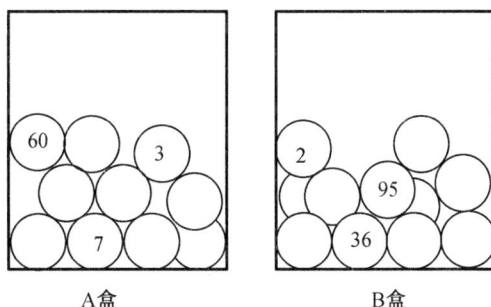

图 7.1　模型盒子

令 $\langle n \mid p(s) \mid n_0 \rangle$ 表示 A 盒中初始有 n_0 个球,经过 s 步以后有 n 个球的概率。显然

$$\sum_n \langle n \mid p(s) \mid n_0 \rangle = 1$$

如果 s 步以后 A 盒中有 n 个球,则在 $s-1$ 步之后 A 盒中可能有 $n+1$ 个球,或者有 $n-1$ 个球。若是前者,则我们要在 A 盒的 $n+1$ 个球中任选一个拿出来;若是后者,则要在 B 盒的 $2N - n_0$ 个球中任选一个放进 A 盒。由此我们得到递推公式

$$\langle n \mid p(s) \mid n_0 \rangle = \langle n+1 \mid p(s-1) \mid n_0 \rangle \frac{n+1}{2N} +$$

$$\langle n-1 \mid p(s-1) \mid n_0 \rangle \frac{2N - (n-1)}{2N} \tag{7.43}$$

其中 $\dfrac{n+1}{2N}$ 是从 A 盒的 $n+1$ 个球中任选一个球的概率,而 $\dfrac{2N - (n-1)}{2N}$ 是从 B 盒的 $[2N - (n-1)]$ 个球中任选一个球的概率。

定义 s 步以后 A 盒小球的平均数

$$\bar{n}_s = \sum n \langle n \mid p(s) \mid n_0 \rangle$$

借助递推公式得到

$$\bar{n}_s = \sum [(n+1) - 1] \langle n+1 \mid p(s-1) \mid n_0 \rangle \frac{n+1}{2N} +$$

$$\sum [(n-1) + 1] \langle n-1 \mid p(s-1) \mid n_0 \rangle \frac{2N - (n-1)}{2N} \tag{7.44}$$

n 取值范围为 $0 \sim 2N$。

$$\bar{n}_s = \frac{1}{2N}(\bar{n^2}_{s-1} - \bar{n}_{s-1}) + \bar{n}_{s-1} + 1 - \frac{1}{2N}(\bar{n^2}_{s-1} + \bar{n}_{s-1}) \tag{7.45}$$

即为

$$\bar{n}_s = \bar{n}_{s-1}\left(1 - \frac{1}{N}\right) + 1 \tag{7.46}$$

这是一个差分方程,假定试验解有形式

$$\bar{n}_s = \alpha + \beta\left(1 - \frac{1}{N}\right)^s$$

将此解代入式(7.46),则有

$$\bar{n}_s = \left[\alpha + \beta\left(1 - \frac{1}{N}\right)^{s-1}\right]\left(1 - \frac{1}{N}\right) + 1$$

与试验解比较可得

$$\alpha = \alpha\left(1 - \frac{1}{N}\right) + 1 \tag{7.47}$$

给出 $\alpha = N$,当 $s = 0$ 时,$\bar{n}_0 = n_0$,所以 $\alpha + \beta = n_0$。则有关系式

$$\bar{n} = \alpha + \beta\left(1 - \frac{1}{N}\right)^s = N + (n_0 - N)\left(1 - \frac{1}{N}\right)^s \tag{7.48}$$

由此可以得到

$$\lim_{s \to \infty} \bar{n}_s = N \tag{7.49}$$

这表明不论初始 A 盒中的球有多少个,经过足够多步以后盒中的球数一定是总球数的一

半,与 n_0 无关,因此趋向于平衡态。

现在问经过多长时间趋向平衡。

令 $s = N\tau$,其中 τ 的数值固定(例如 $\tau = 5,6,7$),则当 N 很大时,$1 - \frac{1}{N} \approx e^{-\frac{1}{N}}$,所以 $\left(1 - \frac{1}{N}\right)^{-s} \approx e^{-\tau}$。

s 与 N 是同量级的量

$$\overline{n}_s = N + (n_0 - N)\left(1 - \frac{1}{N}\right)^s = N + (n_0 - N)e^{-\tau}$$

若取 $\tau = 6$,可知与第一项相比,第二项是小量,即趋向于平衡的快慢程度与 N 同量级,趋向平衡的时间基本与系统的大小成正比,$s \sim O(N)$。

下面用该模型讨论彭加勒周期,证明彭加勒周期存在。

假定初始 A 盒中有 n_0 个球,B 盒中有 $2N - n_0$ 个球,这种状态称为"0"态。令 $s \sim O(N)$,$p \equiv s$ 步以后又回到"0"态的概率,显然 $p > 0$。

用 p 表示 $s = 2NM$ 步以后不回到"0"态的概率,则

$$q = (1 - p)^M$$
$$\lim_{M \to \infty} q \to 0$$

这表示 $s = 2NM$ 步以后不回到状态"0"的概率为0,即一定回到"0"态,亦即一定存在彭加勒周期。

下面计算该模型的彭加勒周期。

我们知道第 s 步出现的状态与过去的历史有关,可以写出递推关系。凡是线性递推关系都可写成矩阵的形式。

s 步后 A 盒中有 n 个球的概率为 $\langle n \mid P(s) \mid n_0 \rangle$,它与以前的 $s-1$ 步,$s-2$ 步,$\cdots$ 有关,因此可以写成矩阵形式

$$\langle n \mid P(s) \mid n_0 \rangle = \sum_{n'=0}^{2N} M_{nn'}\langle n' \mid P(s-1) \mid n_0 \rangle = (M^s)_{nn_0} \tag{7.50}$$

式中,M 是一个 $(2N+1) \times (2N+1)$ 的矩阵。

$$M = \begin{pmatrix} 0 & \frac{1}{2N} & 0 & 0 & 0 & \cdots & 0 & 0 \\ 1 & 0 & \frac{2}{2N} & 0 & 0 & \cdots & 0 & 0 \\ 0 & 1-\frac{1}{2N} & 0 & \frac{3}{2N} & 0 & \cdots & 0 & 0 \\ \vdots & \vdots & \vdots & \vdots & \vdots & & \vdots & \vdots \\ 0 & 0 & 0 & 0 & 0 & \cdots & 0 & 1 \\ 0 & 0 & 0 & 0 & 0 & \cdots & \frac{1}{2N} & 0 \end{pmatrix} \tag{7.51}$$

解矩阵 M 本征值问题,令 λ 和 ϕ 分别是本征值和本征波函数,则有

$$M\phi = \lambda\phi, \quad \phi = \begin{pmatrix} \phi_0 \\ \phi_1 \\ \vdots \\ \phi_{2N} \end{pmatrix} \tag{7.52}$$

取一变换,矩阵 M 变成对角阵

$$A^{-1}MA = \begin{pmatrix} \lambda_0 & & & \\ & \lambda_1 & & \\ & & \ddots & \\ & & & \lambda_{2N} \end{pmatrix} = \Lambda$$

由此可得

$$A^{-1}M^sA = \begin{pmatrix} \lambda_0^s & & & \\ & \lambda_1^s & & \\ & & \ddots & \\ & & & \lambda_{2N}^s \end{pmatrix}$$

借助 M 矩阵将本征函数的各个分量写出,则有

$$\frac{1}{2N}\phi_1 = \lambda\phi_0$$

$$\phi_0 + \frac{2}{2N}\phi_1 = \lambda\phi_1$$

$$\cdots\cdots\cdots$$

$$\frac{1}{2N}\phi_{2N-1} = \lambda\phi_{2N}$$

规定 $\phi_{-1} \equiv 0, \phi_{2N+1} \equiv 0$,则可以用如下统一形式表示以上方程组:

$$\left(1 - \frac{n-1}{2N}\right)\phi_{n-1} + \left(1 - \frac{n+1}{2N}\right)\phi_{n+1} = \lambda\phi_n \tag{7.53}$$

由式(7.53)可以得到

$$\text{取 } n = -1, \text{给出 } \phi_{-2} = \phi_{-3} = \cdots = 0$$

$$\text{取 } n = 2N+1, \text{给出 } \phi_{2N+2} = \phi_{2N+3} = \cdots = 0$$

所以取式(7.53)并加边界条件 $\phi_{-1} \equiv 0, \phi_{2N+1} \equiv 0$,则 n 可以取 $-\infty \sim \infty$ 范围内的整数。

定义

$$f(z) = \sum_{n=0}^{2N} \phi_n z^n = \sum_{n=-\infty}^{\infty} \phi_n z^n \tag{7.54}$$

$f(z)$ 称为生成函数。借助对此函数的适当微分运算可将统一形式的式(7.53)化为 f 的微分方程

$$zf = \sum_n \phi_{n-1} z^n$$

$$\frac{\mathrm{d}f}{\mathrm{d}z} = \sum_n (n+1)\phi_{n+1}$$

$$z^2\frac{\mathrm{d}f}{\mathrm{d}z} = \sum_n (n-1)\phi_{n-1}$$

借助这些关系式及方程(7.53)可以得到

$$zf - \frac{1}{2N}z^2\frac{\mathrm{d}f}{\mathrm{d}z} + \frac{1}{2N}\frac{\mathrm{d}f}{\mathrm{d}z} = \lambda f \tag{7.55}$$

它可以化为

$$\frac{\mathrm{d}f}{\mathrm{d}z} = 2N\frac{\lambda - z}{1 - z^2}f \tag{7.56}$$

$$\frac{1}{f}\frac{\mathrm{d}f}{\mathrm{d}z} = 2N\frac{1}{2}\left(\frac{\lambda - 1}{1 - z} + \frac{\lambda + 1}{1 + z}\right) \tag{7.57}$$

一阶微分方程的解给出

$$\ln f = N[(1 - \lambda)\ln(1 - z) + (1 + \lambda)\ln(1 + z)] + \mathscr{L} \tag{7.58}$$

式中,$\mathscr{L}$ 是任意常数,所以

$$f = \mathscr{L}(1 - z)^{N(1-\lambda)}(1 + z)^{N(1+\lambda)} = \sum_{n=0}^{2N}\phi_n z^n \tag{7.59}$$

由于右边是 z 的多项式,则指数必须是整数。由此得到本征值

$$\lambda_m = -1 + \frac{m}{2N}$$

$$\lambda_{2N} = 1$$

相应于 $\boldsymbol{\lambda}_m$ 的本征函数

$$\boldsymbol{\phi}(m) = \begin{pmatrix} \phi_0(m) \\ \phi_1(m) \\ \vdots \\ \phi_{2N}(m) \end{pmatrix}$$

取 $\mathscr{L} = 1$,则有

$$f(m) = \sum_{n=0}^{2N}\phi_n(m)z^n = (1 - z)^{2N-m}(1 + z)^m \tag{7.60}$$

令

$$\boldsymbol{A}_{nm} = \phi_n(m) \tag{7.61}$$

$\boldsymbol{A}$ 是 $(2N + 1)\times(2N + 1)$ 维矩阵。

$$\boldsymbol{MA} = \boldsymbol{A}\lambda$$

即

$$\boldsymbol{M}^s\boldsymbol{A} = \boldsymbol{A}\begin{pmatrix} \lambda_0^s & & & \\ & \lambda_1^s & & \\ & & \ddots & \\ & & & \lambda_{2N}^s \end{pmatrix}$$

$$\boldsymbol{M}^s = \boldsymbol{A}\begin{pmatrix} \lambda_0^s & & & \\ & \lambda_1^s & & \\ & & \ddots & \\ & & & \lambda_{2N}^s \end{pmatrix} \tag{7.62}$$

下面证明关系式

$$(A^{-1})_{m\ell} = \frac{(-1)^{\ell+m}}{2N}\phi_m(\ell) \tag{7.63}$$

证明   由 $AA^{-1} = I$,则有

$$\sum_m A_{nm}(A^{-1})_{m\ell} = \sum_m \phi_n(m)(A^{-1})_{m\ell} = \delta_{n\ell}$$

两边乘 z^n,并对 n 求和,得到

$$(1-z)^{2N}\sum_m \left(\frac{1+z}{1-z}\right)^m (A^{-1})_{m\ell} = z^\ell$$

实施变换代换

$$-\xi = \frac{1+z}{1-z}$$

则

$$z = -\frac{1+\xi}{1-\xi}$$

或者

$$1-z = \frac{2}{1-\xi}$$

所以

$$\sum_m (-\xi)^m (A^{-1})_{m\ell} = (-1)^\ell \frac{(1+\xi)^\ell}{(1-\xi)^\ell}\frac{1}{2N}(1-\xi)^{2N} = (-1)^\ell \frac{1}{2N}(1+\xi)^\ell(1-\xi)^{2N-\ell}$$

所以式(7.63)得证。

$$(M^s)_{nn_0} = \sum_{m=0}^{2N} A_{nm}\lambda_m^s (A^{-1})_{mn_0}$$
$$= \frac{(-1)^{n_0}}{2N}\sum_{m=0}^{2N}\phi_n(m)\phi_m(n_0)(-1)^m\left(-1+\frac{m}{N}\right)^s \tag{7.64}$$

我们感兴趣的是彭加勒周期。假定初始态为 A 盒中有 $n_0 = 2N$ 个球,B 盒中没有球。问平均多久 A 盒中又出现 $2N$ 个球。由式(7.60)可知,$\phi_m(2N)$ 是 $(1+z)^{2N}$ 的展开式中 z^m 的系数,由二项式定理可得

$$\phi_m(2N) = \frac{2N!}{m!(2N-m)!} \tag{7.65}$$

$\phi_{2m}(2m)$ 是 $(1-z)^{2N-m}(1+z)^m$ 的展开式中 z^{2N} 的系数,它为

$$\phi_m(2N) = (-1)^{2N-m} \tag{7.66}$$

$$\mathscr{P}(s) = \langle 2N | p(s) | 2N \rangle = \frac{1}{2N}\sum_{m=0}^{2N}\frac{2N!}{m!(2N-m)!}\left(-1+\frac{m}{N}\right)^s \tag{7.67}$$

此公式表示 s 步以后 A 盒中又出现 $2N$ 个球的概率,不过它可能是多次出现 $2N$ 个球的概率,我们只对 A 盒中第一次出现 $2N$ 个球的概率感兴趣,用 $Q(s)$ 表示 s 步以后 A 盒中首次出现 $2N$ 个球的概率,则有关系式

$$\mathscr{P}(s) = Q(s) + \sum_{k=1}^{s-1}Q(k)\mathscr{P}(s-k) \tag{7.68}$$

下面我们证明

（1）

$$\sum_{s=1}^{\infty} Q(s) = 1 \tag{7.69}$$

（2）彭加勒周期

$$\sum_{s=1}^{\infty} sQ(s) = 2^{2N} \tag{7.70}$$

引入 2 个生成函数

$$h(z) = \sum_{s=1}^{\infty} \mathscr{P}(s) z^s \tag{7.71}$$

$$g(z) = \sum_{s=1}^{\infty} Q(s) z^s \tag{7.72}$$

由式(7.67)可以得到

$$h(z) = g(z) + g(z)h(z) \tag{7.73}$$

即有

$$g(z) = \frac{h(z)}{1 + h(z)} \tag{7.74}$$

证明

$$
\begin{aligned}
h(z) &= \sum_{s=1}^{\infty} \frac{1}{2N} \sum_{m=0}^{2N} \frac{2N!}{m!(2N-m)!} \left(-1 + \frac{m}{N}\right)^s z^s \\
&= \frac{1}{2N} \sum_{m=0}^{2N} \frac{2N!}{m!(2N-m)!} \sum_{s=1}^{\infty} \left[\left(-1 + \frac{m}{N}\right) z\right]^s \\
&= \frac{1}{2N} \sum_{m=0}^{2N} \frac{2N!}{m!(2N-m)!} \frac{\left(-1 + \frac{m}{N}\right) z}{1 - \left(-1 + \frac{m}{N}\right) z}
\end{aligned}
$$

容易看出，$m = 2N, z = 1$ 时成为奇异点，$h(z) \to \dfrac{1}{2N} \dfrac{z}{1-z} +$ 正则函数 $\to \infty$。

借助式(7.74)可以得到

$$g(1) = \sum_{s=1}^{\infty} Q(s) = 1 \tag{7.75}$$

此即概率的归一性。

$$\left[\frac{\mathrm{d}g(z)}{\mathrm{d}z}\right]_{z=1} = \sum_{s=1}^{\infty} sQ(s)，又因为$$

$$g' = \left[\frac{h(z)}{1+h(z)}\right]' = \frac{h'}{(1+h)^2} \tag{7.76}$$

当 $z = 1$ 时

$$h' = \frac{1}{2N}\left[\frac{1}{1-z} + \frac{z}{(1-z)^2}\right] \approx \frac{1}{2N}\frac{1}{(1-z)^2}$$

由此可得

$$g' = \sum_{s=1}^{\infty} sQ(s) = \left[\frac{h'}{(1+h)^2}\right]_{z=1} = 2^{2N} \tag{7.77}$$

此即系统的彭加勒周期。

我们看到，系统趋于平衡的时间与系统的大小 N 同量级，在系统趋向平衡的过程中熵是增加的。而系统的彭加勒周期为 2^{2N}，对于一个宏观系统 $N \sim 10^{23}$，彭加勒周期比宇宙的年龄大很多，系统出现彭加勒周期的概率非常小，因此系统的熵增加与系统存在彭加勒周期并不矛盾。

7.5 各态历经假设

一个系统从远离平衡的态达到平衡态是一个不可逆过程，熵是增加的。理解此不可逆性质的起源是非平衡态统计的古老而又基本的问题。因为系统的动力学运动方程是时间反演不变的，即过程是可逆的。玻尔兹曼为了得到不可逆的玻尔兹曼方程，提出了各态历经假说。对于孤立的力学系统，总能量 E 是运动常数。在 $2N$ 维相空间中能量 E 为给定常数时，形成一个 $2N-1$ 维能量曲面。

各态历经假说如下：力学系统从任意初始状态出发开始运动，只要时间足够长，所有在能量曲面上的一切微观状态都会经过。

如果各态历经假说成立，则力学量的时间平均等于系综平均。

假定系统在 $t=0$ 时从相空间的 P_0 点出发，相空间中的任一函数 $u(q_0,p_0)$ 记为 $u(P_0)$，在时刻 t 到达 P_t 点，函数为 $u(P_t)$，它沿轨道的长时间平均为

$$\bar{u}(P_0) = \lim_{T\to\infty} \frac{1}{T}\int_0^T u(P_t)\,\mathrm{d}t \tag{7.78}$$

令

$$u(P_t) = f(P_0,t) \tag{7.79}$$

则 $\bar{u}(P_0)$ 可表示为

$$\bar{u}(P_0) = \lim_{T\to\infty} \frac{1}{T}\int_0^T f(P_0,t)\,\mathrm{d}t \tag{7.80}$$

同样可得

$$\bar{u}(P_t) = \lim_{T\to\infty} \frac{1}{T}\int_0^T f(P_t,\alpha)\,\mathrm{d}\alpha \tag{7.81}$$

容易看出

$$f(P_t,\alpha) = f(P_0,t+\alpha) \tag{7.82}$$

所以

$$\bar{u}(P_t) = \lim_{T\to\infty} \frac{1}{T}\int_0^T f(P_0,t+\alpha)\,\mathrm{d}\alpha$$
$$= \lim_{T\to\infty} \frac{1}{T}\int_0^{T+\alpha} f(P_0,\alpha)\,\mathrm{d}\alpha \tag{7.83}$$

$$\bar{u}(P_0) = \lim_{T\to\infty} \frac{1}{T+\alpha}\int_0^{T+\alpha} f(P_0,t)\,\mathrm{d}t \tag{7.84}$$

$$\overline{u}(P_t) - \overline{u}(P_0) = \lim_{T \to \infty} \frac{\alpha}{T(T+\alpha)} \int_0^{T+\alpha} f(P_0,t)\,\mathrm{d}t = 0 \tag{7.85}$$

所以

$$\overline{u}(P_t) = \overline{u}(P_0) \tag{7.86}$$

这意味着任何物理量沿轨道的长时间平均与初态无关。假如每条轨道都通过能量曲面上的所有点,它表示 $\overline{u}$ 在能量曲面上是常数。所以有

$$\begin{aligned}
\overline{u}(P_t) &= \int \rho\,\overline{u}(P_0)\,\mathrm{d}\Omega = \int \rho\,\mathrm{d}\Omega\,\frac{1}{T}\int_0^T u(P_t)\,\mathrm{d}t \\
&= \frac{1}{T}\int_0^T \mathrm{d}t \int \rho\,u(P_t)\,\mathrm{d}\Omega = \frac{1}{T}\int_0^T \mathrm{d}t \int \rho_t\,u(P_t)\,\mathrm{d}\Omega_t \\
&= \int \rho_t\,u(P_t)\,\mathrm{d}\Omega_t = \langle u \rangle
\end{aligned} \tag{7.87}$$

式中,$\langle u \rangle$ 表示系综平均。

这表示如果系统是各态历经的,则物理量沿轨道的时间平均等于它的系综平均。

推导上式时我们利用了刘维定理:$\rho_t = \rho$ 和 $\mathrm{d}\Omega_t = \mathrm{d}\Omega$,即在相空间的能量曲面上,相密度和相体积元不随时间变化。

7.5.1　各态历经流的一个简单例子

取二维单位正方形 $0 \leq p \leq 1, 0 \leq q \leq 1$ 为能量面,运动方程为

$$\dot{p} = \alpha \tag{7.88}$$
$$\dot{q} = 1 \tag{7.89}$$

假定有周期性边界条件,则方程的解为

$$p = p_0 + \alpha t \tag{7.90}$$
$$q = q_0 + t \tag{7.91}$$

在能量面上的相轨道为

$$p = p_0 + \alpha(q - q_0) \tag{7.92}$$

容易看出,当 α 是有理数时,$\alpha = \dfrac{m}{n}$,则轨道是周期性的(图7.2),经过周期 $t = n$ 后轨道与自身重复。下面证明,当 α 是无理数时,系统是各态历经的。因相空间是周期性的,任何可积函数 $f(p,q)$ 可用傅里叶级数展开

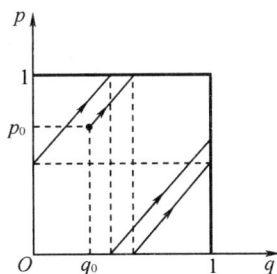

图7.2　式(7.92)在相空间的轨迹
(α 是无理数时,相点在正方形内是致密的)

$$f(q,p) = \sum_{m,\ell} A_{m,\ell} e^{i2\pi(\ell q + mp)} \tag{7.93}$$

函数 f 的时间平均

$$\bar{f} = \lim_{T\to\infty} \frac{1}{T} \int_{t_0}^{t_0+T} dt \sum_{m,\ell} A_{m,\ell} e^{i2\pi[\ell(q_0+t)+m(p_0+\alpha t)]}$$

$$= A_{0,0} + \lim_{T\to\infty} \frac{1}{T} \sum_{m,\ell\neq 0,0} A_{m,\ell} e^{i2\pi[\ell(q_0+t_0)+m(p_0+\alpha t_0)]} \frac{e^{i2\pi(\ell+\alpha m)T}-1}{i2\pi(\ell+\alpha m)} = A_{0,0} \tag{7.94}$$

若 α 是无理数,则 $\ell + \alpha m \neq 0$ 成立,所以

$$\bar{f} = A_{0,0} \tag{7.95}$$

函数 f 的系综平均

$$\langle f \rangle = \int_0^1\!\!\int_0^1 f(q,p)\,dp dq = \int_0^1\!\!\int_0^1 f(q_0,p_0)\,dp_0 dq_0 = A_{0,0} \tag{7.96}$$

积分变换时我们用了相体积不变:

$$dp dq = dp_0 dq_0$$

所以此例子是各态历经的。应当强调,各态历经性并不足以使一个初始时刻具有非定态分布的系统趋向于定态。例如,假定在 $t = 0$ 时刻正方形内的概率密度函数为

$$\rho(q_0,p_0,0) = \sin(\pi p_0)\sin(\pi q_0) \tag{7.97}$$

则在 t 时刻概率密度函数为

$$\rho(q_0,p_0,t) = \sin[\pi(p_0+\alpha t)]\sin[\pi(q_0+t)] \tag{7.98}$$

容易看出,概率密度不改变形状,只是移动了位置(图 7.3),在无限长的时间后它均匀地跑遍整个能量面,所以它是各态历经的,但却不趋向于概率密度为常数的定态。

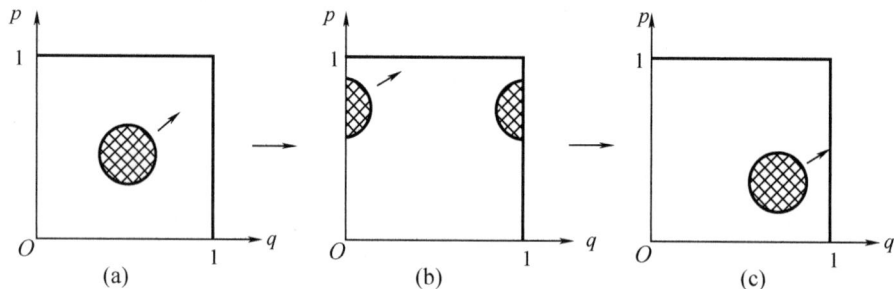

图 7.3 具有各态历经性不足以改变概率密度的形状

(图中的圆可以覆盖整个正方形,但不改变形状)

7.5.2 非简谐振子系统

非简谐振子系统的研究对于统计力学具有重要意义,因为它直接与固体中的热输运理论有关。将固体的一个简谐晶格加热,若热量非均匀地分配给每个简正模式,因简正模式之间没有耦合,系统将无法趋于平衡。若晶格间存在非线性耦合,人们预期,能量将被均分给每个模式

而使系统达到平衡。1955 年,费米等人最早研究了 64 个简谐振子系统,简谐振子之间加上很弱的三次和四次的非线性耦合相互作用

$$\mathscr{H} = \frac{1}{2} \sum (p_i^2 + \omega^2 q_i^2) + \sum g_{ijk} q_i q_j q_k + \sum f_{ijk\ell} q_i q_j q_k q_\ell \tag{7.99}$$

式中,g_{ijk} 和 $f_{ijk\ell}$ 是非常小的量。

初始条件是能量加在一个谐振子上,数值计算发现,起初这个集中能量的谐振子确实将能量减小,其他谐振子能量逐渐增加,似乎按照能量均分的趋势发展,但是经过长时间以后,初始集中能量的谐振子又恢复到初始能量的 97%。显然这不是彭加勒周期,因为与初态不是无限小靠近。改变初始条件和变化耦合常数 g_{ijk} 和 $f_{ijk\ell}$,都得到类似的结果(周期可能有所差别),得不到像人们原来预期的那样能量被均分给所有谐振子而达到平衡态(图 7.4)。

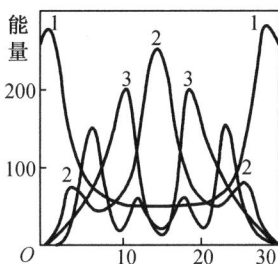

图 7.4　费米图

为了理解非线性耦合项对力学系统行为的影响,人们通常研究一些简单模型。下面我们讨论存在非线性耦合项的两个二维简谐振子系统,其哈密顿量为

$$H = \frac{1}{2}(p_1^2 + p_2^2 + q_1^2 + q_2^2) - q_1 q_2^2 - \frac{1}{3} q_1^3 \tag{7.100}$$

系统的轨道在四维相空间中运动。因为能量是运动常数,所以轨道局限在三维曲面上。令 $q_2 = 0$,则我们得到三维能量面的二维截面。我们每次都考察以正速度 $p_2 > 0$ 穿过此截面的一条轨道在 (p_1, q_1) 平面上相继的点。若能量是唯一的运动常数,则这些点将在 (p_1, q_1) 平面与能量面对应的区域内自由行走,我们看到的这个运动很像各态历经运动。如果除能量外还有一个附加运动常数,则点将落在 (p_1, q_1) 平面上的一条光滑曲线上。

图 7.5 表示能量 $E = 0.083\,33$ 时的数字计算结果,所有的点都在一些光滑曲线上,这表明在计算机的精度以内除能量外还存在另外一个运动常数。图 7.5 中的每条闭合曲线对应一条轨道,曲线的 3 个交点是双曲型的稳定点,被曲线包围的 4 个点是椭圆型的稳定点。

当 $E = 0.125\,00$ 时,图 7.5 的形状开始被破坏(图 7.6)。图 7.6 中每条闭合曲线对应一条轨道,所有无规的点对应一条轨道。

当 $E = 0.166\,67$ 时,几乎不再有稳定的运动(图 7.7),单个一条轨道几乎在整个能量面上自由穿行。进一步研究表明,在一很小的能量范围内,系统发生了从有序到无序的转变。

一个系统在什么条件下从有序到无序仍然是非平衡态统计物理的前沿研究课题之一,哈密顿量中的非线性项起关键性作用。

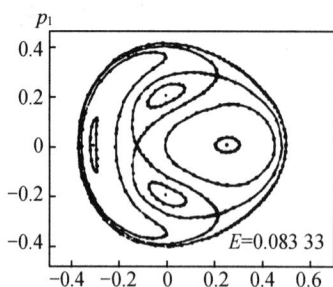

图 7.5 $E = 0.083\ 33$

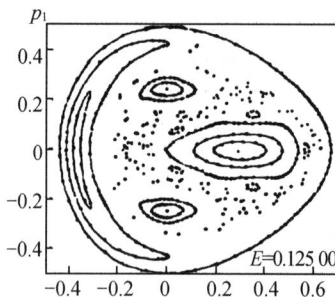

图 7.6 $E = 0.125\ 00$

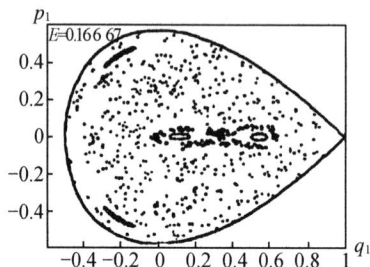

图 7.7 $E = 0.166\ 67$

7.6   主   方   程

考虑一个可以用单个随机变量 Y 描述其性质的系统,对于随机变量 Y 的概率密度,我们采用下列记号表示。

$P_1(y_1,t_1)$ 随机变量 Y 和 t_1 时刻取值 y_1 的概率。

$P_2(y_1,t_1,y_2,t_2)$ 随机变量 Y 在 t_1 时刻取值 y_1,在 t_2 时刻取值 y_2 的联合概率。

$P_n(y_1,t_2,y_2,t_2,\cdots,y_n,t_n)$ 随机变量 Y 在 t_1 时刻取值 y_1,在 t_2 时刻取值 y_2,$\cdots$,在 t_n 时刻取值 y_n 的联合概率。

显然,联合概率密度是正的,即

$$P_n \geqslant 0 \tag{7.101}$$

它们可以被约化

$$\int P_n(y_1,t_1,y_2,t_2,\cdots,y_n,t_n)\mathrm{d}t_n = P_{n-1}(y_1,t_1,y_2,t_2,\cdots,y_{n-1},t_{n-1}) \tag{7.102}$$

并且是归一的

$$\int P_1(y_1,t_1)\mathrm{d}t_1 = 1 \tag{7.103}$$

在以上两个表达式中,我们假定随机变量 Y 是连续函数。对于离散随机变量,将上两式中的积分改为求和即可。

下面我们引入随机变量 Y 与时间有关的矩 $\langle y_1(t_1)y_2(t_2)\cdots y_n(t_n)\rangle$,它定义为

$$\langle y_1(t_1)y_2(t_2)\cdots y_n(t_n)\rangle = \int y_1y_2\cdots y_nP_n(y_1,t_1,y_2,t_2,\cdots,y_n,t_n)\mathrm{d}t_1\mathrm{d}t_2\cdots\mathrm{d}t_n \tag{7.104}$$

这给出了随机变量在不同时刻的值之间的关联。

如果一个过程对于一切 n 和 τ 均满足

$$P_n(y_1,t_1,y_2,t_2,\cdots,y_n,t_n) = P_n(y_1,t_1+\tau,y_2,t_2+\tau,\cdots,y_n,t_n+\tau) \quad (7.105)$$

则称该过程是平稳的。对于一个平稳过程，有

$$P_1(y_1,t_1) = P_1(y_1) \quad (7.106)$$

且 $\langle y_1(t_1)y_2(t_2)\rangle$ 只与 $|t_1-t_2|$ 有关。

对于平衡态，所有物理过程都是平稳的。

下面引入一个条件概率 $p_{1|1}(y_1,t_1\mid y_2,t_2)$，表示在 t_1 时刻取值 y_1 的随机变量 Y 在 t_2 时刻取值 y_2 的概率密度。

$$P_1(y_1,t_1)P_{1|1}(y_1,t_1\mid y_2,t_2) = P_2(y_1,t_1,y_2,t_2) \quad (7.107)$$

不同时刻概率密度之间关系

$$P_1(y_2,t_2) = \int P_1(y_1,t_1)P_{1|1}(y_1,t_1\mid y_2,t_2)\mathrm{d}y_1 \quad (7.108)$$

条件概率满足

$$\int P_{1|1}(y_1,t_1\mid y_2,t_2)\mathrm{d}y_2 = 1 \quad (7.109)$$

引入联合条件概率密度

$$P_{k|\ell}(y_1,t_1,\cdots,y_k,t_k\mid y_{k+1},t_{k+1},\cdots,y_{k+\ell},t_{k+\ell})$$

固定 $(y_1,t_1,\cdots,y_k,t_k)$ 时，随机变量 Y 具有值 $(y_{k+1},t_{k+1},\cdots,y_{k+\ell},t_{k+\ell})$ 的联合概率密度。

$$P_{k|\ell}(y_1,t_1,\cdots,y_k,t_k\mid y_{k+1},t_{k+1},\cdots,y_{k+\ell},t_{k+\ell}) = \frac{P_{k+\ell}(y_1,t_1,\cdots,y_{k+\ell},t_{k+\ell})}{P_k(y_1,t_1,\cdots,y_k,t_k)} \quad (7.110)$$

当随机变量在不同时刻所取的值之间有关联时，即随机变量对过去有记忆时，联合概率密度是重要的；当随机变量对过去无记忆时，则联合概率密度和联合条件概率密度可以被大大简化。

如果随机变量只对其最近的过去有记忆时，则联合条件概率密度 $P_{n-1|1}(y_1,t_1,\cdots,y_{n-1},t_{n-1}\mid y_n,t_n)$ 满足

$$P_{n-1|1}(y_1,t_1,\cdots,y_{n-1},t_{n-1}\mid y_n,t_n) = P_{1|1}(y_{n-1},t_{n-1}\mid y_n,t_n) \quad (7.111)$$

即在 t_n 时刻取值 y_n 的条件概率完全由 t_{n-1} 时刻 y_{n-1} 的值确定，而不被随机变量 Y 更早时刻的信息影响。这种过程称为马尔可夫过程。

条件概率密度 $P_{1|1}(y_1,t_1\mid y_2,t_2)$ 称为转移概率，一个马尔可夫过程完全由两个函数 $P_1(y,t)$ 和 $P_{1|1}(y_1,t_1,y_2,t_2)$ 确定。概率密度系列可以由它们构造出来，例如

$$P_3(y_1,t_1,y_2,t_2,y_3,t_3) = P_2(y_1,t_1,y_2,t_2)P_{2|1}(y_1,t_1,y_2,t_2\mid y_3,t_3)$$
$$= P_1(y_1,t_1)P_{1|1}(y_1,t_1\mid,y_2,t_2)P_{1|1}(y_2,t_2\mid,y_3,t_3) \quad (7.112)$$

假定 $t_1 < t_2 < t_3$，上式两边对 y_2 积分，可得

$$P_2(y_1,t_1,y_3,t_3) = P_1(y_1,t_1)\int P_{1|1}(y_1,t_1\mid,y_2,t_2)P_{1|1}(y_2,t_2\mid,y_3,t_3)\mathrm{d}y_2 \quad (7.113)$$

两边除以 $P_1(y_1,t_1)$，得到查普曼方程

$$P_{1|1}(y_1,t_1\mid,y_3,t_3) = \int P_{1|1}(y_1,t_1\mid,y_2,t_2)P_{1|1}(y_2,t_2\mid,y_3,t_3)\mathrm{d}y_2 \quad (7.114)$$

对 y_1 积分再次得到式(7.108)

$$P_1(y_2,t_2) = \int P_1(y_1,t_1)P_{1|1}(y_1,t_1\mid y_2,t_2)\mathrm{d}y_1$$

由此方程可得概率密度 $P_1(y,t)$ 满足的微分方程

$$P_1(y_2, t_1 + \tau) = \int P_1(y_1, t_1) P_{1|1}(y_1, t_1 \mid y_2, t_1 + \tau) \mathrm{d}y_1 \qquad (7.115)$$

$$\frac{\mathrm{d}P_1(y, t)}{\mathrm{d}t} = \lim_{\tau \to 0} \frac{P_1(y, t + \tau) - P_1(y, t)}{\tau} \qquad (7.116)$$

为了计算右边,我们需要计算

$$\lim_{\tau \to 0} \frac{P_{1|1}(y_1, t_1 \mid y_2, t_1 + \tau) - P_{1|1}(y_1, t_1 \mid y_2, t_1)}{\tau} \qquad (7.117)$$

对 $P_{1|1}(y_1, t_1 \mid y_2, t_1 + \tau)$ 在 t_1 做泰勒展开,利用关系式

$$P_{1|1}(y_1, t_1 \mid y_2, t_1) = \delta(y_2 - y_1) \qquad (7.118)$$

则可得到

$$P_{1|1}(y_1, t_1 \mid y_2, t_1 + \tau) = \delta(y_2 - y_1) - \tau \int \mathrm{d}y W_{t_1}(y_1, y) \delta(y_2 - y_1) + \tau W_{t_1}(y_1, y_2)$$

$$(7.119)$$

$W_{t_1}(y_1, y_2)$ 是系统在时间间隔 $t_1 \to t_1 + \tau$ 内,从态 y_1 转移到态 y_2 的单位时间的条件概率密度,即它是一个转移率。$\tau W_{t_1}(y_1, y_2)$ 是在 $t_1 \to t_1 + \tau$ 的时间内从 y_1 转变出来的总概率,$1 - \tau W_{t_1}(y_1, y_2)$ 是在 τ 时间内没有转变的总概率,而 $[1 - \tau W_{t_1}(y_1, y_2)]\delta(y_2 - y_1)$ 是在 τ 时间内没有转变的概率密度。借助以上结果可得方程

$$\frac{\mathrm{d}P_1(y_2, t)}{\mathrm{d}t} = \int \mathrm{d}y_1 [W(y_1, y_2) P(y_1, t) - W(y_2, y_1) P(y_2, t)] \qquad (7.120)$$

此方程称为主方程。它表示概率密度 $P_1(y_2, t)$ 的变化率由两部分引起:单位时间从所有其他态 y_1 转移到态 y_2 的贡献(右边第一项);单位时间从态 y_2 转移到所有其他态 y_1 的贡献(右边第二项)。

7.7　福克 – 普朗克方程

$P_1(y, t)$,假定 y 是连续变量且 y 的改变量是小量时,则单位时间转移概率 $W(y', y)$ 随 $\mid y - y' \mid$ 的增大迅速下降,这时主方程可以简化为福克 – 普朗克方程。记

$$W(y', y) = W(y'; y - y') = W(y'; \xi)$$

式中 ξ 是小的跃变量,$\xi = y - y'$,则主方程变为

$$\frac{\mathrm{d}P_1(y, t)}{\mathrm{d}t} = \int \mathrm{d}\xi W(y - \xi; \xi) P_1(y - \xi, t) - P_1(y, t) \int \mathrm{d}\xi W(y; -\xi) \qquad (7.121)$$

因为 ξ 是小量,可以将函数 $W(y - \xi; \xi) P_1(y - \xi, t)$ 按 ξ 的幂级数展开,则上式变为

$$\frac{\mathrm{d}P_1(y, t)}{\mathrm{d}t} = \int \mathrm{d}\xi W(y; \xi) P_1(y, t) - \int \mathrm{d}\xi \xi \frac{\partial}{\partial y} W(y; \xi) P_1(y, t) +$$

$$\frac{1}{2} \int \mathrm{d}\xi \xi^2 \frac{\partial^2}{\partial y^2} W(y; \xi) P_1(y, t) - P_1(y, t) \int \mathrm{d}\xi W(y; -\xi) \qquad (7.122)$$

第一项和最后一项相消,我们得到

$$\frac{\mathrm{d}P_1(y, t)}{\mathrm{d}t} = -\frac{\partial}{\partial y}[a_1(y) P_1(y, t)] + \frac{1}{2} \frac{\partial^2}{\partial y^2}[a_2(y) P_1(y, t)] \qquad (7.123)$$

这里 $a_n(y)$ 是 n 阶跃变矩,有

$$a_n(y) = \int \xi^n W(y;\xi)\,\mathrm{d}\xi \tag{7.124}$$

7.8　马尔可夫链

马尔可夫过程最简单的例子是马尔可夫链。这是在离散的时刻出现的离散随机变量 Y 取值之间的转移。现假定 Y 可取 $Y = (y_1, y_2, \cdots, y_\ell)$，时间以离散的步子 $t = s\tau$ 度量，其中 s 是整数，而 τ 是基本时间间隔。则式(7.115)可表示为

$$P_1(y_i, 1) = \sum_j P_1(y_j, 0) P_{1|1}(y_j, 0 \mid y_i, 1) \tag{7.125}$$

式中，$P_{1|1}(y_j, 0 \mid y_i, 1)$ 是在一步中从 y_j 转移到 y_i 的概率，记

$$Q_{ji} \equiv P_{1|1}(y_j, 0 \mid y_i, 1) \tag{7.126}$$

显然有关系式 $\sum_{i=1}^{\ell} Q_{ji} = 1$。

可将式(7.126)写成矩阵方程的形式

$$\hat{P}(1) = \hat{P}(0) Q \tag{7.127}$$

式中，$\hat{P}(s)$ 是 s 时刻的一个 ℓ 维矢量，它的第 i 个分量为 $P_1(y_i, s)$；Q 表示 $\ell \times \ell$ 维的矩阵，它的 ji 矩阵元为 Q_{ji}，通常它不是对称矩阵。

在 s 次转移之后系统将处于状态

$$\hat{P}(s) = \hat{P}(0) Q^s \tag{7.128}$$

我们希望知道，极大量次数 $s \to \infty$ 转移之后系统是仍然保留初态 $\hat{P}(0)$ 的某些记忆，还是多次转移之后系统趋向于与初态无关的唯一定态。

下面我们将看到 $\hat{P}(s)$ 在 $s \to \infty$ 时的行为依赖于转移矩阵 Q 的结构。

7.8.1　正则转移矩阵

如果转移矩阵的某次幂的所有矩阵元都是正数，则称随机矩阵 Q 为正则矩阵。如果随机矩阵 Q 是正则矩阵，则在 $s \to \infty$ 时 $\hat{P}(s)$ 趋向于唯一的定态矢量 $\hat{\pi}$。对于这一结论这里不给出严格数学证明，为了便于理解我们讨论一个简单例子。

考虑 A，B 两个盒子，有 3 个红球和 2 个白球配发给它们，使 A 中总有 2 个球而 B 中总有 3 个球，则共有 3 种不同的位形，如图 7.8 所示。这 3 种位形之间的转移通过如下操作实施：随机地从 A，B 中各取一球并进行交换。

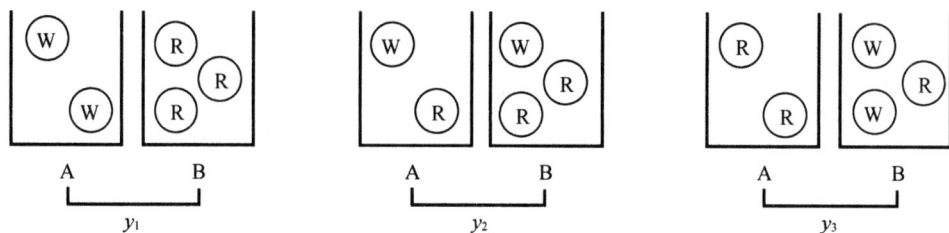

图 7.8 3 个红球（记为 **R**）和两个白球（记为 **W**）配发给 **A**,**B** 两个盒子的 3 种可能位形，使 **A** 中总有 **2** 个球,而 **B** 中总有 **3** 个球

转换矩阵的矩阵元 Q_{ji} 表示从 y_j 转移到 y_i 的概率,则容易得到

$$Q_{11} = 0, Q_{12} = 1, Q_{13} = 0$$

$$Q_{21} = \frac{1}{6}, Q_{22} = \frac{3}{6} = \frac{1}{2}, Q_{23} = \frac{2}{6} = \frac{1}{3}$$

$$Q_{31} = 0, Q_{32} = \frac{2}{3}, Q_{33} = \frac{1}{3}$$

$$Q = \begin{pmatrix} 0 & 1 & 0 \\ \frac{1}{6} & \frac{1}{2} & \frac{1}{3} \\ 0 & \frac{2}{3} & \frac{1}{3} \end{pmatrix} \tag{7.129}$$

显然此转移矩阵的矩阵元 Q_{ji} 满足

$$\sum_{i=1,2,3} Q_{ji} = 1, \quad j = 1,2,3$$

容易得到

$$Q^2 = \begin{pmatrix} \frac{1}{6} & \frac{1}{3} & \frac{1}{3} \\ \frac{1}{12} & \frac{23}{36} & \frac{10}{36} \\ \frac{1}{9} & \frac{22}{36} & \frac{1}{3} \end{pmatrix} \tag{7.130}$$

Q^2 的矩阵元都是正数,所以随机矩阵 Q 是正则的。

令定态矢量 $\hat{\pi} = (x,y,z)$,它满足

$$(x,y,z)\begin{pmatrix} 0 & 1 & 0 \\ \frac{1}{6} & \frac{1}{2} & \frac{1}{3} \\ 0 & \frac{2}{3} & \frac{1}{3} \end{pmatrix} = (x,y,z) \tag{7.131}$$

得到 x,y,z 的方程组

$$
\left.\begin{array}{c}
x = \dfrac{1}{6}y \\[2mm]
x + \dfrac{1}{2}y + \dfrac{1}{3}z = y \\[2mm]
\dfrac{1}{3}(x + z) = z
\end{array}\right\}
$$

此方程组的解给出定态

$$
\hat{\pi} = (x,y,z) = \left(\frac{1}{10},\frac{6}{10},\frac{3}{10}\right) \tag{7.132}
$$

即对于任意给定初态 $\hat{P}(0)$，经过多次转移之后，系统都趋向于 $\hat{\pi} = \left(\frac{1}{10},\frac{6}{10},\frac{3}{10}\right)$，即失去对初态的任何记忆。

我们可以用另一种方式表述：假定初始时刻系统处于位形 y_1，即 $\hat{P}(0) = (1,0,0)$。经过 s 次转移之后（s 很大）系统处于什么状态我们并不知道，但我们知道系统的状态是 $\hat{P} = \left(\frac{1}{10},\frac{6}{10},\frac{3}{10}\right)$，即系统有 $\frac{1}{10}$ 的概率处于位形 y_1，有 $\frac{6}{10}$ 的概率处于位形 y_2，有 $\frac{3}{10}$ 的概率处于位形 y_3。对于每次实验我们不能确定其具体结果。

7.8.2　带吸收态的转移矩阵

如果将 7.8.1 得到的矩阵改变为

$$
Q' = \begin{pmatrix}
1 & 0 & 0 \\[1mm]
\dfrac{1}{6} & \dfrac{1}{2} & \dfrac{1}{3} \\[2mm]
0 & \dfrac{2}{3} & \dfrac{1}{3}
\end{pmatrix} \tag{7.133}
$$

即矩阵至少有一行除对角线（ = 1）外其他矩阵元都是 0，则此矩阵不是正则矩阵，因为矩阵 Q' 的任何次幂 $(Q')^s$ 矩阵的第一行永远为 1,0,0。它表示随机变量到达 y_1 值时，它不可能再改变。

在 7.8.1 的 2 个盒子 5 个球的例子中，如果假定 3 个红球在一起将达到临界而发生爆炸，即属于这种情况。它表示当到达位形 y_1 后发生爆炸而中断实验。

另一有趣的问题是，马尔可夫链在什么条件下过程是各态历经的。由上面讨论可知，若转移矩阵是正则矩阵，则其过程一定是各态历经的。

7.9　无规行走与扩散方程

考虑一维无规行走问题，假定粒子以步长 ℓ 在 x 轴上无规行走，步间时间为 τ，则式 (7.115) 可以写为

$$
P(n_2\ell, s\tau) = \sum_{n_1} P[n_1\ell, (s-1)\tau]P_{1|1}[n_1\ell, (s-1)\tau \mid n_2\ell, s\tau] \tag{7.134}
$$

式中，$n = 0, n = \pm 1, n = \pm 2, \cdots$ 表示粒子的绝对位置，$P_{111}[n_1\ell, (s-1)\tau \mid n_2\ell, s\tau]$ 是粒子在一步从 n_1 到 n_2 的条件概率。假定前进一步和后退一步概率相等，则有

$$P_{111}[n_1\ell, (s-1)\tau \mid n_2\ell, s\tau] = \frac{1}{2}\delta_{n_2, n_1+1} + \frac{1}{2}\delta_{n_2, n_1-1} \qquad (7.135)$$

则式(7.134) 可表示为

$$P_1(n\ell, s\tau) = \frac{1}{2}P_1[(n-1)\ell, (s-1)\tau] + \frac{1}{2}P_1[(n+1)\ell, (s-1)\tau] \qquad (7.136)$$

为求得微分方程，将式(7.136) 改写为

$$\frac{P_1(n\ell, s\tau) - [n\ell, (s-1)\tau]}{\tau}$$

$$= \frac{\ell^2}{2\tau}\left\{\frac{P_1[(n+1)\ell, (s-1)\tau] + P_1[(n-1)\ell, (s-1)\tau] - 2P_1(n\ell, s\tau) - [n\ell, (1-1)\tau]}{\ell^2}\right\} \qquad (7.137)$$

令 $x = n\ell, t = s\tau$，在 $D \equiv \dfrac{\ell^2}{2\tau}$ 有限的条件下，令 $\ell \to 0, \tau \to 0$，可以得到扩散方程

$$\frac{\partial P_1(x, t)}{\partial t} = D\frac{\partial^2 P_1(x, t)}{\partial x^2} \qquad (7.138)$$

扩散方程是一特殊形式的福克 – 普朗克方程。给定初始条件 $P_1(x, 0) = \delta(x)$，扩散方程的解完全确定。

求解方程(7.138) 的简便方法是实施傅里叶变换，得到

$$P(k, t) = \int_{-\infty}^{\infty} P(x, t)\mathrm{e}^{ikx}\mathrm{d}x \qquad (7.139)$$

所以

$$\frac{\partial P(k, t)}{\partial t} = -Dk^2 P(k, t) \qquad (7.140)$$

$$P(k, t) = A\mathrm{e}^{-Dk^2 t} \qquad (7.141)$$

由初始条件知 $P(k, 0) = 1$，可得到 $A = 1$。

实施傅里叶反变换得到

$$P(x, t) = \frac{1}{2\pi}\int_{-\infty}^{\infty} \mathrm{e}^{-Dk^2 t - ikx}\mathrm{d}k = \frac{1}{\sqrt{4\pi Dt}}\mathrm{e}^{-\frac{x^2}{4Dt}} \qquad (7.142)$$

式(7.142) 给出了粒子在 $t = 0$ 由 $x = 0$ 出发，在 t 时刻发现粒子在 x 处的概率。

我们感兴趣的是矩 $\langle x(t) \rangle$ 和 $\langle x^2(t) \rangle$ 随时间的变化。

矩 $\langle x(t) \rangle = \displaystyle\int_{-\infty}^{\infty} xP(x, t)\mathrm{d}x = 0$ 表示粒子在任意时刻 t 的平均位置为 0，即粒子平均位置不变。

二阶矩

$$\langle x^2(t) \rangle = \int_{-\infty}^{\infty} x^2 P(x, t)\mathrm{d}x = \frac{1}{\sqrt{4\pi Dt}}\int_{-\infty}^{\infty} x^2\mathrm{e}^{-\frac{x^2}{4Dt}}\mathrm{d}x \qquad (7.143)$$

借助公式 $\int_{-\infty}^{\infty} \mathrm{e}^{-\alpha x^2}\mathrm{d}x = \sqrt{\dfrac{\pi}{\alpha}}$,容易得到

$$\langle x^2(t) \rangle = 2Dt \tag{7.144}$$

所以有

$$\frac{\mathrm{d}\langle x^2(t) \rangle}{\mathrm{d}t} = 2D \tag{7.145}$$

$\langle x^2(t) \rangle$ 是 t 时刻分布函数 $P(x,t)$ 宽度的度量。图 7.9 给出不同时刻的分布函数 $P(x,t)$,在 $t = 0$ 时是 $\delta -$ 函数,随着时间增加,分布函数线性变宽:图(a),$t = 0$;图(b);$t = t_1$,图(c),$t = t_2$,$(0 < t_1 < t_2)$。这是粒子扩散的典型特征。

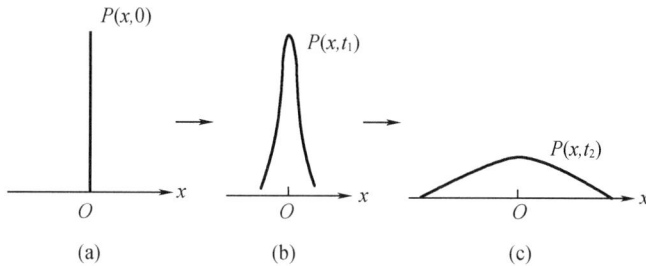

图 7.9　无规行走粒子位移的概率密度 $P(x,t)$ 随时间的演化 $(0 < t_1 < t_2)$

第8章 量子统计简述

N 个粒子组成的非理想气体,其哈密顿量为

$$H(N) = -\frac{1}{2m}\sum_{i=1}^{N}\nabla_i^2 + \sum_{i>j}u_{ij} \tag{8.1}$$

式中,$u_{ij} = u(r_{ij}) = u(r_{ji})$,这里只考虑二体相互作用。

假定在容器 V 的边界上满足周期性边界条件,则有本征值方程

$$H(N)\psi_i(1,2,\cdots,N) = E_i\psi_i(1,2,\cdots,N) \tag{8.2}$$

式中,E_i 为本征值;ψ_i 为本征态波函数;$\{\psi_i\}$ 表示全部本征波函数的集合。

如果粒子服从玻色统计,任意对调粒子波函数不变,即波函数是完全对称的,我们用 **S** 表示

$$\psi_i = \psi_i^S(1,2,\cdots,N) = \psi_i^s(\mathscr{P}_1,\mathscr{P}_2,\cdots,\mathscr{P}_N) \tag{8.3}$$

这里

$$\mathscr{P} = \begin{pmatrix} 1 & 2 & \cdots & N \\ \mathscr{P}_1 & \mathscr{P}_2 & \cdots & \mathscr{P}_N \end{pmatrix} \tag{8.4}$$

是置换符号,$E_i = E_i^S$。

如果粒子服从费米统计,则当 $\mathscr{P}$ 是偶置换时,波函数符号不变;当 $\mathscr{P}$ 是奇置换时,波函数改为负号,这时波函数是完全反对称的,我们用 **A** 表示。

$$\psi_i = \psi_i^A(1,2,\cdots,N) = (-1)^{\mathscr{P}}\psi_i^A(\mathscr{P}_1,\mathscr{P}_2,\cdots,\mathscr{P}_N) \tag{8.5}$$

$$E_i = E_i^A$$

两种情况下波函数都是归一化的,有

$$\int |\psi_i|^2 \mathrm{d}^3r_1\mathrm{d}^3r_2\cdots\mathrm{d}^3r_N = 1 \tag{8.6}$$

系统的配分函数为

$$Q_N = \begin{cases} \sum\limits_{\{E_i^S\}} \mathrm{e}^{-\beta E_i^S} & (1) \\ \sum\limits_{\{E_i^A\}} \mathrm{e}^{-\beta E_i^A} & (2) \end{cases} \tag{8.7}$$

其中:

(1)是玻色子系统的配分函数,$\{E_i^S\}$ 是玻色子系统的全部本征值集合;

(2)是费米子系统的配分函数,$\{E_i^A\}$ 是费米子系统的全部本征值集合。

另外,我们定义玻尔兹曼量子统计的配分函数。

$$Q^B = \frac{1}{N!}\sum_{\{E_i\}} \mathrm{e}^{-\beta E_i} \tag{8.8}$$

式中,$\{E_i\}$ 是系统的全部本征值集合,它包括对称的和反对称的。注意这里因子 $\frac{1}{N!}$ 保证 $V\to\infty$

时 Q^B 的极限存在。

定义算符

$$W_N^B = e^{-\beta H(N)} \tag{8.9}$$

则它有如下矩阵元

$$\langle 1',2',\cdots,N' \mid W_N^B \mid 1,2,\cdots,N \rangle = \sum_{\{\psi_i\}} \psi_i(1',2',\cdots,N')\psi_i^*(1,2,\cdots,N)e^{-\beta E_i} \tag{8.10}$$

式(8.10) 的证明:

取 $\mid 1,2,\cdots,N \rangle = \mid r_1,r_2,\cdots,r_N \rangle = \mid r_j \rangle$ 代表所有 N 粒子系统的坐标本征态,则

$$\langle r_j' \mid W_N^B \mid r_j \rangle = \sum_{a,b} \langle r_j' \mid b \rangle \langle b \mid e^{-\beta H(N)} \mid a \rangle \langle a \mid r_j \rangle \tag{8.11}$$

我们取哈密顿量的本征态为正交归一基矢,即

$$H(N) \mid a \rangle = E_a \mid a \rangle$$

$$\langle b \mid e^{-\beta H(N)} \mid a \rangle = e^{-\beta E_a}\delta_{ab}$$

态 $\mid a \rangle$ 投影在 r_j 上,有

$$\langle r_j \mid a \rangle = \psi_a(r_j) \tag{8.12}$$

取复共轭得

$$\langle a \mid r_j \rangle = \psi_a^*(r_j) \tag{8.13}$$

由此式(8.10) 得证。

定义两个算符 W_N^S 和 W_N^A,它们的矩阵元分别取对称部分和反对称部分再乘以 $N!$,即

$$\langle 1',2',\cdots,N' \mid W_N^S \mid 1,2,\cdots,N \rangle = N! \sum_{\{\psi_i^S\}} \psi_i^S(1',2',\cdots,N')\psi_i^{S*}(1,2,\cdots,N)e^{-\beta E_i^S} \tag{8.14}$$

$$\langle 1',2',\cdots,N' \mid W_N^A \mid 1,2,\cdots,N \rangle = N! \sum_{\{\psi_i^A\}} \psi_i^A(1',2',\cdots,N')\psi_i^{A*}(1,2,\cdots,N)e^{-\beta E_i^A} \tag{8.15}$$

则可以证明以下定理:

对称的和反对称的矩阵元可以通过以下两式与玻尔兹曼矩阵元联系起来

$$\langle 1',2',\cdots,N' \mid W_N^S \mid 1,2,\cdots,N \rangle = \sum_{\mathscr{P}'} \mathscr{P}' \langle 1',2',\cdots,N' \mid W_N^B \mid 1,2,\cdots,N \rangle \tag{8.16}$$

$$\langle 1',2',\cdots,N' \mid W_N^A \mid 1,2,\cdots,N \rangle = \sum_{\mathscr{P}'} (-1)^{\mathscr{P}'} \langle 1',2',\cdots,N' \mid W_N^B \mid 1,2,\cdots,N \rangle \tag{8.17}$$

证明

$$\sum_{\mathscr{P}} \mathscr{P}\psi_i(1,2,\cdots,N) = \begin{cases} 0 & ,\psi_i \neq \psi_i^S \\ N!\psi_i^S & ,\psi_i = \psi_i^S \end{cases} \tag{8.18}$$

$$\sum_{\mathscr{P}} (-1)^{\mathscr{P}}\psi_i(1,2,\cdots,N) = \begin{cases} 0 & ,\psi_i \neq \psi_i^A \\ n!\psi_i^A & ,\psi_i = \psi_i^A \end{cases} \tag{8.19}$$

上两式只有在波函数是完全对称或完全反对称的情况下才不为 0。若波函数是部分对称,部分反对称,则在两种求和下它都为 0。由此关系式(8.16) 和式(8.17) 可被证明。

利用波函数的归一化可以得到配分函数

$$Q_N^B = \sum_{\{E_i\}} e^{-\beta E_i} = \frac{1}{N!} \int \prod_{j=1}^N d^3 r_j \langle \boldsymbol{r}_j \mid W_N^B \mid \boldsymbol{r}_j \rangle \tag{8.20}$$

对于费米子系统计

$$Q_N^A = \sum_{\{E_i^A\}} e^{-\beta E_i^A} = \frac{1}{N!} \int \prod_{j=1}^N d^3 r_j \langle \boldsymbol{r}_j \mid W_N^A \mid \boldsymbol{r}_j \rangle \tag{8.21}$$

对于玻色子系统计

$$Q_N^S = \sum_{\{E_i^S\}} e^{-\beta E_i^S} = \frac{1}{N!} \int \prod_{j=1}^N d^3 r_j \langle \boldsymbol{r}_j \mid W_N^S \mid \boldsymbol{r}_j \rangle \tag{8.22}$$

可以将以上 3 式写成统一形式

$$Q_N^\alpha = \frac{1}{N!} \int \prod_{j=1}^N d^3 r_j \langle \boldsymbol{r} d_j \mid W_N^\alpha \mid \boldsymbol{r}_j \rangle \tag{8.23}$$

$$\alpha \equiv \boldsymbol{B}, \boldsymbol{A}, \boldsymbol{S}$$

在这里我们把它写成统一形式的做法是为了采用乌泽尔算法,不需经过具体计算可直接得到与梅耶定理相似的结果。

再定义矩阵 $\boldsymbol{U}_\ell^\alpha$,它们的矩阵元为

$$\langle 1' \mid W_1^\alpha \mid 1 \rangle = \langle 1' \mid U_1^\alpha \mid 1 \rangle \tag{8.24}$$

$$\langle 1', 2' \mid W_2^\alpha \mid 1, 2 \rangle = \langle 1' \mid U_1^\alpha \mid 1 \rangle \langle 2' \mid U_1^\alpha \mid 2 \rangle + \langle 1', 2' \mid U_2^\alpha \mid 1, 2 \rangle$$
$$= \langle 1' \mid e^{-\beta T_1} \mid 1 \rangle \langle 2' \mid e^{-\beta T_2} \mid 2 \rangle + \langle 1', 2' \mid U_2^\alpha \mid 1, 2 \rangle \tag{8.25}$$

如果只有一个粒子,则

$$H = T_1 = \frac{K^2}{2m} = -\frac{\nabla^2}{2m}, \boldsymbol{K} = -i\nabla$$

是粒子动量算符($h = 1$),容易得到

$$U_1^\alpha = W_1^\alpha = e^{-\beta T_1}, \alpha \equiv \boldsymbol{B}, \boldsymbol{A}, \boldsymbol{S}$$

对于无相互作用的二粒子系统

$$U_2^\alpha = W_2^\alpha - e^{-\beta(T_1 + T_2)} \tag{8.26}$$

$$\langle 1', 2', 3' \mid W_3^\alpha \mid 1, 2, 3 \rangle = \langle 1' \mid U_1^\alpha \mid 1 \rangle \langle 2' \mid U_1^\alpha \mid 2 \rangle \langle 3' \mid U_1^\alpha \mid 3 \rangle +$$
$$\langle 1', 2' \mid U_2^\alpha \mid 1, 2 \rangle \langle 3' \mid U_1^\alpha \mid 3 \rangle +$$
$$\langle 2', 3' \mid U_2^\alpha \mid 2, 3 \rangle \langle 1' \mid U_1^\alpha \mid 1 \rangle +$$
$$\langle 3', 1' \mid U_2^\alpha \mid 3, 1 \rangle \langle 2' \mid U_1^\alpha \mid 2 \rangle +$$
$$\langle 1', 2', 3' \mid U_3^\alpha \mid 1, 2, 3 \rangle \tag{8.27}$$

不难看出,将 N 个可分辨的粒子分成 m_ℓ 个组,每组有 ℓ 个粒子,则有关系式

$$N = \sum \ell m_\ell \tag{8.28}$$

因为粒子是可以分辨的,所以对于满足条件 $N = \sum \ell m_\ell$ 的固定一组数字集 $\{m_\ell\}$ 就有 $\dfrac{N!}{\prod m_\ell!(\ell!)^{m_\ell}}$ 种分派方式。

例如 $N = 3$,有 3 种分配法,它们对应的 3 组数字集表示如下:

$(1) \ell = 1, m_1 = 3, \{m_1 = 3\}, \dfrac{3!}{3!(1!)^3} = 1$;

$(2)\ell = 1, m_1 = 1, \ell = 2, m_2 = 1, \{m_1 = 1, m_2 = 1\}, \dfrac{3!}{1!(2!)^1} = 3$;

$(3)\ell = 3, m_3 = 1, \{m_3 = 1\}, \dfrac{3!}{3!} = 1$。

因每组有 ℓ 个粒子,它贡献因子 $\langle i_1', i_2', \cdots, i_\ell' | U_\ell | i_1, i_2, \cdots, i_\ell \rangle$,故每种分法给出总因子 $\prod_{\{\mathrm{gr.}\}} \langle i_1', i_2', \cdots, i_\ell' | U_\ell | i_1, i_2, \cdots, i_\ell \rangle$,这里 $\{\mathrm{gr.}\}$ 代表每种分派方法的所有的组,例如分配法 $(1)\{m_1 = 3\}$ 共有 3 组。

$$\langle 1, 2, \cdots, N | W_N^\alpha | 1, 2, \cdots, N \rangle = \sum \prod_{\{\mathrm{gr.}\}} \langle i_1', i_2', \cdots, i_l' | U_\ell | i_1, i_2, \cdots, i_\ell \rangle \tag{8.29}$$

式中的求和号"$\sum$"跑遍满足条件 $N = \sum \ell m_\ell$ 的全部分派方式。

定理　如果一个宏观系统的哈密顿量由式(8.1)给出,则相应于 3 种统计法分别为

$$\frac{p}{kT} = \sum_{\ell=1}^\infty b_\ell(V, T) z^\ell = \frac{1}{V} \ln \mathscr{D}^\alpha \tag{8.30}$$

$$\mathscr{D}^\alpha = \sum_N z^N Q_N^\alpha \tag{8.31}$$

式中,$z = \mathrm{e}^{\frac{\mu}{kT}}$。

$$b_\ell = \frac{1}{\ell!} \frac{1}{V} \int \prod_{i=1}^\ell \mathrm{d}^3 r_i \langle 1, 2, \cdots, \ell | U_\ell^\alpha | 1, 2, \cdots, \ell \rangle \tag{8.32}$$

式中,b_ℓ 是一个宏观系统的 ℓ 阶维里系数。要求得 ℓ 阶维里系数,只需要解 ℓ 体问题求出 U_ℓ 即可。这里的证明与量子力学无关,与经典方法一样处理。这就是乌泽尔算法的目的。

证明　借助上述乌泽尔算法,可以将配分函数写为

$$Q_N^\alpha = \frac{1}{N!} \int \prod_{j=1}^N \mathrm{d}^3 r_j \langle 1, 2, \cdots, N | W_N^\alpha | 1, 2, \cdots, N \rangle = \frac{1}{N!} \sum \prod_\ell (\ell! V b_\ell)^{m_\ell} \tag{8.33}$$

容易看出,Q_N^α 只与 W_N^α 的对角矩阵元有关。因为满足 $N = \sum \ell m_\ell$ 的固定一组数字集 $\{m_\ell\}$ 就有 $\dfrac{N!}{\prod m_\ell!(\ell!)^{m_\ell}}$,所以上式可以改写为

$$Q_N^\alpha = \sum_{\{m_\ell\}} \frac{1}{N!} \frac{N!}{\prod m_\ell!(\ell!)^{m_\ell}} \prod_\ell (\ell! V b_\ell)^{m_\ell} = \sum_{\substack{(N = \sum \ell m_\ell \\ m_\ell = 0, 1, \cdots)}} \prod_\ell (V b_\ell)^{m_\ell} \frac{1}{m_\ell!} \tag{8.34}$$

$$\mathscr{D}^\alpha = \sum_N z^N Q_N^\alpha = \sum_N z^N \sum_{\substack{(N = \sum \ell m_\ell \\ m_\ell = 0, 1, \cdots)}} \prod_\ell (V b_\ell)^{m_\ell} \frac{1}{m_\ell!} \tag{8.35}$$

如果令 $N \to \infty$,则可以解除求和中的条件 $N = \sum \ell m_\ell$ 的限制,交换相乘与求和符号的顺序($\sum$ 与 $\prod$ 交换),最终得到

$$\mathscr{D}^\alpha = \prod_\ell \sum_{m_\ell = 0, 1, \cdots} (z^\ell V b_\ell)^{m_\ell} \frac{1}{m_\ell!} = \prod_\ell \mathrm{e}^{z^\ell V b_\ell} = \mathrm{e}^{\sum_{\ell=1}^\infty V b_\ell z^\ell} \tag{8.36}$$

$$\frac{p}{kT} = \sum_{\ell=1}^\infty b_\ell z^\ell \tag{8.37}$$

这样,不论是求解费米子还是求解玻色子统计的量子力学问题,只需求一个宏观无限多粒子的

ℓ 阶维里系数 b_ℓ，也即只需求解有限粒子 ℓ 的量子力学问题即可。

下面举例说明具体解法。

一粒子系统

$$W_1^B = W_1^S = W_1^A = W_1$$

$$H = T_1 = \frac{K^2}{2m}$$

式中，K 是粒子动量（$\hbar = 1$）。

$$\psi_K(r) = \frac{1}{\sqrt{V}} e^{iK \cdot r}$$

$$\langle 1' | W_1 | 1 \rangle = \sum_K \frac{1}{V} e^{[iK \cdot (r_1' - r_1) - \beta \frac{K^2}{2m}]}$$

$$= \frac{1}{(2\pi)^3} \int d^3 K e^{[iK \cdot (r_1' - r_1) - \beta \frac{K^2}{2m}]} \tag{8.38}$$

$$\langle 1' | W_1 | 1 \rangle = \frac{1}{\lambda^3} e^{-\frac{\pi}{\lambda^2}(r_1' - r_1)^2} \tag{8.39}$$

式中 $\lambda = \left(\frac{2\pi\beta}{m}\right)^{\frac{1}{2}}$，$\langle 1 | W_1 | 1 \rangle = \frac{1}{\lambda^3}$。

$$b_1 = \frac{1}{V} \int d^3 r_1 \langle 1 | U_1 | 1 \rangle = \frac{1}{\lambda^3} \frac{1}{V} \int d^3 r_1 = \frac{1}{\lambda^3}$$

无相互作用的二粒子系统

$$H = T_1 + T_2 = -\frac{\nabla_1^2}{2m} - \frac{\nabla_2^2}{2m}$$

对于玻尔兹曼统计，因无相互作用，只有 $U_1^B \neq 0$，则

$$\rho = \frac{p}{kT} = \frac{1}{\lambda^3} z \tag{8.40}$$

此为理想气体的状态方程。

对于费米统计和玻色统计

$$\langle 1', 2' | W_2^{S(A)} | 1, 2 \rangle = \langle 1', 2' | W_2^B | 1, 2 \rangle \pm \langle 2', 1' | W_2^B | 1, 2 \rangle \tag{8.41}$$

费米统计取上式中的负号，玻色统计取正号。

上式也可改写为

$$\langle 1', 2' | W_2^{S(A)} | 1, 2 \rangle = \langle 1' | U | 1 \rangle \langle 2' | U_1 | 2 \rangle + \langle 1', 2' | U_2^{S(A)} | 1, 2 \rangle \tag{8.42}$$

$$\langle 1', 2' | U_2^{S(A)} | 1, 2 \rangle = \langle 1', 2' | W_2^{S(A)} | 1, 2 \rangle - \langle 1' | U | 1 \rangle \langle 2' | U_1 | 2 \rangle$$

$$= \langle 1', 2' | W_2^B | 1, 2 \rangle \pm \langle 2', 1' | W_2^B | 1, 2 \rangle - \langle 1' | U | 1 \rangle \langle 2' | U_1 | 2 \rangle$$

$$= \langle 1', 2' | U_2^B | 1, 2 \rangle \pm \langle 2' | U | 1 \rangle \langle 1' | U_1 | 2 \rangle \pm \langle 2', 1' | U_2^B | 1, 2 \rangle \tag{8.43}$$

自由粒子，$U_2^B = 0$

$$b_2^{S(A)} = \pm \frac{1}{2!} \frac{1}{V} \iint \frac{1}{\lambda^6} e^{-\frac{m}{2\beta}[(r_1 - r_2)^2 + (r_2 - r_1)^2]} d^3 r_1 d^3 r_2 = \pm \frac{1}{\lambda^3} \frac{1}{2^{\frac{5}{2}}} \tag{8.44}$$

有相互作用的情况，这里考虑硬球相互作用

$$u(r_{12}) = \begin{cases} \infty, & r_{12} < d \\ 0, & r_{12} > d \end{cases} \tag{8.45}$$

$$U_2^S = W_2^S - \mathrm{e}^{-\beta(T_1+T_2)}$$

为了计算这种二体相互作用对 $b_2^{B(A)}$ 的贡献,实施坐标变换

$$\boldsymbol{R} = \frac{1}{2}(\boldsymbol{r}_1 + \boldsymbol{r}_2), \boldsymbol{r} = \boldsymbol{r}_2 - \boldsymbol{r}_1$$

$$\boldsymbol{r}_1 = \boldsymbol{R} - \frac{1}{2}\boldsymbol{r}$$

$$\boldsymbol{r}_2 = \boldsymbol{R} + \frac{1}{2}\boldsymbol{r}$$

则有

$$\mathrm{d}^3 R d^3 r = \mathrm{d}^3 r_1 \mathrm{d}^3 r_2$$

$$\nabla_R = \frac{\partial}{\partial \boldsymbol{R}} = \frac{\partial}{\partial \boldsymbol{r}_1}\frac{\partial \boldsymbol{r}_1}{\partial \boldsymbol{R}} + \frac{\partial}{\partial \boldsymbol{r}_2}\frac{\partial \boldsymbol{r}_2}{\partial \boldsymbol{R}} = \frac{\partial}{\partial \boldsymbol{r}_1} + \frac{\partial}{\partial \boldsymbol{r}_2}$$

$$\nabla_r = \frac{\partial}{\partial \boldsymbol{r}} = \frac{\partial}{\partial \boldsymbol{r}_1}\frac{\partial \boldsymbol{r}_1}{\partial \boldsymbol{r}} + \frac{\partial}{\partial \boldsymbol{r}_2}\frac{\partial \boldsymbol{r}_2}{\partial \boldsymbol{r}} = -\frac{1}{2}\frac{\partial}{\partial \boldsymbol{r}_1} + \frac{1}{2}\frac{\partial}{\partial \boldsymbol{r}_2}$$

$$H = T_1 + T_2 + u(r_{12}) = -\frac{\nabla_1^2}{2m} - \frac{\nabla_2^2}{2m} + u(r_{12}) = -\frac{\nabla_R^2}{4m} - \frac{\nabla_r^2}{m} + u(r) = T_R + T_r + u(r)$$

$$T_R = -\frac{\nabla_R^2}{4m}$$

$$T_r = -\frac{\nabla_r^2}{m} = -\frac{\nabla_r^2}{2\mu}, \mu = \frac{m}{2}$$

T_R 的本征态是自由平面波

$$\Phi(\boldsymbol{R}) = \frac{1}{\sqrt{V}}\mathrm{e}^{\mathrm{i}\boldsymbol{K}\cdot\boldsymbol{R}}$$

$$U_2^S = W_2^S - \mathrm{e}^{-\beta(T_R+T_r)} = \mathrm{e}^{-\beta T_R}\{\mathrm{e}^{-\beta[T_r+u(r)]} - \mathrm{e}^{-\beta T_r}\}$$

二体硬球相互作用 $u(r)$ 对 b_2^S 的贡献

$$b_2^S = \frac{1}{2!}\frac{1}{V}\int \mathrm{d}^3 r_2 \mathrm{d}^3 r_2 \langle 12 \mid U_2^S \mid 12 \rangle$$

$$= \frac{1}{V}\int \mathrm{d}^3 R \langle 1_R \mid \mathrm{e}^{-\beta T_R} \mid 1_R \rangle \int \mathrm{d}^3 r \langle \psi^S \mid \{\mathrm{e}^{-\beta[T_r+u(r)]} - \mathrm{e}^{-\beta T_r}\} \mid \psi^S \rangle$$

这里在最后一步是将因子 $\frac{1}{2}$ 包含在 ψ^S 是归一化的波函数之中。

$$\frac{1}{V}\int \mathrm{d}^3 R \langle 1_R \mid \mathrm{e}^{-\beta T_R} \mid 1_R \rangle = \frac{1}{\lambda_R^3} = \frac{2\sqrt{2}}{\lambda^3}$$

显然后一积分可以用矩阵求迹来表示:

$$\int \mathrm{d}^3 r \langle \psi^S \mid \{\mathrm{e}^{-\beta[T_r+u(r)]} - \mathrm{e}^{-\beta T_r}\} \mid \psi^S \rangle = Tr\{\mathrm{e}^{-\beta[T_r+u(r)]} - \mathrm{e}^{-\beta T_r}\}$$

$$= \int \mathrm{d}n(k)\mathrm{e}^{-\beta\frac{k^2}{m}} = \int_0^\infty \mathrm{d}k \frac{\mathrm{d}n(k)}{\mathrm{d}k}\mathrm{e}^{-\beta\frac{k^2}{m}}$$

式中,$\mathrm{d}n(k)$ 是与自由粒子相比由硬球相互作用引起的 k 到 $k + \mathrm{d}k$ 之间能级数的增加。为了得到这些数目,我们只需解单体问题

$$[T_r + u(r)]\psi(r) = \epsilon\psi(r) \tag{8.46}$$

将波函数用球面波展开

$$\psi(r) = \sum_{\ell,m} R_\ell(r) Y_{\ell m}(\theta,\phi)$$

对于玻色子 ℓ 为偶数,对于费米子 ℓ 为奇数。

显然,在硬球内部径向波函数 $R_\ell(r) \equiv 0$,在硬球之外径向波函数 $R_\ell(r)$ 满足与自由粒子一样的方程

$$\left[\frac{1}{r^2}\frac{d}{dr}r^2\frac{d}{dr} + k^2 - \frac{\ell(\ell+1)}{r^2}\right]R_\ell = 0 \tag{8.47}$$

$$R_\ell(r) = \cos\delta_\ell j_\ell(kr) - \sin\delta_\ell n_\ell(kr)$$

在硬球表面它满足边界条件

$$R_\ell(d) = \cos\delta_\ell j_\ell(kd) - \sin\delta_\ell n_\ell(kd) = 0$$

可以得到

$$\tan\delta_\ell = \frac{j_\ell(kd)}{n_\ell(kd)} \tag{8.48}$$

对于自由粒子$(d = 0)$,满足在原点有限的解为

$$R_\ell(r) = j_\ell(kr), \quad \delta_\ell = 0$$

借助球贝塞尔函数和球诺依曼函数小宗量 $x \ll 1$ 时的展开式

$$j_\ell(x) \rightarrow \frac{x^\ell}{(2\ell+1)!!}\left[1 - \frac{x^2}{2(2\ell+3)} + \cdots\right]$$

$$n_\ell(x) \rightarrow -\frac{(2\ell-1)!!}{x^{(\ell+1)}}\left[1 - \frac{x^2}{2(1-2\ell)} + \cdots\right]$$

可以得到

$$\tan\delta_\ell \approx -\frac{(kd)^{2\ell+1}}{(2\ell+1)!!(2\ell-1)!!} \tag{8.49}$$

当 $x \gg 1$ 时

$$j_\ell(x) \rightarrow \frac{1}{x}\sin\left(x - \frac{\ell\pi}{2}\right)$$

$$n_\ell(x) \rightarrow -\frac{1}{x}\cos\left(x - \frac{\ell\pi}{2}\right)$$

则对于硬球相互作用有

$$R_\ell(r) = \cos\delta_\ell j_\ell(kr) - \sin\delta_\ell n_\ell(kr) \rightarrow \frac{1}{kr}\left[\cos\delta_\ell\sin\left(kr - \frac{\ell\pi}{2}\right) + \sin\delta_\ell\cos\left(kr - \frac{\ell\pi}{2}\right)\right]$$

$$= \frac{1}{kr}\sin\left(kr - \frac{\ell\pi}{2} + \delta_\ell\right) \tag{8.50}$$

对于自由粒子

$$R_\ell(r) \rightarrow \frac{1}{kr}\sin\left(kr - \frac{\ell\pi}{2} + \delta_\ell\right) \tag{8.51}$$

取半径 R 非常大的球面为无限深方势阱,则由 $R_\ell(R) = 0$ 可以确定能级对硬球相互作用,可以得到

$$kR - \frac{\ell\pi}{2} + \delta_\ell = m\pi \tag{8.52}$$

对自由粒子可得

$$kR - \frac{\ell\pi}{2} = m_0\pi \tag{8.53}$$

每条能级的简并度为 $2\ell + 1$，所以

$$\frac{\mathrm{d}n}{\mathrm{d}k} = (2\ell + 1)\left(\frac{\mathrm{d}m}{\mathrm{d}k} - \frac{\mathrm{d}m_0}{\mathrm{d}k}\right) = \frac{2\ell + 1}{\pi}\frac{\mathrm{d}\delta_\ell}{\mathrm{d}k}$$

对于稀薄玻色气体，粒子动量很小，取最低分波 $\ell = 0$ 就够了。

$$\delta_0 \approx -kd$$

则

$$\frac{\mathrm{d}n}{\mathrm{d}k} = \frac{\mathrm{d}m}{\mathrm{d}k} - \frac{\mathrm{d}m_0}{\mathrm{d}k} = \frac{1}{\pi}\frac{\mathrm{d}\delta_\ell}{\mathrm{d}k} \approx -\frac{d}{\pi}$$

$$\int_0^\infty \mathrm{d}k\frac{\mathrm{d}n(k)}{\mathrm{d}k}\mathrm{e}^{-\beta\frac{k^2}{m}} = -\frac{d}{\pi}\int_0^\infty \mathrm{d}k\mathrm{e}^{-\beta\frac{k^2}{m}} = -\frac{d}{\pi}\frac{1}{2}\sqrt{\frac{\pi}{\dfrac{\beta}{m}}} = -\frac{d}{\sqrt{2}}\sqrt{\frac{2\pi\beta}{m}} = -\frac{1}{\sqrt{2}}\frac{d}{\lambda}$$

所以硬球二体相互作用对维里系数 b_2^{S} 的贡献为

$$b_2^{\mathrm{hd}} = \frac{2\sqrt{2}}{\lambda^3}\left(-\frac{1}{\sqrt{2}}\frac{d}{\lambda}\right) = \frac{1}{\lambda^3}\left(-2\frac{d}{\lambda}\right) \tag{8.54}$$

最终得到

$$b_2^{\mathrm{S}} = \frac{1}{\lambda^3}\left(\frac{1}{2^{\frac{5}{2}}} - 2\frac{d}{\lambda}\right) \tag{8.55}$$

计算时用了积分公式 $\displaystyle\int_0^\infty \mathrm{d}k\mathrm{e}^{-\alpha k^2} = \frac{1}{2}\sqrt{\frac{\pi}{\alpha}}$。

参 考 文 献

[1]李政道.统计力学[M].北京:北京师范大学出版社,1984.

[2]LANDAU L D, LIFSHITZ E M.统计物理学(第 1 分册)[M].3 版.北京:世界图书出版公司,1999.

[3]雷克.统计物理现代教程(上、下册)[M].黄畇,夏蒙棼,仇韵清,等译.北京:北京大学出版社,1983.

[4]BOHR A, MOTTELSON B R. Nuclear Structure[M]. New York:W. A. Benjamin Inc. ,1975.